江戸の絵暦

Edo no Egoyomi

岡田芳朗
Okada Yoshiro

大修館書店

まえがき

「火事と喧嘩は江戸の華」といわれるが、江戸の華は何もこのような物騒なものばかりでないことは言うまでもない。中でも歌舞伎や浮世絵は、江戸の文化を凝集した世界に誇る芸術である。

そして浮世絵といえば、鈴木春信によって開花した錦絵とほとんど同意語に受け止められている。錦絵こそ江戸文化の一つの到着点ともいえるだろう。その錦絵誕生の契機となったのが、明和二年(一七六五)の大小絵暦、すなわち大小暦の流行であったということは、専門家以外にはあまり知られていない。

そもそも「大小暦」という言葉自体が、多くの人にとって馴染みの薄いものである。これを本来の呼び方の「大小」といっても、別称の「絵暦」といっても、同様である。

本書では、昔、全盛を誇ったが今は名も知られなくなった「大小暦」を紹介し、それが江戸の知識人であるとともに趣味人でもあった好事家たちの知恵の結晶であり、洗練された美的感覚の発露であり、そのエスプリの成果とも評されるべきものであることを披露したい。

しかしながら、江戸文化についての筆者の浅薄な知識では、大小暦の面白さや精神的な高さ、芸術的な優秀さを十分に語ることは難しい。そのことを認識しながら、あえて筆を執った理由は二つある。

その一つは、浮世絵研究家によるもののほか、これまで大小暦を紹介する著作が非常に少なく、その上、内容においては勝れたものではあっても、比較的短いものばかりであった。その中で、唯一、目を引くものは、昭和十八年に刊行された長谷部言人氏の『大小暦』である。同書は専門書であり、同時に大小暦の概要を世人に知らせた教養書であった。

著者の長谷部言人博士はわが国を代表する人類学者であり、大小暦の研究はその余暇を利用してのものであった。惜しむらくは折から太平洋戦争の最中で、用紙の不足から粗悪な再生紙を使用したため、印刷が悪く、カラー図版はなく、モノクロ図版も不鮮明であった(同書はその後、子息満彦氏の解題を付して復刻された)。同書には南部絵暦(盲暦)についての記述があり、これが本書執筆の遠因となった。

稀代の碩学の名著から南部絵暦について幾多の知識を学ぶうちに、次第に大小暦にも関心を持つようになった。やがて、博士の膨大な大小暦のコレクションは満彦氏に継承され、さらにかなりの数が追加蒐集された。

筆者の不躾な懇請に対し、満彦氏は長谷部家二代に渡って収蔵された貴重なそのコレクションを快く貸し出され、自由に調査研究することを許された。

国内には東京国立博物館、国立国会図書館、天理図書館その他、豊富な大小暦のコレクションが存在するが、それらと並んで名品を数多く含んでいるのが長谷部コレクションである。この長谷部コレクションを紹介して、長年の学恩に報じるとともに、大小暦の面白さや鑑賞の楽しさを広く知っていただこうというのが、本書の執筆の第二の理由である。

果たして、目標としたところの幾分の一かに到達出来たかどうか、自信のないままに筆を擱き、刊行の日を待つことにした。

平成十八年(二〇〇六)立春の日

筆者

目次

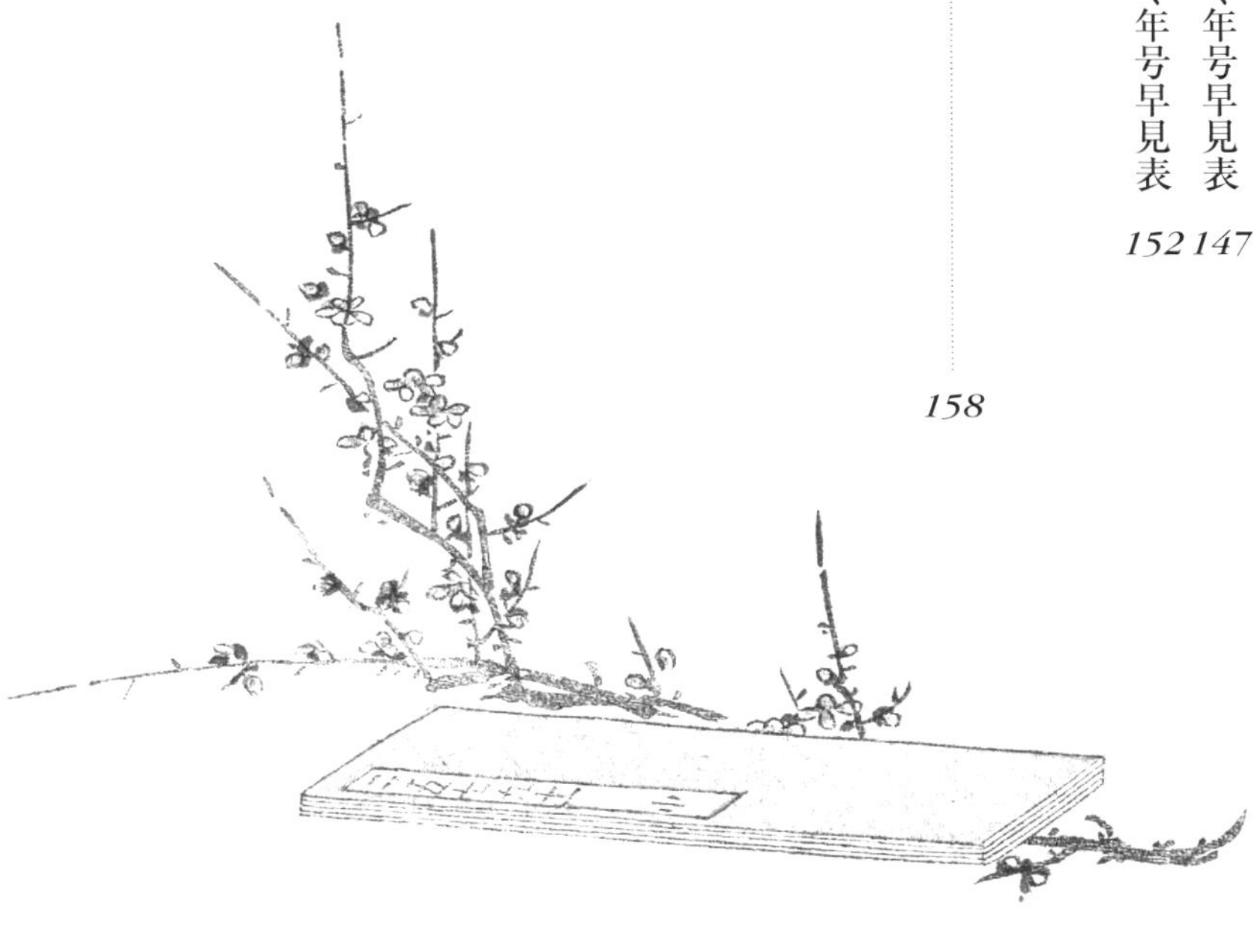

凡例

◎本書には、二三四点(二四〇図)の大小暦および関連する図版を収載した。

◎《大小絵暦の味わい》では、二一一点(二一七図)の大小暦を、作品の絵柄と内容によって新年・七福神と年中行事・十二支・武士と庶民・歌舞伎と相撲・暮らし・動植物と器物・変り種の八項目に分類した。

◎大小暦の掲載に際し、その保存状態の程度によっては、修正やトリミング加工をしたものもある。

◎文章の引用に際しては、原文を尊重したが、大小暦への興味・理解を意図して、適宜ふりがなを付した。

◎浮世絵師の多くが大小暦と同様に春画(枕絵)に手を染めており、両者を兼ねた作品も多数残っている。しかし、長谷部コレクションには春画の大小暦はまったく含まれていないことと、本書がすべての人々に読んでいただくことを考慮して、一点も掲載していない。これらについては、吉原健一郎他著『春画江戸ごよみ』(作品社)を御覧いただきたい。

資料提供・協力者

◎本書は、神奈川県立歴史博物館に寄託されている長谷部コレクションの大小暦を中心に構成したが、一部、左記の方々のご協力をいただいた。

国立国会図書館
新宿歴史博物館
東京国立博物館
野口泰助
吉成　勇

(敬称略・五十音順)

大小絵暦の変遷

1 大小絵暦の起源

わが国で古くから使われていた太陰太陽暦《たいいんたいようれき》（いわゆる旧暦）は、中国で発達したものを継承し、江戸時代に入ってから独自の工夫を重ねたものである。太陰太陽暦とは、月日を数えるには天空の月（太陰）の満ち欠けを基とする。すなわち、地球と月と太陽とが一直線に並ぶ「朔《さく》」という現象の起きた日を朔日（第一日）とし、上弦、望《ぼう》（満月）、下弦を経て晦《みそか》に至る間を一か月とする。これを朔望月といい、その平均の長さは二九・五三〇五九日（二十九日十二時間四十四分二・九秒）である。

したがって、二十九日の小の月と三十日の大の月を交互に組み合わせて、三十二か月目か、三十三か月目に大の月を二か月続ければ、ほぼ月の満ち欠けと一致した暦となる。月の満ち欠けだけを使う「イスラム暦」では、毎年奇数番目の月は三十日の大の月であり、偶数番目の月は二十九日の小の月となっている。そして、一定の割合で年末の小の月を大の月と変えることで十分満足のできるものとしている。

また、太陰太陽暦の一種である「ユダヤ暦」の場合も、毎年大の月と小の月はほぼ一定である。

しかし、月の運動は複雑なもので、二九・五三〇五九日というのは平均の長さであって、実際には冬から春にかけてはこれより長く、夏から秋にかけてはこれより短い。したがって、月の運行を正確に反映させるためには、毎年大の月と小の月の組合せを変える必要がある。

その上、太陰太陽暦では閏月《うるうづき》の問題がある。すなわち、十二朔望月を一年とするが、その日数は三五四日か三五五日にすぎないため、実際の一年（太陽年または回帰年という）である三六五・二四二二日との間に約十一日の差を生じる。つまり、毎年日付の方が十一日ずつ先に進んでしまう。

そこで、二年九か月ほどで、その差が一か月に達した時に一か月の閏月を挿入して、それ以上ずれが大きくならないようにする。閏月のある年は十三か月となり、日数は三八三～三八五日となる。

このような要素によって、太陰太陽暦のもとでは、毎年月の大小の組合せが相違することになり、その組合せの数は驚くほど多い。ちなみに寛文元年（一六六一）から明治六年（一八七三）までの二一三年間にその数はなんと一五七組に達している（巻末の資料参照）。

このように、毎年、月の大小の組合せが違うために、その年の大小の組合せを覚えることが一苦労であった。

そこで、その年の各月の大小とか朔日の干支などを書き抜いた「月朔暦」が作られた。実例を見ていないが、中国や朝鮮でも作られたことと思われる。日本での現存最古の例として、奈良県藤原宮跡から発掘された木簡がある。これは、次のようなもので、朔日の干支や大小の配当から大宝四年（慶雲元年、七〇四）のものと推定されている。

「五月大一日乙酉水平
七月大一日甲申　」

この内容は月の大小の別と、一日の干支と納音《なっちん》の五行《ごぎょう》と十二直《じゅうにちょく》とである。そして、これを一年分復原してみると、次のようになる。

大宝四年暦　正月小一日丁亥土収　二月大一日丙辰土除　三月大一日丙戌土破　四月小一日丙辰土閉
五月大一日乙酉水平　六月小一日乙卯水成　七月大一日甲申水建　八月大一日甲寅水執
九月小一日甲申水開　十月大一日癸丑木開　十一月小一日癸未木危　十二月大一日壬子木建

また、これに類似した木簡が新潟県北蒲原郡発久《はっきゅう》遺跡から発掘されている。これを復原してみると、次のようになる。

（表）延暦十四年暦　月朔干支　正月朔庚午日　二月朔己亥日　三月朔戊辰日
四月朔戊戌日　五月朔丁卯日　六月朔丙申日

（裏）七月朔丙寅日　閏七月朔乙未日　八月朔乙丑日　九月朔乙未日
十月朔甲子日　十一月朔甲午日　十二月朔甲子日

この二例の「月朔暦」は毎月朔日の干支や納音、十二直を書き、座右で日常に使用したものであろう。

今日までに発見された例は少ないが、このような簡略化された暦が中央や地方の官庁などで盛んに作られ、常用されたものと考えられる（木簡に筆写された暦はこのような簡略なものばかりではなく、飛鳥や静岡県城山遺跡からは具注暦を写したものが発掘されている）。

この流れをくむものが、江戸時代中頃から金沢で発行されるようになった「月頭暦」（げっとうれき・つきがしらごよみ）［図1］である。月頭暦には月の大小や朔日の干支の他に、簡単な暦註が入っている。

また、一方、覚えやすい短い言葉でその年の大小の配列を暗記することも行なわれた。これは、今日でも「（小は）西向く士《さむらい》」（二、四、六、九、十一）という言葉で小の月を記憶していることを例として引くまでもないだろう。

芭蕉の弟子として有名な俳人の宝井其角《たからいきかく》（一六六一―一七〇七）が、元禄十年（一六九七）の大の月である二、四、六、八、九、十一月（霜月）、十二月（師走）を「大庭《ニ》をし《四》ろ《六》くは《八》く《九》霜師走かな」という句に詠んだことは、人口に膾炙《かいしゃ》している。「人口に膾炙する」ような表現は、暗記式の大小暦にとって大事なことであり、その大小暦が成功したことを物語るわけである。

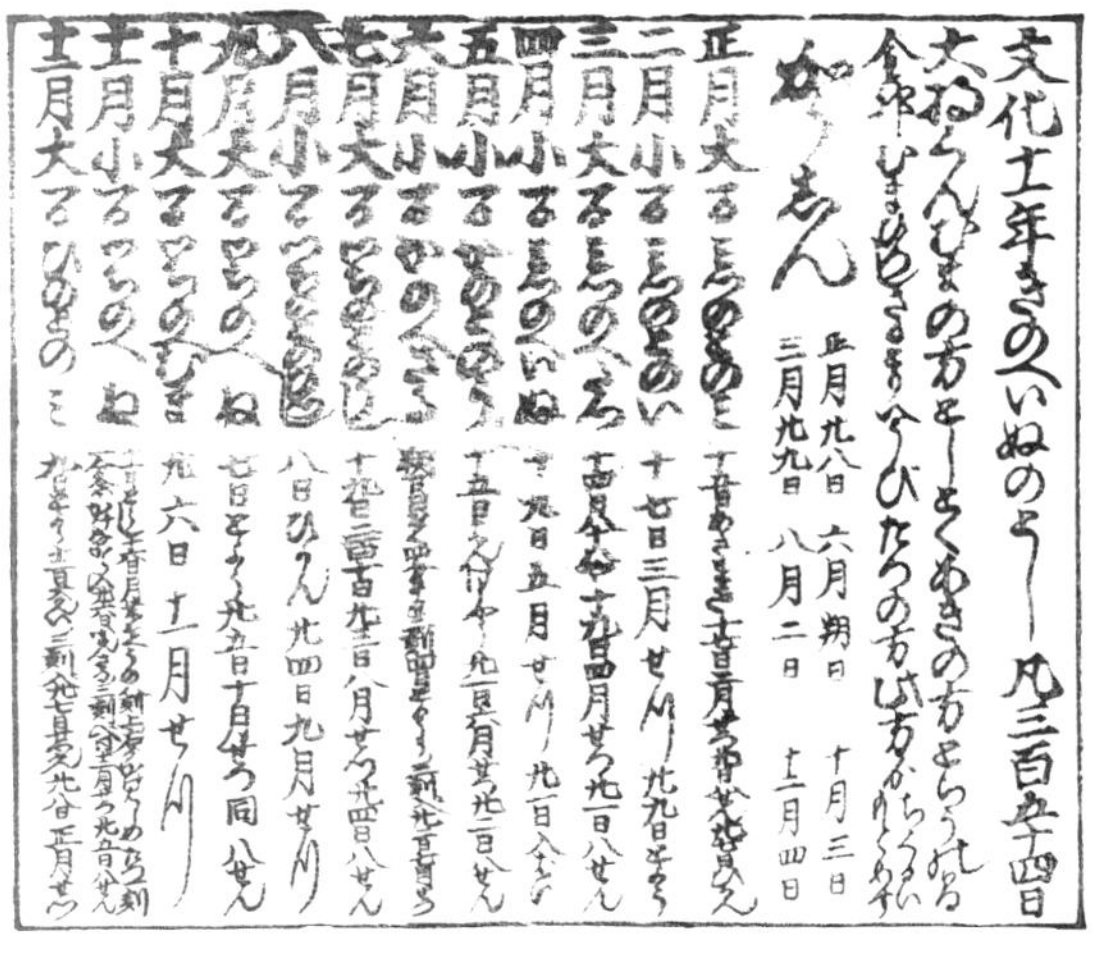

図1　「月頭暦」（文化十一年、一八一四）

以下、『甲子夜話《かっしやわ》』と『後は昔物語』の二書によって、この流れを辿ってみよう。

『甲子夜話』の大小暦

平戸藩主であった松浦静山《まつらせいざん》（一七六〇—一八四一）の著した『甲子夜話《かっしやわ》』（巻六十一）に大小暦について、次の記事がある。

「或人曰、年々世俗大小を玩ぶは歳杪《(さいびょう)》より春初の習なり、

今年〔文政八乙酉年〕も例の如く様々の趣好ありし中に、

大と小打て違ひにくさめするハックセウ《八九小》

とあり、如何にも滑稽に口才の働きたること也。

乙酉　正大　二小　三大　四小　五大　六小　七大　八小　九小　十大　十一小　十二大」

この年の大小の配列は、大小大小大小大というように大と小が交互に来て、八月と九月が小となり、十月以後が再び大小大となる。八九小を嚔《くしゃみ》の「ハックショウ」に掛けているわけで、大変記憶しやすくなっている。

この年、この文句を暗記していれば、大小の順は簡単に引き出せるわけである。もっとも、一年中あっちでもこっちでも「ハックショウ」を連発するのでは、いささか艶のない話である。

静山は、大小暦についての知見を同書の数項目後にさらに記している。

「前に今年の大小を記せしが、頃日林氏曰。佐野肥後守〔御作事奉行〕に聞し所は異同あり。此方前のより勝《まされ》りと。

大小を順にかぞへてくさめする

これは肥州十歳の時の大小にて、今に記憶する由。六十一年前なりと云〔肥州七十余の人なり〕。今年新に作れるには非ずして、昔のことを覚し者外にもありて、此春言出しけることとなる当しと。又其席に夏目左近将監居て〔是は五十前後の人なり〕、養父なりし人、前の戯言の年の大小の狂歌を咄せしを記臆せりと云。是も丁ど今年の大小の用にたつなり。

大好《ズキ》は雑煮草餅柏餅

盆のぼた餅亥《ゐ》の子寒餅

＊筆者註〔大好（大の月）、雑煮（正月）、草餅（三月）、柏餅（五月）、盆のぼた餅（七月）、亥の子（十月）、寒餅（十二月）〕

」

これは我輩酒嫌の者には、殊によく覚へられて用立と咲《わらひ》て、一坐興に入しと。

文中の「今年」とは文政八年（一八二五）のことで、この年の大小は一二四年前の元禄十四年（一七〇一）のもの、六十二年前の宝暦十三年（一七六三）のものとも同じであった。この文では佐野肥後守の記憶も、夏目左近将監が養父から聞いたものも、どちらも宝暦十三年の大小暦のこととなる。

ここで述べられているのは、いずれも記憶しやすい大小暦の話である。大小暦のもともとは、その年の月の大

小を覚えやすくするところにあるから、視覚的なものよりは聴覚的というか音声的なものが後々までも伝えられるわけである。

『後は昔物語』の三つの大小暦

手柄岡持《てがらのおかもち》（別名、朋誠堂喜三二《ほうせいどうきさんじ》、一七三五―一八一三）の『後は昔物語』（享和三年、一八〇三）に、三つの大小暦が紹介されている。その一つは、岡持自身の幼少の頃の記憶で、その頃京都所司代の土岐丹後守頼稔が老中に昇任し、後任には牧野備後守貞道が就任した。この年、寛保三年癸亥（一七四三）の大小の配列は次の通りで、閏四月があった。

正　二　三　四　閏　五　六　七　八　九　十　十一　十二
小　大　小　大　小　小　大　小　小　大　大　大　大

そこで「土岐丹後守京所司替牧野備後」という大小があった。これは偏《へん》のある字を大、偏のない字を小とするもので、すなわち、岐（二）、後（四）、所（六）、牧（九）、野（十）、備（十一）、後（十二）が大の月で、残りが小の月ということになる。このように、ニュース性のある短文なら暗記もできるが、その場合でも頭の中にこの十三文字を書いて見なければ答えが出てこないから、純然たる暗記物大小とはいえないかも知れない。

次に「大浪云」として、石川七左衛門の附記した文に、毎年大小を配ることをたのしみにしていた人物が、ある年多忙のため大小を考案することができなかったので、今年は大小暦は無しという意味で「無」の一字を摺って配ったところ、もらった人々はどう読んだらよいのか迷ったことを述べている。したがって、これは大小暦を印刷することが、すでに習慣になっていたという話である。

三番目は山崎義成の附記で、尾張の儒者秦鼎の作った大小暦を紹介している。これは「昴」という字で、この字は十二画《かく》あるところから立《たて》の画は大、横の画は小とする。義成は「この一字を暗すれば、一年の奇偶あきらかなり。」といっている。「一字を暗すれば」といっているから暗記の大小暦である。「一年の奇偶」とは奇数、二十九日の月つまり小、偶数、三十日の月つまり大のことである。

この大小は文政癸未（文政六年、一八二三）のものという。この年の大小の配列は次の通りである。

正　二　三　四　五　六　七　八　九　十　十一　十二
大　小　大　小　小　小　大　小　大　小　大　大

以上に紹介した俳句や和歌、あるいは漢詩などの短文を、そらで暗記するだけでなく、紙に書いたり、さらには板木に彫って摺り物にすることも当然行われたわけで、聴覚的な大小暦が視覚的な大小暦に転化することも、また、摺り物や手書きの大小暦に書かれた口調の良い、したがって暗記しやすい短文が口承されることもあったわけである。

2 絵暦の起こり

視覚的大小暦、つまり大小絵暦（通常は大小暦という）の起源も聴覚的大小暦のそれと同じように、はるか昔に遡るだろうが、今日知られている古いものとしては、『鹿《しか》の巻筆《まきふで》』に記されている「吉弓」の字解きと、『骨董《こっとう》集《しゅう》』に紹介されている「丸尽文様雛形二種」の大小暦である。まず『鹿の巻筆』から見ることにしよう。

掛け物「吉弓」の大小暦［図2］

これは大坂の座敷仕形咄《しかたばなし》の名人とされた鹿野武左衛門《しかのぶざえもん》（一六四九–一六九九）の作で、上方における初期の大小暦の姿を示すものとして興味深いものがある。

『鹿の巻筆』の「表具屋のかけ物」という話は貞享三年（一六八六）の大小暦についてのもので、掛物の「吉弓」の謎解きである。

表具屋のところに持ち込まれた掛物に「吉弓」と書いてあった。そこに居合わせた武士と医師と百姓と亭主の表具屋が、それぞれの職業に結び付けて字解きをする。

表具屋は「吉き弓だから手前、つまり暮し向きが良いということ」とし、さらに職業がらみでいえば「良き弓ならば張るのに良いだろう」といい、医師は「十一は口（吉）の灸（弓）に良い事と思う」と口の病に効く灸を据える場所を指すとし、百姓は「吉い弓はよく当たるから、当たり年と見る」といった。最後に武士は職業柄「刀の大小と同じ大小」だといった。それに対して、そのわけを問うと、「大の字はまず横に一文字書き、小の字は縦に棒を引くから、横棒は大の字を示し、縦棒は小の字を示す。吉弓は今年の大小暦である。今年は閏年なので吉弓は十三画ある」と答えた。そして武士の云うようにヨコ（大）タテ（小）をたどってみると、はたしてその年、貞享三年の大小暦であった。

ちなみに、同年の大小の配列は次のようになる。

正	二	三	閏三	四	五	六	七	八	九	十	十一	十二
大	小	大	小	大	小	大	大	小	大	小	大	小

同書には、表具屋の店で「吉弓」と書かれた掛け物を見て謎解きをしている四人の姿の絵と「吉弓」の文字の字解きの図が掲げてある。大小暦を摺り物にして配る以前の模様が知られる興味あるものである。

それにしても、ここでの武士の口調がいかにも大坂の武士という感じがして面白い。

「さりとては、所在〳〵よく判じられた。我が所在は刀脇差なれば、大小と判じた」（中略）「大の字は先《まず》横に

図2 掛け物「吉弓」の大小暦

一文字を引き、小の字は先堅《まずたて》にぼうをひくなれば、横のぼうはみな大、堅はみな小、十二月の大小なるべし。
今年は閏があるさかいに、畫が十三ある」

そこで人々は、「暦をひきあわせて見れば、大小 少《すこし》もかわらず、よく〳〵見れば貞享三年の大小のかけ物なり。人々今年の中の調法にしられた。」と結んでいる。

「人々今年の中の調法にしられた」というのは、「吉弓」の文字とその読み解き法を暗記して、今年の大小暦として使用したということであって、簡単で空で覚えやすい大小暦の例といえよう。

『骨董集』の大小暦

これに対し『骨董集』の大小暦は全く視覚的なものである。山東京伝《さんとうきょうでん》（一七六一―一八一六）は『骨董集』の「十七」に、慶安より万治、寛文の頃（一六四八―一六七三）に、女の衣服に丸尽くしの文様が流行ったことを紹介し、その例証として、江戸三浦屋の名妓薄雲が出生の地の某寺に寄進した小袖から作った卓囲《うちしき》の文様二種と、寛文六年（一六六六）印行の「丸尽文様雛形《まるづくしもやうひながた》二種」の図を示している。

その一つ［図3］には欄外に「寛文六年印本　新撰雛形所載　瓢水子浅井了意ノ序アリ」と注し、丸に十二支を配した雛形の袖の下の余白に「ぢあかべに」（地赤紅）「ゑとのまるにひだりまき」（十二支の丸に左巻）とある。もう一種［図4］の欄外余白には「同書所載」として「右の卓囲《うちしき》と此雛形と符合するをもてそのかみの流行をしるべし」「天和貞享の比《ころ》の印本女重宝記といふ物の一の巻に〈友禅染の丸ずくし云々〉とありこれも一證とすへし」と注し、雛形の丸に大小の文字があり、袖の下に「ぢくろべに」（地黒紅）、「大小のまるにかうし」（大小の丸に格子）と記してある。

ところで、この二種の丸尽くしの文様が大小暦になっているかどうかを考えてみよう。まず十二支の方だが、ここには子と酉、戌、亥の四文字が欠けて、丑から申までの八支が書かれている。月を十二支で表すとしたら、正月が寅であるから、丑は前年の十二月となり、どうもこれには無理がある。また、朔日の十二支を表したとすると、ある月の朔日が丑とすると、その月が小の月ならば翌月朔日は午、大ならば未となり、寅になることはありえない。同様にある月の朔日が寅ならば、翌月の朔日は小ならば未、大ならば申となり、卯になることはありえない。したがって、十二支の文様は大小暦ではないということになる。

次に、大小の文様の方はまず大小暦と考えてよいわけであるが、文様が十一箇しかないから平年なら一箇、閏年なら二箇不足ということになる。多分着物の表側に描かれていた二箇分を足して考えなければならない。それと、（A）右行から始めるか、（B）左行から始めるか、が問題となる。

とりあえず平年として、一箇だけ大か小かを補って考えてみよう。補う場所としては、（1）右行の表側の肩の

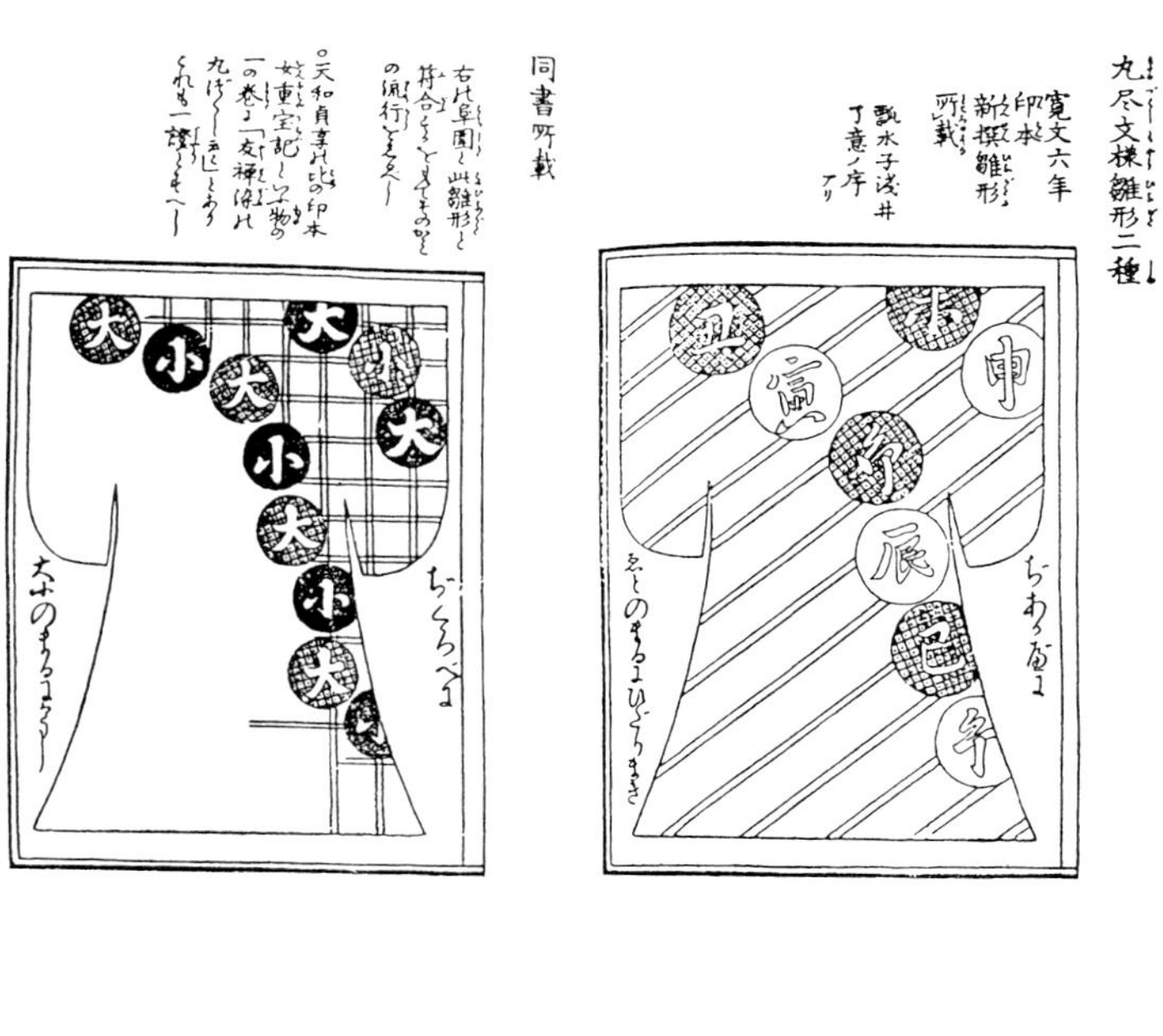

図3・図4　「丸尽文様雛形二種」

部分か、(2)左行の裾の前側かということになる。まず、(A)右行から読む場合は(1)は正月、(2)は十二月となる。(B)左行から読む場合は(1)も(2)も九番目、つまり九月に当たることになる。

		正	二	三	四	五	六	七	八	九	十	十一	十二
A(1)	○	大	小	大—	大	小	大	小	大	小	大	小	
(2)		大	小	大—	大	小	大	小	大	小	大	小	○
B(1)		大	小	大	小	大	小	大	小—	○	大	小	大
(2)		大	小	大	小	大	小	大	小	○—	大	小	大

A(1)　正月を小とした場合、万治二年(一六五九)と貞享二年(一六八五)とが該当する。大とした場合は該当するものがない。

A(2)　十二月を大とした場合は寛永十八年(一六四一)が該当する。

B(1)(2)　該当するものがない。

寛永十八年では少し年代が離れすぎている。したがって、万治二年か貞享二年かということになるが、「寛文六年の印本」(一六六六)とあるところから、貞享二年は該当せず、万治二年ということになる。

いま、平年の大小暦と仮定して推測したので、もし閏年まで含めるともう少し面倒なことになる。つまり、A(1)、A(2)、B(1)、B(2)の可能性が各大小いずれの二者選択から、大大、大小、小大、小小の四者択一ということになり、合計十二通りを考えなければならなくなる。

これを慶長から貞享まで検索してみた結果は、慶安三年(一六五〇)だけがこれに該当する。

正	二	三	四	五	六	七	八	九	十	閏	十一	十二
大	小	大	小	大	大	小	大	小	大	小	大	小

せっかく探し当てたものの、これではやはり寛文六年からは一六年も離れているので可能性は小さいということになる。結局、先の推考通り万治二年の大小暦ということになる。これによって、すでにその頃に大小暦に対する関心が高まっていたことがわかる。

それにしても、このような柄の小袖を着たのはどんな女性であろうか。この雛形には「ぢくろべに」と地色を示しているが、その通りだとすれば、かなり派手なものということになるのだが。

類似の「丸尽文様雛形」の大小暦

『骨董集』の記事にヒントを得たためか、あるいは懐古趣味からか、『骨董集』の「丸尽文様雛形二種」に紹介された小袖の大小暦と同じ形式のものが作られている[図5]。これには「寛文雛形写」とあるが、左上に「壬戌春」とあるから、次のいずれかとなる。

天和二年（一六八二）　平年　　享和二年（一八〇二）　平年
寛保二年（一七四二）　平年　　文久二年（一八六二）　閏年

ところで、この大小暦には大小の丸が十三箇付いているから、当然、閏年の文久二年のものということになる。文久二年の大小は次のようになっていて、大小暦と一致する。

正　二　三　四　五　六　七　八　閏八　九　十　十一　十二
大　小　大　大　小　大　小　大　小　大　小　大　小

したがって、この丸尽模様は右行から見始めて、左行に移ることになる。八月と閏八月に当たる大と小は同じ色で摺られ、重なり合っていて、閏月であることを示している。

3　初期の大小暦

浮世絵版画の初期、摺りの手法の分類でいえば、墨摺絵《すみずりえ》、丹絵《たんえ》、紅絵《べにえ》、漆絵《うるしえ》、紅摺絵《べにずりえ》などの時期のものは、紙を縦に三分の一くらいに切った縦長のものが多い。

墨摺絵や丹絵・紅絵のものは、墨一色で摺って、その他の色は手彩によっている。紅摺絵は墨に紅（赤）や草色（緑）が加わるが、摺色が淡く、長年月に退色しているものが多く、大小を見定めるのに骨が折れる場合が少なくない。以下、いくつかを紹介してみよう。

羽根突きをする二美人［図6］

初期の浮世絵版画に用いられた墨摺絵の手法による大小暦として、享保十六年（一七三一）辛亥の「羽根突きをする二美人」がある。肉太に大柄の女性は帯を大の字に結び、衣服はこの年の大の月（二・四・六・八・九・十一）で、小柄な女性の帯は小の字に結び、衣服はこの年の小の月（正・三・五・七・十・十二）で描いている。大の月、小の月いずれにも、朔日の十二支が白抜きで書かれている。

大の月、小の月の文字を使って図形を構成する大小暦の手法としては、初期のものであろう。

画面右下に「画作栄礎」とあり、その下に「百猪之印」がある。「栄礎」は未詳。いささか大輪すぎる梅の花は、絵師の手とも思えない。羽子板の模様は小松でも描いたのであろうか、古い羽子板の模様がわかる資料である。

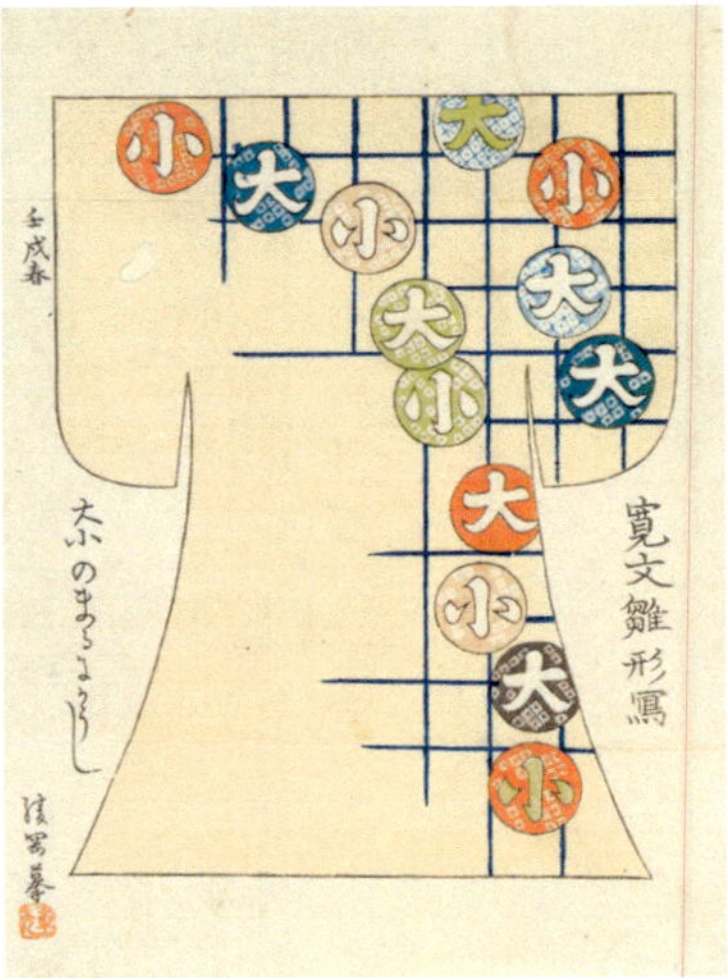

図5　類似の「丸尽模様離形」の大小暦

図6　「羽根突きをする二美人」

図の中央下にある版元の「芝神明前江見屋」は、江戸市内の古い版元の一つで、三代目上村吉右衛門は板木に見当を付けることを工夫し、浮世絵版画に多色刷りへの道を開いた恩人として知られている。

絵の巧拙はともかく、高々と上がった羽根と画面の上方を大きく占める梅の枝や艶然と微笑む美女の姿は、いかにも新春に配る大小暦に相応しい。

万月堂の大小暦〔図7〕

万月堂は奥村政信風の浮世絵を残した作家だが、詳しいことはわからない。これは「浮世三福対中」と題した湯上りの美女を描く爽やかな印象を与える大小暦。襖《ふすま》にはこの年の大の月「二《とり》、四《さる》、五《とら》、七《うし》、九《ね》、十二《い》」、畳の上には「小、正《たつ》、三《う》、六《いぬ》、八《ひつじ》、十《むま》、十二《み》」(いずれも数字の左右のかな文字は朔日の十二支)とある。

大小と朔日の十二支は延享四年丁卯(一七四七)のものであるが、但し六月朔は申《さる》で「いぬ」とあるのは誤り。それにしても、よりによって犬と猿とを間違えたのはどういうわけであろうか。

朝日と小松の襖の絵といい、浴衣の柄の市松模様の染め分けといい、紅と緑との組合せを巧みな対比で活用している。ちょうど、この頃、中村座の歌舞伎俳優佐野川市松の衣服に用いた市松模様が江戸中に流行していたので、それを採り入れたわけである。

縁側近くに鏡台を描いているのは、年号の延享(縁・鏡)を意味しているのだろうか。ひょっとすると、座布団の模様は四をさしているのかも知れない。しかし、この頃の大小暦は全体に大様で、そんな小細工は考えていないであろう。

西村重長の「梅と美女」〔図8・9〕

刷色の残りが少なく、絵柄が十分判明しないが、一枚〔図8〕に「梅の香にもたせやりけり雪の傘」の句があり、「西村重長筆」の署名がある。重長は鈴木春信や石川豊信の師匠で、享保から宝暦にかけて活躍した。

もう一枚〔図9〕には右上に題があるが、ややはっきりしない。この二枚は三幅対の内の二枚ではないだろうか。こちらの方には「延享二乙丑」(一七四五)とあり、この年の大の月が背後の壁と床に書かれている。

正	二	三	四	五	六	七	八	九	十	十一	十二	閏十二
大	大	大	小	大	小	小	大	小	小	大	大	小

図7 万月堂の大小暦

図8・図9 西村重長の「梅と美女」

鳥居清信《とりいきよのぶ》の「澤村宗十郎」［図10］

初期の大小暦の中で出色といえるものは、鳥居派を創始した初代鳥居清信（一六六四―一七二九）の「享保十乙巳年役者評判」（一七二五）と題した初代澤村宗十郎を描いた墨摺絵の大小暦である。初代宗十郎は貞享二年（一六八五）の生まれで、当時四十歳の人気役者であった。

その宗十郎が享保九年（一七二四）十一月の中村座での顔見世狂言『太平記御国歌舞伎』の細川勝元役を演じている姿を描き、その役者評判記を大小で綴っている。すなわち、右の大の月の列は「大やうな人たいじつ事の」（大様な人態実事の）で始まり、この年の大の月の正、四、七、九、十、極（十二月）の六か月について、「正風《ふう》◎にいあつてたけからぬ」（正風目に威あって、猛からぬ）、「四だし」（仕出し）、「七徳をそなへし、らんぶのかんのう」（七徳を備えし乱舞の観能）、「九ち切の茶の湯たぎつた、て物」（口切りの茶の湯滾ぎった立て物）、「十ふんに」（十分に）、「極た□の奥儀」（極めた□の奥儀）と評している。

左側の小の月は、「小国かぶきに」（〈出雲の〉小国歌舞伎に）以下、二、三、菖蒲《あやめ》（五月）、六、八、顔（顔見世、十一月）まで以下のようになっている。

「二代のながれ□かなへの」（二代の流れ□かなえの）、「三足そろふた名人な□沢村の」（三足揃った名人な□沢村の）、「菖蒲《あやめ》引たるゆりぜい」（菖蒲引きたるゆりぜい［不明］）「六具《ぐ》をかためてきにかつもと」（六具を固めて敵に勝元）、「八ッめのかぶらやあたりのつよひ」（八ッめの鏑矢当りが強い）、「顔みせのまと」（顔見世の的）

この大小暦は長谷川町の近江屋九兵衛の出版で、袖にある丸に「い」の字の紋は沢村宗十郎の家紋。品よく名優の姿を描写し、彩色も淡く優美である。

塩汲みの苫屋［図11］

海浜の松原に建つのは塩汲みの苫屋《とまや》であろうか。紅摺絵の紅色は褪色が甚だしく、朝日も薄れているが、思い切って大きく描いている。右上に「寛保四甲子」とあり、寛保四年甲子（延享元年、一七四四）の大小暦。大小暦としては比較的早い時期のもので、大判である。

苫屋がこの年の小の月の「正・三・五・六・八・九・十二」で構成されており、朔日の十二支が極く小さい文字で添えてある。寛保四年の大小と朔日の十二支は左の通りである。

正	二	三	四	五	六	七	八	九	十	十一	十二
小	大	小	大	小	小	大	小	小	大	大	小
辰	酉	卯	申	寅	未	子	午	亥	辰	戌	辰

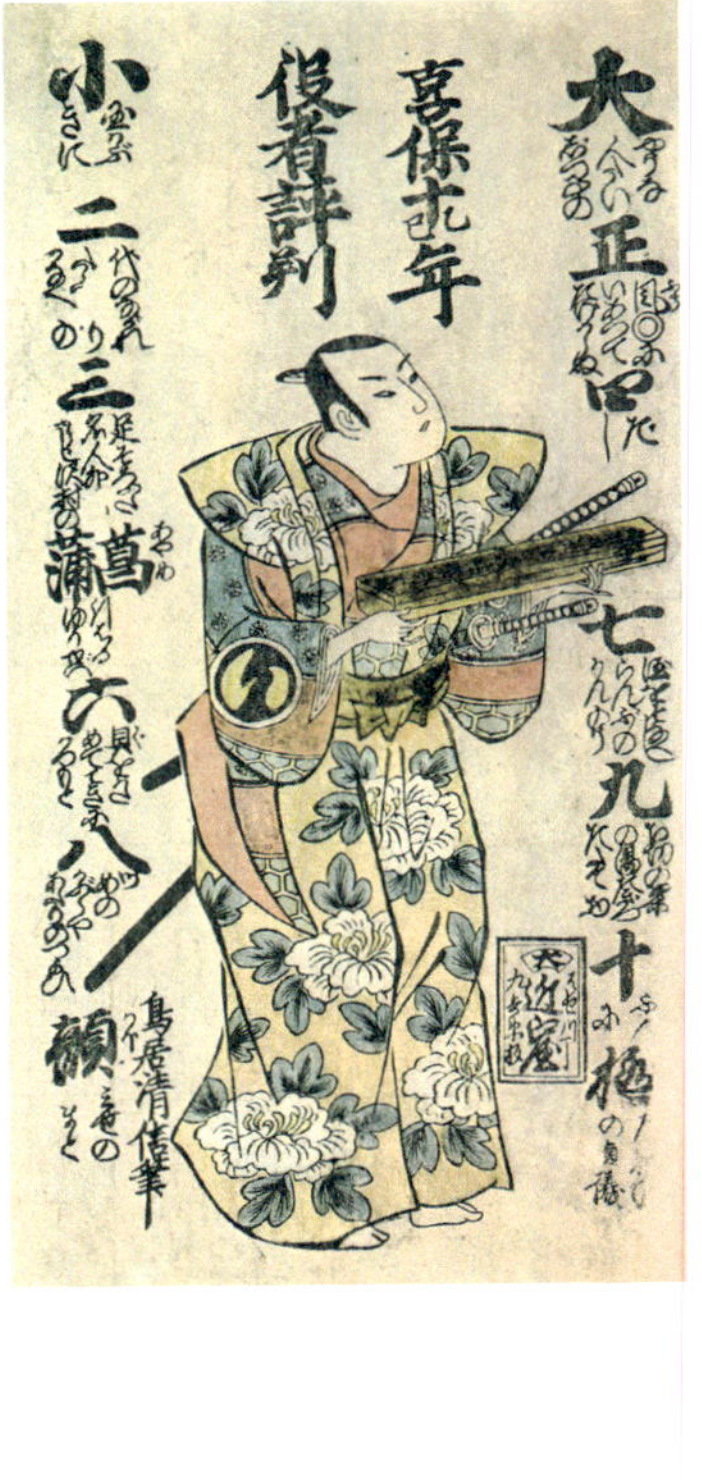

図10　鳥居清信の「澤村宗十郎」

図11　塩汲みの苫屋

福寿草 ［図12］

「元日や小花もひらく福寿草」

右の句と同じように、さわやかな青と控え目な紅の色、そして思い切った筆太の鉢が目を引く。句にあるように花の部分がこの年、宝暦十一年辛巳（一七六一）の小の月で、四を中心に二、五、七、八、十で花弁を形作っている。おまけに右下の小さな花の方に「小」の字が書かれている。花はすべて紅で摺られている。茎と葉は大の月で、上から正、三、十二、九、六、小さい方の茎は十一、鉢は墨色でこの年の干支「辛巳」の「巳」を表している。

図12 福寿草

虚無僧の花見 ［図13］

さまざまな変相をして花見を楽しむ風習は浮世絵にも描かれ、従って大小暦にも登場してくる。

「小《こ》　む僧の　顔をながめ四　花の山」

この句にさまざまな文字が隠してある。「小」の右に「こ」とルビが振ってあり、この句が「小」の月で構成していることを告げ、「む」は「五」で左側に五月朔日の十二支を示す「亥」、「顔」の旁《つくり》が「三」となっていて三月朔の「未」が上に書かれている。「四」の下には「壬午」とあって閏四月の朔日が「午」であることを伝え、「花」は「八、十、七」の三字の合成で、それぞれの朔日の「卯、寅、戌」が記入されている。右側に桜の木、左下に「宝暦十二午年」と入っている。

中央には笠を脱いだ虚無僧を描く。なかなかな美男子。花見の余興ならではの姿。左足を踏み出して、七三に構え、顔を横に向けたポーズは、何か芝居からとったものであろうか。

大の月とその朔日の十二支は衣装に配してあるのだが、なかには読み取りにくいものもある。衿《えり》の部分に二月丑と六月辰、左袖に四月子と十二月丑、袈裟《けさ》に正月未、紐に九月申、裾前《すそまえ》に十一月未という具合である。蝶や青海波の模様の豪華な衣装や塗下駄《ぬりげた》に、当時の花見の華やかさがしのばれる。ただ、墨一色というのが惜しまれる。

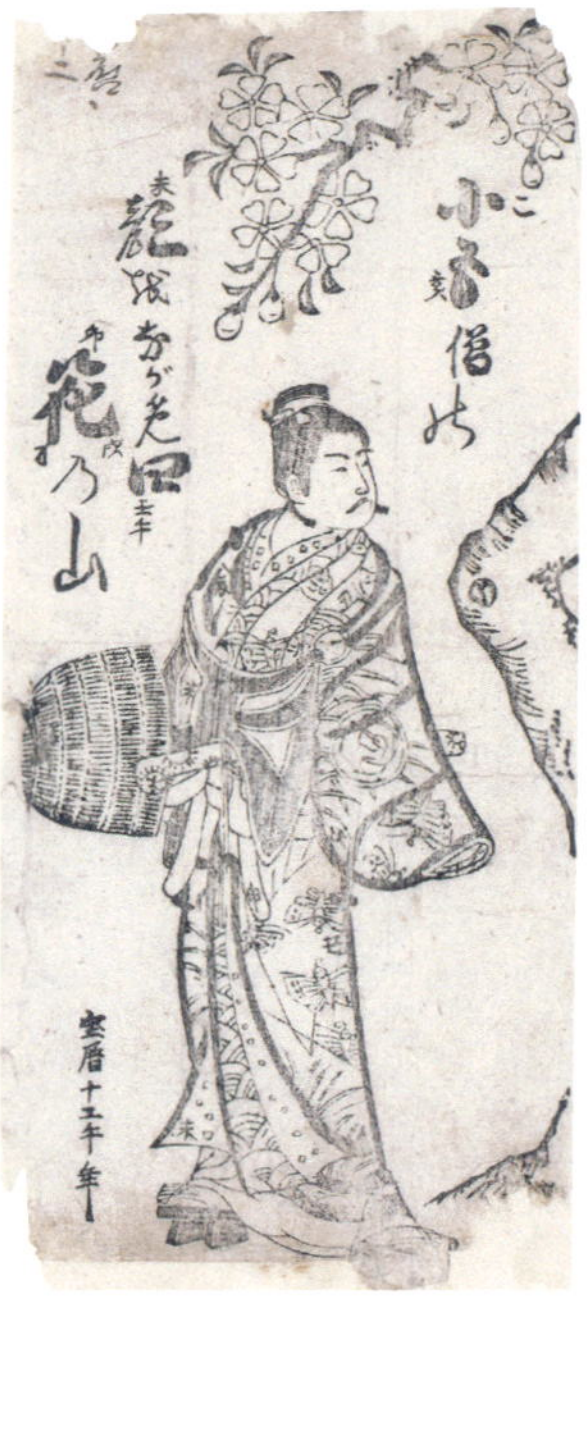

図13 虚無僧の花見

宝暦十二年壬午（一七六二）の大小と朔日の十二支は次の通り。

正	二	三	四	閏	五	六	七	八	九	十	十一	十二
大	大	小	大	小	小	大	小	小	大	小	大	大
未	丑	未	子	午	亥	辰	戌	卯	申	寅	未	丑

4　大小の会

明和二年の大流行

浮世絵版画が次第に盛んになるのに伴って、大小暦の摺り物も盛んになった。浮世絵版画が隆盛に向かったのは、良い作家が輩出したこと、それを求める民衆の生活・文化の水準が上昇したこと、また印刷技術の向上など、さまざまな面が考えられる。

しかしながら、宝暦年間(一七五一―一七六三)までの大小暦の遺例はあまり多くない。『大小暦』の著者長谷部言人《はせべことんど》氏も、宝暦の大小摺り物の現存するものは多くないと述べている。

ところが、ここに一大異変が勃発して、大小暦が大流行し、その発表・交換のための「大小の会」が江戸市中の各所で開催され、その熱狂の渦中で吾妻錦絵、すなわち錦絵が誕生し、それが浮世絵版画を世界の浮世絵として、欧米の美術愛好家の寵児となったのである。

大田南畝《おおたなんぽ》(蜀山人《しょくさんじん》、四方赤良《よものあから》、寝惚先生《ねぼけせんせい》、一七四九―一八二三)が十八、九歳の時に作った狂詩に次の一節がある。

「大小會終錦繪新　又看洲崎闢鹽濱　天文臺上調新暦　醫學館前哀古人(以下略)」(大小の会終へて錦絵新たなり、また洲崎に塩浜の開くを見る、天文台上に新暦を調べ、医学館前古人を哀す。)

大小の会、錦絵の誕生、洲崎の塩除けの堤防、奥医師多紀安元の神田佐久間町の医学館の開設など、いずれも明和二年(一七六五)に関わる事柄である。これらは、たまたま同一年に起きた事件であって、必ずしも相互に関係があるわけではないが、ただし、大小の会と錦絵とはいわば原因と結果というか、密接な関係がある。また、天文台での新暦調べも、後に触れるように大小暦の流行に関係があったとも考えられる。

ところで、明和二年に大小暦が大流行し、その発表・交換のための「大小の会」が江戸市中の各所で開かれたことについては、例えば柴村盛方(一七三三―?)の『飛鳥川《あすかがわ》』に、

「江戸錦絵、昔は殊《こと》の外麁末《そまつ》也、宝暦の頃大小はやり、見事なる繪の摺物出る。夫より役者繪、其外とも見事なる。元は大小よりの事也。」(振り仮名は筆者、以下同じ)

とある。ここでは「宝暦の頃」とあるが、宝暦十四年六月二日に改元して、明和元年となったので、半年後は明和二年であるから、明和二年の大流行のことを指していると見てよいであろう。

明和初年(一七六四〜)に大小暦が流行って、それが錦絵発生の契機となったことは、桂川(森島)中良(一七五六―一八一〇)の『萬象亭反古籠《ばんしょうていほごかご》』に、

「明和二酉の歳、大小の会といふこと流行て、略暦に美を尽し、画会の如く優劣を定むるなり、此時《このとき》より、七八遍の板行を初て仕はじむ、彫工は吉田魚川、岡本松魚、中出斗園なり、夫《それ》より以前は、摺物も今とは違ひ、ザッとしたるもの也」

とあり、また大田南畝の『浮世絵類考』には、

「鈴木春信、明和のはじめより吾妻《あずま》錦絵をゑがき出して、今に之《これ》を祖とす、これは、其頃、初春大小の摺物大に流行して、五六遍ずり始めて出来しより工夫して、今の錦絵とはなれり」

と述べられている。

また、幕臣諏訪七左衛門頼武の『假寝《かりね》の夢』の中の「錦絵之事」という章には、大小の会と錦絵の発生について次のように記している。

「一、今の錦畫は明和の初大小の摺物殊外《ことのほか》流行、次第に板行、種々色をまじへ、大惣《たいそう》になり、牛込御旗本大久保甚四郎俳名巨川、牛込揚場《あげば》阿部八之進莎鷄《さけい》、此両人専ら頭取に而、組合を分け、大小取替會《とりかえかい》所々に有之《これあり》、後に湯島茶屋などをかり、大會有之候。一両年に而相止。右之板行を書林共求め、夫より錦繪を摺、大廻に相成候事。」

これによれば、明和二年の大小暦の流行の音頭取りは旗本の大久保甚四郎巨川(一七二二―一七七七)と、牛込揚場の阿部八之進莎鷄(一七二四―一七七七)であること、所々で大小暦の交換会が催されたこと、その出品物を後に書林が錦絵として売り出したことなどがわかる。

さらに、大田南畝が明和三、四年頃を回想した『金曽木《かなそぎ》』の一節には次のようにある。

「明和の初め、旗下の士大久保氏、飯田町の薬屋小右衛門等と、大小のすり物なし、大小の会をなせしより其の事盛になり、明和二年より鈴木春信吾妻錦繪をゑがきはじめて紅繪の風一変す。」

南畝は大小暦流行の中心人物として、大久保《おおくぼ》巨川《きょせん》の他に飯田町の薬屋小右衛門の名を挙げ、彼らが鈴木春信に錦絵を創作させたといっている。ここでいわれている薬屋小右衛門とは小松百亀《ひゃっき》(一七二〇―一七九三)のことで、小右衛門は百亀の通称三右衛門の誤りであろう。

小松百亀は飯田町中坂町(現在の千代田区九段北一丁目)に住む薬種屋で、艶本『肉蒲団』や咄本『聞上手』などの著書もあり、春信風の絵もよくした。

ところで、明和二年の大小暦流行の中心人物と考えられ、春信の作品にも「巨川(工)」の名を残している巨川とは、いったいどのような人物であろうか。

この謎を解いたのは森銑三氏であった。氏は『畫説』第六十五号(昭和十七年五月)誌上に、前に引用した諏訪七左衛門の『假寝の夢』を紹介して、この問題に決着をつけた(森氏は同写本中の「臣川」を「巨川」に、「砂鷄」

図14 蓮池舟遊美人(鈴木春信)

小舟から身を乗り出して蓮の花を採ろうとしている女性の帯の亀甲紋《きっこうもん》の中に、この年、明和二年乙酉(一七六五)の大の月の二、三、五、六、八、十の文字が書かれている。左には「巨川工」、右下には「春信」の署名が、また、右上には「進上」の朱印が見える。

(東京国立博物館蔵)

を「莎鷄」と訂正した上で考証を進めている)。

これによって、旗本大久保氏は大久保甚四郎であり、その俳名が巨川であったことがはっきりした。森氏は『寛政重修諸家譜』を調べて、大久保甚四郎は千六百石の旗本大久保忠舒《ただのぶ》であり、彼こそが、明和初年の大小暦に「巨川工」として名を残している人物であることを明らかにした。

明和初年の春信の大小暦に「巨川」、あるいは「巨川工」と記されたものが少なからず残存している〔図14・15〕。そこから、春信と巨川が同一人物であるとする説や、春信風の人物を描く絵師であるとか、彫工であるとか、さまざまな臆説が発表されてきた。

大正四年に、橋口五葉氏が雑誌『浮世絵』誌上で鈴木春信についての所見を連続して発表し、その中で、俳書『世諺拾遺《せげんしゅうい》』や『世諺巻簾《せげんけんれん》』(いずれも菊簾舎《きくれんしゃ》巨川編著)などによって巨川彫工説を否定し、「巨川は当時の好事家で、俳句も作り、春信に画を依頼して出板した人の様にも思はれる」と述べている。

このように、巨川の人物像は次第に明らかになり、井上和雄氏の『浮世絵師傳』(昭和六年)には、「俳諧をよくし俳名を菊簾舎巨川といひ、俳人笠家左簾《されん》の社中たり、又別に城西山人の号あり。」と、巨川の俳諧の系統もはっきりと指摘されている。

大久保巨川の住居

幕末嘉永二年(一八四九)春改めの近吾堂版の「牛込市ヶ谷御門外原町邊繪圖」や、嘉永四年(一八五一)新鐫、安政四年(一八五七)改めの「尾張屋清七版 市ヶ谷・牛込繪圖」〔図16〕を見ると、牛込御門の西南、逢坂の上に「大久保甚四郎」の名が見える。

その場所は現在の地名では、新宿区若宮町二十七番地となっている。若宮町の名は明治時代から変わっていない。また、この辺りの町並みは江戸時代とあまり大きな変化が見られない。そして大久保家とその右隣りを合わせた一区画が現在、最高裁判所長官の公邸となっている。

さて、この屋敷地の江戸時代における変遷は、天保元年(一八三〇)に成立した『御府内往還其外沿革圖書』第十一冊によって知ることが出来る。それによると、江戸初期から末期まで形状や面積に変化はなかったように見受けられ、そこに記された拝領者の氏名は次の通りである。

延宝年間(一六七三―一六八〇) 都築長左衛門
元禄十二年(一六九九) 都築長左衛門
享保・元文年間(一七一六―一七四〇) 大久保甚兵衛

図15 女の首(巨川)
襖《ふすま》の向こうに女の顔が見え、襖には鶏の形の中に「明」と「和」の文字が読める。女の左側の屏風には明和二年乙酉(一七六五)の小の月が書かれている。大小暦としては余り手の混んだものではないが、「巨川画工」と署名があるように、春信風の絵を良くし、一時は春信と同一人物かという説があったほどの巨川の絵の技が覗える作品である。
(東京国立博物館蔵)

図16 安政四年「市ヶ谷・牛込繪圖」

寛保二年・延享二年（一七四二・一七四五）　大久保甚兵衛
宝暦年間（一七五一―一七六三）　大久保甚兵衛
寛政年間（一七八九―一八〇〇）　大久保大隅守
文政年間（一八一八―一八二九）　大久保甚四郎
刊行當時（天保元年、一八三〇）　大久保甚四郎

このように、この地は享保・元文年間から幕末まで大久保家の屋敷地になっており、忠舒《ただのぶ》巨川の時代もこの地に居住していたことになる。

したがって、揚場の阿部莎鶏《さけい》とは指呼の間にあり、二人とも春信とは密接な関係にあったから、何らかの交流の存在を考えてよいであろう。

大久保巨川の系譜

次に忠舒巨川の大久保家の系譜について少し尋ねてみよう。

『寛政重修諸家譜』巻第七百四によれば、大久保家は道兼流の宇都宮支流に属し、三河以来の旗本である。その近世初頭の祖忠直《ただなお》は大久保忠俊《ただとし》の六男で、家康に仕え、元亀元年（一五七〇）六月の姉川の合戦に参陣して武功を挙げて以来、諸戦に活躍し、二千石を与えられた。忠直の通称は権十郎、荒之助、甚左衛門である。

二代目の忠當《ただまさ》は、父の死の翌元和九年（一六二三）に遺跡を継ぎ、父の晩年の加増分五百石を還付して千五百石を知行したが、寛永元年（一六二四）に三十四歳で死去した。忠當の通称は甚四郎、荒之助である。忠當の長男忠辰《ただとき》が跡を継いだが、その際、弟忠昌《ただまさ》に分与した。一家を興した忠昌の通称は甚四郎、甚兵衛。駿府町奉行に任じられ、家禄は千百石となった。元禄二年（一六八九）六月辞職して寄合となり、同四年致仕し、同八年死去した。墓所は上野の本覺院で、以後同家の墓所となった。

忠昌の遺跡を継いだのは忠香《ただか》で、諱《いみな》は初め忠親《ただちか》、通称は助太郎、甚四郎、甚兵衛。寛永元年（一七〇四）大坂町奉行となり、従五位下大隅守に叙任し、家禄は千六百石となった。享保十年六月（一七二五）致仕し、同十二年に死去した。

忠香は大伯父の忠景の子忠躬《ただみ》を迎えて継嗣とした。忠躬の諱は初め忠節《ただふし》、通称は孫之進、忠兵衛、甚四郎、甚兵衛である。享保十年に家を継ぎ、同二十年（一七三五）に御小姓組の番士となり、宝暦元年九月（一七五一）に辞職し、翌二年五月、六十二歳で死去した。

忠躬の三男が忠舒《ただのぶ》で、通称は辰彌、甚四郎。長男、次男がともに死去したため、宝暦二年八月四日に遺跡を継

ぎ、同五年五月十一日に西の丸の御書院番に列し、同十三年（一七六三）に番を辞し、安永二年（一七七三）十一月二十九日に致仕し、同六年七月二日に死去した。歳五十六。法名は廓然。妻は齋藤次左衛門利武の娘であった。

忠舒には子がなかったため、初め一族の大久保土佐守忠與《ただとも》の三男忠當《ただとう》を養子としたが、ゆえあって家に帰り、次に松前主馬一廣の次男忠章《ただあき》を養子に迎え、跡を継がせた。忠章の諱は初め景章《かげあき》、忠良《ただよし》、通称は甚兵衛、忠兵衛。

忠章は忠舒の致仕により家を継ぎ、御小姓組番士、御使番などを勤め、御先鉄砲組の頭となり、寛政九年（一七九七）八月に従五位下大隅守に叙任せられた。

忠舒《ただのぶ》は姪の安藤九郎左衛門信憲の娘を養女とし、これを忠章の妻とした。忠章には男子が無かったので、戸田兵庫頭氏紹《うじつぐ》の三男を養子とした。それが忠行である。忠行の諱は留吉、通称は甚四郎である。

『寛政重修諸家譜』の編纂は、忠章在生中に行なわれたから、ここまでしか記載されていない。

大久保家では諱に「忠」を必ず用い、また通称に甚四郎、甚兵衛が用いられている。

忠舒巨川は千六百石という富裕な旗本の家に生まれ、さほど多忙な役目にも就くこともなく、自由に趣味を発揮できる身分であった上、俳句や絵筆の洗練された才能によって、春信をして多色摺りの錦絵を誕生させることが出来たといってよいであろう。

阿部莎鶏

大久保巨川については、上述のように系譜や屋敷地が判明するが、阿部八之進莎鶏《さけい》については、なお不明な点が多かった。莎鶏については、「莎鶏工」と記した春信の数点の大小暦と、上述の『假寝の夢』の「牛込揚場阿部八之進莎鶏」という記事があり、旗本であったかどうかもはっきりしなかった。

なによりも阿部八之進という旗本は存在しない。ただ、森銑三氏の考証によって阿部八之丞と名乗る一千石の旗本がおり、諱は正寛《まさひろ》で、菩提寺は牛込蓮光寺である。蓮光寺は原町にあったから、揚場には比較的近い。

莎鶏も巨川のように自分を中心とした「連《れん》」を作っていたから、富裕な人物であったと考えられる。ただ、揚場は神楽河岸から荷揚げする場所で町屋があって揚場町と称し、その奥に武家屋敷があった。

阿部家は三河以来の旗本で、一時、蒲生《がもう》氏郷《うじさと》に仕え、重眞《しげざね》が元和元年に伏見で家康に仕えた。一千石。重眞の次男重朝《しげとも》は分家して八百石を禄した。重朝の子孫は代々八之丞を名乗った。分家二代目の重舊《しげひさ》は実は本家二代目重信《しげのぶ》の三男で、家を継いで精勤して一千石に加増された。三代目は正矩《まさのり》で、その子が正寛である。

正寛は西の丸の御小姓組番士などを勤め、安永六年（一七七七）十二月九日に死去した。享年五十四歳で、法名は日満という。阿部正寛の没年は奇しくも大久保忠舒（巨川）と同年で、巨川に遅れること僅かに五ヶ月であった。

正寛には男子が無かったためか、稲生備中守正延の次男正章《まさあきら》を養子として家を継がせている。

ところで、『寛政呈書国字分名集』には、正章の屋敷は小石川御門外新小川町とあるが、文政十年（一八二七）頃の『幕士録』には正章の別名百助の屋敷として牛込揚場と記されてある。

してみると、阿部家は一時期、揚場に屋敷を拝領していたと考えてよいであろう。また、時期的に阿部正寛を莎鶏と推定して誤りはないと考えられる。

それはそれとして、一応莎鶏が揚場の住人とすると、先にも述べたように巨川とはごく近くに住んでいたことになる。そして、その対岸、牛込見附の門を通って数町行った所に小松百亀が住んでいたわけである。

このように、ごく隣り合った狭い範囲の内に明和二年の大小暦流行の中心人物が居たわけである［図17］。さらに興味をそそることは、南畝が狂歌に詠んでいる天文台、いわゆる牛込天文屋敷が、巨川の屋敷からも南畝誕生の地からも目と鼻の先にあったことである。

ここで、この章の最初に紹介した南畝の狂詩に話を戻すことにしたい。というのは、大小暦流行と牛込天文屋敷の関係は、単に地理的な問題だけではないと考えられるからである。

この牛込天文台というのは、幕府が宝暦暦改訂のため、天体観測をする目的で設けられた。それは、当時行なわれていた「宝暦暦」が公家の土御門家の政略によって制定されたもので、あまり出来の良くない暦法であったため、日月食などの予報に失敗を重ねた。そこで、正確な暦法が求められ、その準備のため、高台の牛込光照寺門前の火除地《ひよけち》（延焼防止用の空き地）に天文屋敷が設けられることになったのである。

この改暦準備のための天文台設立は、多少なりとも天文や暦に関心のある教養人にとっては興味ある事件であった。このことが大小暦の流行に少しは影響を及ぼしたものと思われる。そして、巨川にとって天文台はご近所の存在であったから、ひとしお関心を持ったことであろう。

鈴木春信の吾妻錦絵

鈴木春信（一七二五？―一七七〇）によって創り出された多色摺りの浮世絵は「吾妻錦絵」と名付けられた。吾妻は東で江戸のことであり、錦絵は錦のように美しいという比喩であろうが、春信の浮世絵版画はそこに描かれた人物の表情と同じく、春風駘蕩とした上品な色調であって、錦という語から受ける煌《きら》びやかさや豪華さはない。

とはいえ、春信の錦絵は、それまでの紅摺絵の単調でどちらかといえば素朴さを脱皮した都市的な優美さや贅沢さを感じさせる。

その春信の錦絵は明和二年から翌三年にかけて、まず大小暦として登場し、ついで大小暦の部分を消してただ

図17　巨川・莎鶏・百亀住居周辺略図

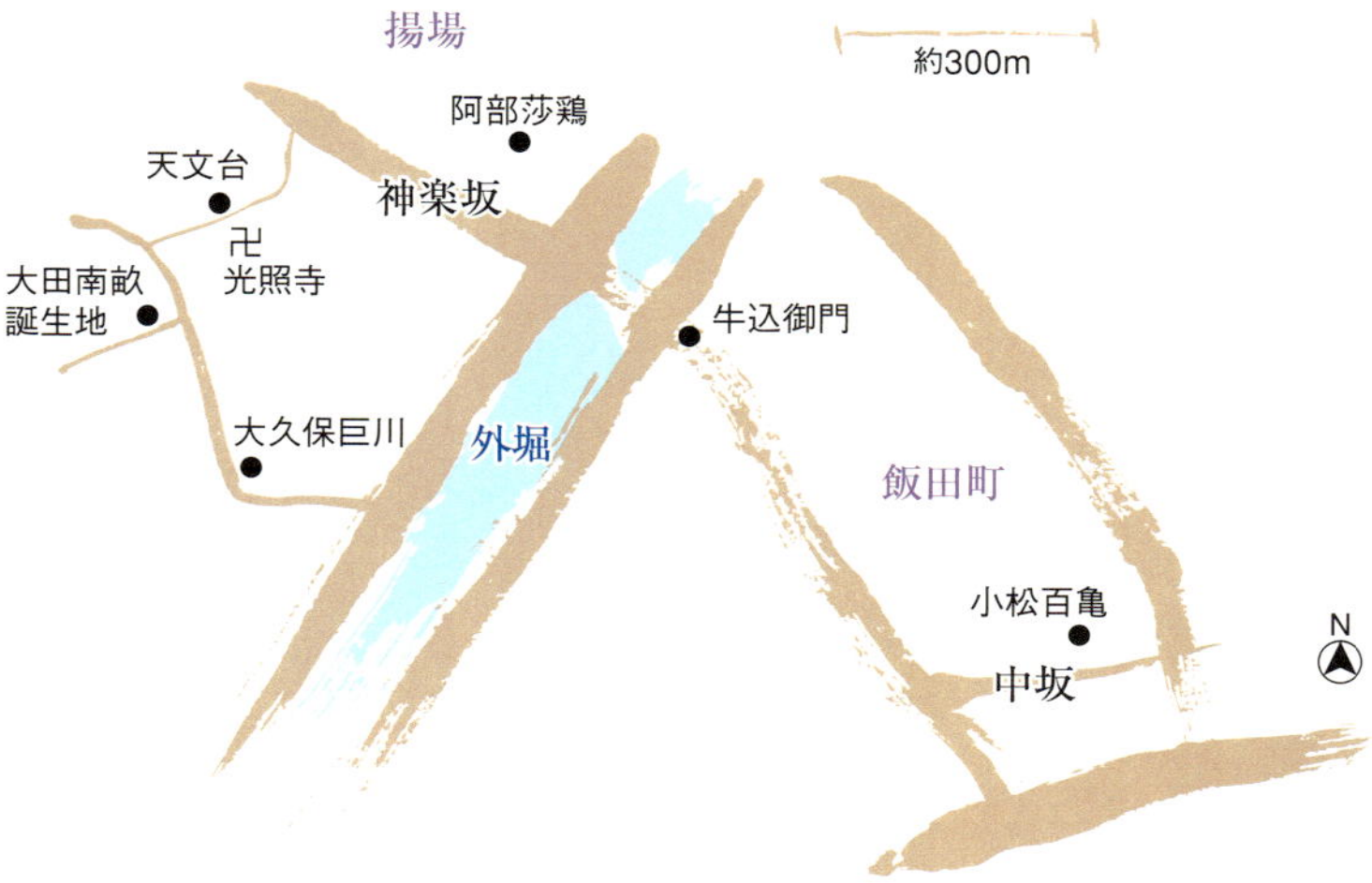

図18　水売り（鈴木春信）
甘い冷水を売り歩く水売りの姿は、江戸の夏の風物詩であった。春信は可愛い少年の姿にしている。看板の龍水の文字は「龍」が左上から六、五、十、八、「水」が三、二と、明和二年乙酉（一七六五）の大の月で形成されている。
（東京国立博物館蔵）

の浮世絵として再生し、さらに最初から純粋に浮世絵版画として制作されるようになった。

もっとも、同時期の春信の作品が必ずしもすべて右のような図式で生まれたのではないであろう。すなわち、最初から大小暦抜きのものもあったであろうし、後々までも大小暦を残したままで市販されたものもあったであろう。また、一部分大小暦を消し忘れたままのものも知られている。

いったい、春信はこの時期にどのくらい大小暦を描いたものであろうか。春信の専門家でない筆者には想像もつかないが、とにかくかなりの数が制作され、それが彼を一躍時代の寵児としたことは事実である。

それらの大小暦には「巨川工」とか「莎鶏工」というように、デザイン考案者(恐らく同時に依頼者)の名前の入ったものがあり、この間の事情を物語ってくれる。

春信の大小暦は、傘の周縁や橋の丸木に大の月、小の月の数字や明和二年の文字を入れたものとか、女性の衣服の柄に散らしたものなど、比較的単純なものが多く、複雑なものや技巧的なものは少ない。したがって、数字を消すだけでただの錦絵に化けることが可能であった。

とはいえ、考案者の趣好によって、例えば「水売り」［図18］のように看板の「龍水」がこの年の大の月(龍＝六・五・十・八、水＝二・三)の寄せ字にしてあったり、「文読む美人と若衆」［図19］のように女性の読む手紙に「きさらき、ひいなまつり、たんこ」など、この年の大の月の異称を書いたものなど、多少は手の込んだものがある。

大名と大小暦

明和初年の大流行以後も大小暦は引続いて行なわれた。これについては、前にも引用した松浦静《まつらせい》山《ざん》の『甲子夜話』の巻四十七に、大小暦を回顧して次のように述べている。
「年々春初には其年の大小を字画に取成して玩ぶこと、予が年少の頃よりありしが、次第に増長して後は全の画に成り、大小の文字は纔《わずか》に衣服の紋、花木の枝間などに散書せり。その上近頃は尚更盛になりて、錦繍も及ばざる体に印出す。冬末春初は殿中をも憚らず、貴賤懐中して人々互に相易ふ。最甚だしきは春画なり。これ亦世の変を見るべし。」(国書刊行会本、句読点筆者)
この一文は、静山の幼少の頃、すなわち明和二年(一七六五)、三年の大流行後の大小暦盛んなさま。
さらに、『甲子夜話』のこの巻を執筆し始めた文政七年(一八二四)前後における風潮を述べているのだが、「殿中をも憚らず、貴賤懐中して人々互に相易ふ」というくだりは、大名である静山が江戸城中

図19　文読む美人と若衆(鈴木春信)
「仮名手本忠臣蔵」の七段目の見立て絵とされる大小暦で、大星由良之助の美人が読む長い手紙を、縁の下ならぬ炬燵布団《こたつぶとん》の中から斧九太夫の若衆が盗み見ている。手紙の始めの方には明和二年の大の月が、末の方には小の月が流麗な手で書かれている。
(東京国立博物館蔵)

で実際に体験しているところだけに興味深いものがある。

普段は体面を作って、もっともらしく振舞っているお殿様達が、自作他作の大小暦を得意気に交換している姿を想像すると愉快になってくる。そして事実、大名達のなかには熱心な大小暦ファンがいて、今日伝えられている大小暦の大コレクションは、それらお殿様の蒐集によるものもあるようである。

ところで、静山の先の文には次の言葉が続いている。

「然るに又此頃は好事家春初には、何か一事の考證を版刻して人に施す。これは大小には優れるに似たり。」

と、大小暦に血道を上げるより、物事の考証を摺り物にして配った方が有益だと述べている。

このように、晩年の静山は大小暦の流行についてあまり好意的ではなかったようであるが、しかし殿中での実情の一文は、大小暦が上下を挙げて流行している有様を伝えてくれる貴重な資料となっている。

5 大小暦の終焉

明和二年(一七六五)の大流行から約百年たった慶応三年(一八六七)に幕府は消滅し、翌明治元年に江戸は官軍に占領され、徳川の時代は去った。それから五年後、これまでの太陰太陽暦(旧暦)は廃止され、太陽暦(新暦)が採用されるとともに大小暦は姿を消した。

簡単に言えば、明治維新と同時に大小暦の時代は去ったのである。これから後、大小暦を作る者も贈る者もいなくなった。もっとも、旧暦時代に大小暦の制作で活躍した河鍋狂斎《かわなべきょうさい》(暁斎)は、だいぶ後まで「大小暦」を作ったことを日記に記している。しかし、残っている実物を見ると、それは略暦の類であって大小暦ではない。このような用例は他にもあって、明治以後流行した引札暦や略暦のことを大小暦と呼んでいることがままある。

とにかく、チョンマゲと同じように、あっという間に大小暦は姿を消してしまった。その理由は次のように考えられる。

一、大小暦を毎年作っていた(制作を依頼していた)旗本や御用商人などの富裕層が没落したこと。

二、大小暦の交換などという風習が、文明開化の時代には旧弊とされるようになったこと。

三、さらに、太陽暦の採用によって根本的に大小暦が不要になったこと。

そして、やがて大小とか大小暦という言葉さえも忘れ去られてしまったのである。

ここで、慶応四年戊辰(明治元年、一八六八)の狂斎の作品を紹介することにしよう。幕府崩壊の直前、慶応三年の秋から冬にかけて、東海・畿内・中国・四国の地で熱狂的に流行した「ええじゃないか」を描いた大小暦である。

狂斎の「ええじゃないか」［図20］

人々は「ええじゃないか、ええじゃないか」と叫びながら乱舞した。天から伊勢神宮や各社の神札や金品、仏画や仏像まで降ってきて、人々を世直しの期待に煽った。異様な風体に変装して踊り出す者、伊勢へ抜け参りする者など、狂乱の世相が出現した。

河鍋狂斎は、この狂態を大小暦に仕立てたわけで、天からは神札や金銀が降り、男女がさまざまな姿で乱舞している。左上には「慶應四豐年踊之圖」の看板を右手に抱え、左手で神札を撒いている神様を描いている。その神様が龍に乗っているのは、慶応四年が辰年であることを示している。

目が回るほど盛り沢山の描き込みは、「ええじゃないか」の狂乱ぶりを如実に再現してくれる。

さて、絵解きに移ろう。男性は大の月、女性は小の月を表わす。右下から始まり、時計回りに各月の朔日の十二支を配している。

正月　小　福笑いのお多福（女性）。右手に羽子板を持ち、着物の柄に梅を描く。足元に朔日の十二支の小犬（戌）。

二月　大　狐の面に赤熊《しゃぐま》の毛をかぶって変装した男性。右手に御幣《ごへい》を持つ。御幣には「初午二月四日」の文字が見える。足元に朔日の十二支の踊る兎（卯）。狐は「〽ゑいじやないか〳〵　なんでも　ゑいじやないか」と叫んでいる。狐の頭の上には、鬼の面に「節分正月十日　十二月廿二日」と書いた紙が貼ってある。その左側にも、「〽ゑいじやないか〳〵〳〵」とある。

三月　大　天狗の面をかぶった花見の男性。肩には大きな瓢簞《ひょうたん》を付けた大刀、背には桜の枝。足元には朔日の十二支の鶏（酉）。左手をいっぱいに広げ、左足を高々と挙げた大袈裟なポーズは狂斎の得意とするもの。

四月　小　子供を連れている女性で、閏月のあることを示している。母親の右手に初鰹一尾とは豪勢だ足元には朔日の十二支兎（卯）。

閏四月　小　子供の右手には卯の花の小枝と庚申の祭礼で売っている「跳《は》ね猿《ざる》」の玩具。朔日の十二支は猿（申）。

五月　大　鍾馗《しょうき》を描いて端午の節句を表わす。鍾馗の腹に「午」の字。右足元に牛（丑）。その下に琵琶に己巳《つちのとみ》の一覧表を描く。琵琶は弁財天（弁天）を示す。己巳は弁財天の縁日。鍾馗の頭上にも「〽ゑいじやないか〳〵」。

六月　小　やや腰の曲がりかけた女性。右手に富士山を描いた扇、左手に唐傘（水無月を表わす）と麦わらで作った蛇のお守り。これは六月一日の富士山の山開きの日に、江戸・駒込の富士塚などで頒たれるもので、疫病除けに効があるという。老女の足元に朔日の十二支の羊（未）。

七月　小　鍾馗の後ろにいる七夕の織女に扮した女性。あるいは、頭の横に「日ソク七月一日」と書かれた神札があるので、天の岩戸の前で踊ったアメノウズメノミコトに扮したつもりか。右肩に朔日の十二支の鼠（子）。

八月　大　篭《かご》を背に、鎌を腰に着した農夫。足元に朔日の十二支の蛇(巳)。
九月　小　左手に赤い実の付いた一枝を持って踊る若い女性。赤い実は柿であろうか。頭上に朔日の十二支である猪(亥)。女性が伏目がちなのは可愛らしい。
十月　大　十日夷《とおかえびす》の恵比寿神に扮して、竿を持って踊る人物。朔日の十二支の「辰」の字が着衣に書かれている。また、「初酉十二月六日」という赤い札が恵比寿神の頭上にある。
十一月　大　お酉さんの熊手と、名物のヤツガシラを担ぐ男性。法被《はっぴ》に朔日の十二支の仔犬(戌)の絵。
十二月　小　頭巾をかぶって、破魔矢など正月用品の入った手桶を左手で支えて肩に掛けた女性。この月の朔日の十二支は描かれていない。

さて、この大小暦の上部には、降り下った小判や小粒《こつぶ》とともに各種の神札が描かれている。既に紹介したものを除き、左から順に書き出してみると、次のようになる(小文字は筆者注)。

「土用　五月三十日」　夏の土用
「入梅　壬四月十五日」　梅の枝が添えてある。
「
正月三日　八月八日
三月四日　十月九日
八セン　壬月五日　十二月九日
六月六日
」
「八十八ヤ　四月九日」
「二百十日　七月十四日」　稲穂が添えてある。
「小寒　十一月二十三日」(日付は不鮮明)
「冬至　十一月八日」
「金神　子丑申酉」
「
壬月十七日
正月十五日　六月十八日
甲子　八月二十日　大黒天の像が添えてある。
三月十六日　十月二十一日
十二月廿一日」
「大寒　十二月八日」
「二月
彼岸　八月四日
廿五日
」　飛んでいる雁(ひがん)が神札を銜《くわ》えている。

図20　河鍋狂斎の「ええじゃないか」
(国立国会図書館蔵)

「　庚申　正月十一日　三月十二日
　　　　壬月十三日　六月十四日
　　　　八月十六日　十月十七日
　　　　十二月十七日　」

「初卯　正月六日」

「社日　二月三十日　八月四日」

そして、右端には

「戊辰　歳徳明之方巳午之間　」　と書いた大きな札の左に「凡三百八十三日」と記した小さい札が添えてある。

右のうち、春の彼岸（の入り）を二月二十五日としているのは二十四日の誤り、秋の彼岸（の入り）を八月四日としているのも五日の誤りである。

ところで、「初酉　十二月六日」というのは、通常、十一月の最初の酉の日を指すが、十二月の初酉とはいったい何であろうか。十二月六日は己酉《つちのととり》で、確かに十二月の最初の酉の日に当っている。十二月の初酉というのは何か特別な意味があるのだろうか。

もし、これが狂斎の思い違いで十一月の初酉だとすると、六日ではなく十二日で乙酉《きのととり》となる。

6　大小暦の分類

大小暦は実用から発して、遂には江戸好事趣味の対象として、多数の文人墨客、趣味人の参加するところとなり、折からの摺物流行の波に乗って大量に考案作成されたから、その表現方法はさまざまであり、内容も多岐にわたっている。

したがって、これを適切に分類するとなると、極めて困難に遭遇することになる。これに初めて挑戦したのは長谷部《はせべ》言人《ことんど》氏である。

氏は、大小暦についての最初の本格的著書『大小暦』（昭和十八年十二月、寶雲舎発行）［図21］において、次のように分類している。

図21　長谷部言人著『大小暦』表紙

一、概説的大小

その年の大小の配列を要約して表現したもの。［図22］

例えば「大小とじゅんにかぞへてぼんおどり」（大小大小大小大大大小大小大）寛政十三年

二、記数形の大小

（一）大小文

大の月や小の月を和歌・俳句・漢詩などに詠み込んだもの。

（二）擬字《にせじ》大小

大の月や小の月の数字を寄せて、文字を合成したもの。

（三）文字絵の大小

大の月や小の月の数字を集めて「へへののもへじ」のような文字絵にしたもの。

（四）数字入絵大小

衣服などに大小の月の数を入れたもの。

三、対称形大小

（一）横縦の大小

漢字の一字または二、三字で合計十二画か十三画になるものの、横あるいは縦を大とし、その反対を小とする。

（二）有偏無偏大小

漢字の偏のあるものを大または小とする。

（三）字大仮小

文中の漢字は大の月、仮名は小の月としたもの。

「富《大》く《小》の《小》神《大》あ《小》き《小》寄《大》入《大》せ《小》給《大》氣《大》利《大》」（明和五年）、この逆の字小假大のものもある。

（四）清濁大小

「ジノニゴルハダイデゴザル」のように仮名の濁るのを大としたもの、あるいはその逆にしたもの。

（五）語音の大小

「さらりさらりさらさささの霰かな」のように「さ」の字の月を小とする。このような、ある音の有る月を大または小とする。［図23］

図22　墨拓

立派な楷書の碑文の墨拓《ぼくたく》を思わせる漢文の大小暦である。

「新春閏餘七箇月大小次
初秋時來六箇月大小順
甲辰歳算如字　」

新春（正月）に閏があり、七ヶ月は大小大小の順である、初秋（七月）からは六ヶ月大小大小の順となる、とあるから、この年の大小の配列は次の通りである。

正 閏 二 三 四 五 六 七 八 九 十 十一 十二
大 小 大 小 大 小 大 大 小 大 小 大 小

甲辰の年とあるから、天明四年甲辰（一七八四）の大小暦である。

(六)対称物象の大小

大人と小人、大鳥と小鳥のように形の大小によるもの。

四、連記大小

右に述べた大小暦を二、三種併記したもの。意外とこれに属するものは多い。またその組合せもさまざまで、なかには二種以上のものもある。例えば熱烈な五代目団十郎のファンであった立川焉馬《たてかわえんば》が毎年出していた「団十郎の大小」には、概説的大小、文字絵の大小、数字入絵文字の大小、清濁の大小、長文の大小文の大小で団十郎を褒めちぎっている。

五、似而非《えせ》大小

一見大小暦に見えるが、どうしても読み解き得ない。というよりは、はなっから大小暦ではなく、騙すためのものである。大小暦ではないのだから、はたして分類の内に入れる必要があるのだろうか。しかし、これも大小暦の流行を冷やかしてやろうというのだから、大小暦流行が産んだ異端児とでもいえよう。

六、異形大小

大小暦は通常は紙片に書かれたり摺られたりするが、中には特大のものや、極小のものがあり、さまざまに細工したもの、あるいは刀の鞘を当てて見る変形の絵を描いたものなどがある。

さすがに長谷部言人博士は人類学の泰斗だけあって、大小暦を学問的に詳細に分類されている。大小暦は趣味の世界のものだから、なかなか合理的には分類することが難しく、長谷部氏もさぞ苦心されたことであろう。

近年は、江戸考古学の発展によって、紙以外の大小暦も出土しており、大小暦の研究分野も拡大してきている。

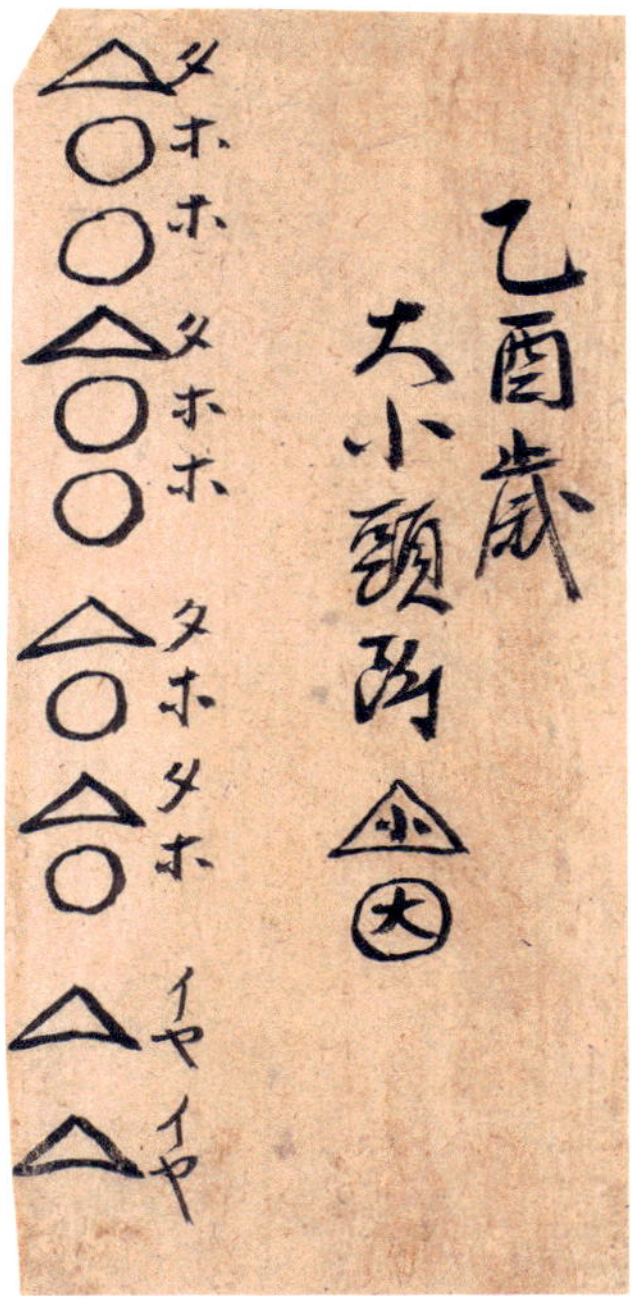

図23 △と○

「乙酉歳　大小頭附　△(小)○(大)」と題された大小暦。△と○とが並んでいる。それに△は「タ」、○には「ホ」と読み方が付いている。

タ　ホ　ホ　タ　ホ　ホ　　タ　ホ　タ　ホ　イヤ　イヤ

△　○　○　△　○　○　　△　○　△　○　△　△

最初の六個でちょっと息を切るように、七個目との間に少し間隔があって、タホタホと四個続き、十一個目の前にまた少し間隔がある。十一個目と十二個目の△が「タタ」ではなく「イヤイヤ」と読ませているのはどういうわけだろうか。

いやいや、理屈なんぞあるわけはなく、ただ句調なのであろう。とにかく大小暦は書かなくても諳《そら》んじていればよいから実用的である。

明和二年乙酉(一七六五)の大小暦には、このような奇抜なものが少なくない。

大小暦の味わい

十干・十二支と六十干支

【十干】

甲《こう》(きのえ)　乙《おつ》(きのと)
丙《へい》(ひのえ)　丁《てい》(ひのと)
戊《ぼ》(つちのえ)　己《き》(つちのと)
庚《こう》(かのえ)　辛《しん》(かのと)
壬《じん》(みずのえ)　癸《き》(みずのと)

【十二支】

子《し》(ね)　丑《ちゅう》(うし)
寅《いん》(とら)　卯《ぼう》(う)
辰《しん》(たつ)　巳《し》(み)
午《ご》(うま)　未《び》(ひつじ)
申《しん》(さる)　酉《ゆう》(とり)
戌《じゅつ》(いぬ)　亥《がい》(い)

【六十干支】

① 甲《きのえ》《かっ》子《ね》《し》
② 乙《きのと》《いっ》丑《うし》《ちゅう》
③ 丙《ひのえ》《へい》寅《とら》《いん》
④ 丁《ひのと》《てい》卯《う》《ぼう》
⑤ 戊《つちのえ》《ぼ》辰《たつ》《しん》
⑥ 己《つちのと》《き》巳《み》《し》
⑦ 庚《かのえ》《こう》午《うま》《ご》
⑧ 辛《かのと》《しん》未《ひつじ》《び》
⑨ 壬《みずのえ》《じん》申《さる》《しん》
⑩ 癸《みずのと》《き》酉《とり》《ゆう》
⑪ 甲《きのえ》《こう》戌《いぬ》《じゅつ》
⑫ 乙《きのと》《いつ》亥《い》《がい》
⑬ 丙《ひのえ》《へい》子《ね》《し》
⑭ 丁《ひのと》《てい》丑《うし》《ちゅう》
⑮ 戊《つちのえ》《ぼ》寅《とら》《いん》
⑯ 己《つちのと》《き》卯《う》《ぼう》
⑰ 庚《かのえ》《こう》辰《たつ》《しん》
⑱ 辛《かのと》《しん》巳《み》《し》
⑲ 壬《みずのえ》《じん》午《うま》《ご》
⑳ 癸《みずのと》《き》未《ひつじ》《び》
㉑ 甲《きのえ》《こう》申《さる》《しん》
㉒ 乙《きのと》《いつ》酉《とり》《ゆう》
㉓ 丙《ひのえ》《へい》戌《いぬ》《じゅつ》
㉔ 丁《ひのと》《てい》亥《い》《がい》
㉕ 戊《つちのえ》《ぼ》子《ね》《し》
㉖ 己《つちのと》《き》丑《うし》《ちゅう》
㉗ 庚《かのえ》《こう》寅《とら》《いん》
㉘ 辛《かのと》《しん》卯《う》《ぼう》
㉙ 壬《みずのえ》《じん》辰《たつ》《しん》
㉚ 癸《みずのと》《き》巳《み》《し》
㉛ 甲《きのえ》《こう》午《うま》《ご》
㉜ 乙《きのと》《いつ》未《ひつじ》《び》
㉝ 丙《ひのえ》《へい》申《さる》《しん》
㉞ 丁《ひのと》《てい》酉《とり》《ゆう》
㉟ 戊《つちのえ》《ぼ》戌《いぬ》《じゅつ》
㊱ 己《つちのと》《き》亥《い》《がい》
㊲ 庚《かのえ》《こう》子《ね》《し》
㊳ 辛《かのと》《しん》丑《うし》《ちゅう》
㊴ 壬《みずのえ》《じん》寅《とら》《いん》
㊵ 癸《みずのと》《き》卯《う》《ぼう》
㊶ 甲《きのえ》《こう》辰《たつ》《しん》
㊷ 乙《きのと》《いっ》巳《み》《し》
㊸ 丙《ひのえ》《へい》午《うま》《ご》
㊹ 丁《ひのと》《てい》未《ひつじ》《び》
㊺ 戊《つちのえ》《ぼ》申《さる》《しん》
㊻ 己《つちのと》《き》酉《とり》《ゆう》
㊼ 庚《かのえ》《こう》戌《いぬ》《じゅつ》
㊽ 辛《かのと》《しん》亥《い》《がい》
㊾ 壬《みずのえ》《じん》子《ね》《し》
㊿ 癸《みずのと》《き》丑《うし》《ちゅう》
(51) 甲《きのえ》《こう》寅《とら》《いん》
(52) 乙《きのと》《いつ》卯《う》《ぼう》
(53) 丙《ひのえ》《へい》辰《たつ》《しん》
(54) 丁《ひのと》《てい》巳《み》《し》
(55) 戊《つちのえ》《ぼ》午《うま》《ご》
(56) 己《つちのと》《き》未《ひつじ》《び》
(57) 庚《かのえ》《こう》申《さる》《しん》
(58) 辛《かのと》《しん》酉《とり》《ゆう》
(59) 壬《みずのえ》《じん》戌《いぬ》《じゅつ》
(60) 癸《みずのと》《き》亥《い》《がい》

北斎の初日の出

葛飾北斎は寛政七年（一七九五）から十年にかけて宗理の号を用いていた。この大小暦はその宗理時代のものである。

画面いっぱいに初日の出を描き、十羽ほどの鳥が飛んでいる。大小は二本の帆柱に仕込まれている。まず太い柱の方に、上から金輪が一本（正）、三、五、八、十、十一、十二とあり、細い方に二、四、六、七、壬（七）、九とある。

これは寛政九年丁巳（一七九七）の大小の配列である。この年の大小の順は次のようになる。

正	二	三	四	五	六	七	閏七	八	九	十	十一	十二
大	小	大	小	大	小	小	小	大	小	大	大	大

また画面には、

「あら玉の　としの
　旭《あさひ》を　うミ　つらに
　　わたる鳥も　春の欣《よろこび》」

の和歌、その右には、「有金改　旭堂鳥欣」とある。

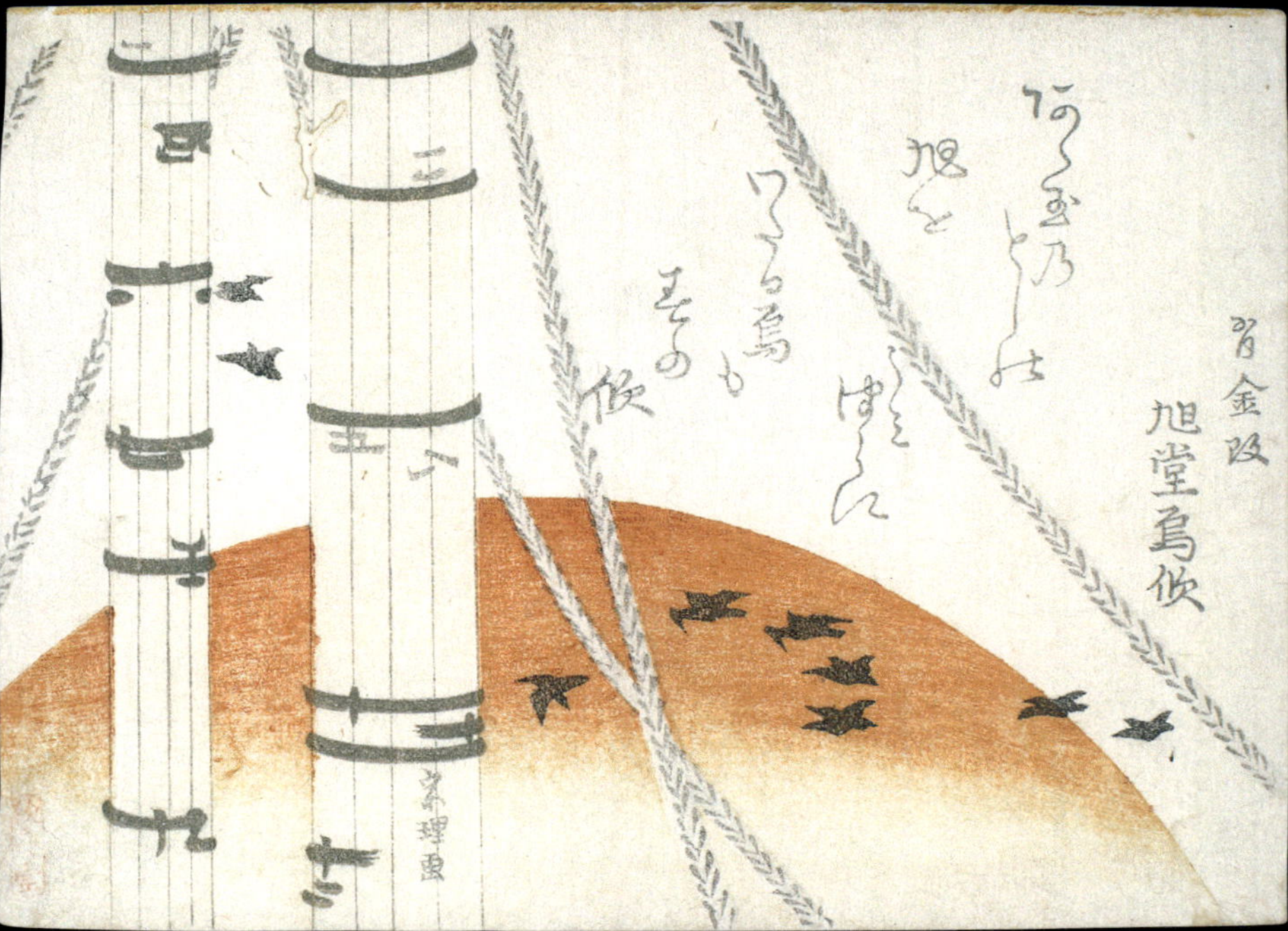

大小暦は新年の配り物であるから、どうしても絵柄として選ばれるのは、新春を寿《ことほ》ぐ目出度いもの——例えば、宝船とか七福神——と その年の十二支《えと》にちなんだ図案が多い。それは今日の年賀状に用いられるものと同じ傾向である。

初日の出

1 都の初日の出

「　春興
　　十分の　はるとなりけり　楳《(うめ)》柳
　　　戊申春　　　　　　　雲槐樓來鳩」

大小は「十分の」の句には入っていない。春霞の中に浮かぶ甍《いらか》の中にある。遠景の塔は「大・二・十一・十」、その右に「九」、左に「七」、下に「五」。近景の屋根は「小・正・八・四・六・三・十二」と読める。

この大小の配列の年は寛文二年壬寅(一六六二)、貞享五年戊辰(元禄元年、一六八八)、寛延三年庚午(一七五〇)、文化九年壬申(一八一二)、天保十年己亥(一八三九)、弘化五年戊申(嘉永元年、一八四八)と六回もあるが、干支の「戊申《つちのえさる》」から、弘化五年のものとわかる。

小の月の正の字が少々見分けにくい点が難であるが、のどかな新春の日の出の風情が実にいい。

2 小松原の初日の出

小松原の彼方から大きな初日が昇り始めた。小松は右手前に七本、左手奥に六本、合計十三本あるから、閏年の大小暦ということになる。

閏年の大小暦の場合、どの月が閏月に当たるのかを知ることが絵解きの鍵になるが、前の月と少し重ねるとか、二重丸で囲むとか、何らかのサインのあるものが多い。この場合は、右手前から松の大きさが小大小大小大と続き、七本目が左手に曲がっているので、奥の八本目が閏月を指すものと思われる。これを整理してみると、

正	二	三	四	五	六	七	閏七	八	九	十	十一	十二
小	大	小	大	小	大	大	小	大	小	大	小	大

となる。この配列は嘉永七年甲寅(安政元年、一八五四)のものである。

3 初日の出と浜千鳥

港に林立する何艘もの大船の帆柱。その上を飛ぶ浜千鳥の群れと大きく頭を出した初日の出。まことに目出度いが、月の大小を示す十三羽の鳥の大小がやや明確でない。幸い落款に「壬正」(閏正)とあるので、これは天明四年甲辰(一七八四)の大小暦であり、次のような配列となる。

正	閏正	二	三	四	五	六	七	八	九	十	十一	十二
大	小	大	小	大	小	大	大	小	大	小	大	小

このような大小暦はごく平凡なものではあるが、いかにも新年に贈答されるのに相応しい絵柄で、受け取った人に喜ばれたものと思われる。

4 初登城

遠くに富士山、その手前に千代田のお城が描かれ、今しも年賀の礼に初登城する大名行列、といういかにも江戸の初春らしい絵柄である。

「にごられるかな八大」とあって、「おさまる　くにそ　めてたけれ」と大きく書いている。濁れる仮名が大であるという、いわゆる濁大清小の大小暦である。

正	二	三	四	五	六	七	八	九	十	十一	十二
	○			○		○		○	○	○	
お	さ	ま	る	く	に	そ	め	て	た	け	れ

つまり、二、五、七、九、十、十一月が濁ることが出来るから大の月である。この大小の配列の年は、上段の「1 都の初日の出」に見られるように六か年もあるが、画面左に「壬申春」とあるので、文化九年壬申(一八一二)のものとわかる。

1

2

3

4

5 年始の廻礼

右下にあるように「本石町三丁目　諸百姓宿　茗荷屋正兵衛」が弘化五年戊申(嘉永元年、一八四八)に配った大小暦。

いわゆる公事宿《くじやど》の茗荷屋《みょうがや》の主人とおぼしき人物が、麻裃《あさがみしも》に黒紋付の小袖《こそで》に袴《はかま》を着し、白足袋《しろたび》に雪踏《せった》ばきという正装で年始の廻礼をしている姿を描く。お供は出入りの鳶《とび》の棟梁《とうりょう》がお店の印を染め出した革羽織を着て、挟箱《はさみばこ》を持ち、手代一人に小僧も連れている。小僧は手に盆を持ち、その上に年玉の小箱を載せている。挨拶に廻った家は大きな門松を立て、前垂注連《まえだれしめ》には賑やかにさまざまな飾り物が付いている。いかにも、江戸の正月風景を彷彿とさせるものがある。

この年、弘化五年の大小の配列は次の通りである。

正	二	三	四	五	六	七	八	九	十	十一	十二
小	大	小	小	大	小	大	小	大	大	大	小

大小は二首の和歌に詠み込んである。まず小の月の分は、

「正直の三《み》には　六《む》かいの　ありがたや　茗荷四《し》
　極《ごく》に　家業はん　小《じょう》」

小の月のうち、正、三、四、六月は数字がそのまま使われているが、残りのうち八月は「ありがたや●」の「や」、十二月は「四(至)極●」に隠されている。

大の月を詠み込んだ和歌は、

「七二五とも　お十九いさまの　御贔屓て　こと霜●
　とんと　延るたね大」

「何事も」と「お得意さま」で、七、二、五、十、九月が使われており、十一月は「こと霜●」にあるので、比較的簡単に答えが出ている。

腰をかがめ、深々と挨拶をする主人の姿に好感がもてるが、そこに「年始御祝儀申あげます」と、主人の口上が書いてある。また主人の足下には国芳の門人「一鵬斎芳藤画《いっぽうさいよしふじ》」の署名と印が捺してある。西村芳藤(一八二八—一八八七)二十一歳の初期の作品。若々しく清々しく、新春にふさわしい雰囲気が感じられる。

6 長居の年始客

上戸《じょうご》の年始の客がいつまでも長居をするのは、今も昔も変わらぬことらしい。この大小暦は河鍋狂斎《かわなべきょうさい》(暁斎、一八三一—一八八九)らしいオーバーな表現で、それを風刺している。

「狂斎」の上に「応需」とあるから、依頼主はほとほとこの手の客に毎年悩まされていたのであろう。それにしても時代が江戸から明治へと転換しようという変動の最中、江戸ではのんびりと泰平の風潮が続いていたものと思われる。

絵は大盃を手に飲み続ける客の手元の煙草盆から竜が飛び出して、吃驚仰天《びっくりぎょうてん》しているところ。竜は掛軸の富士の嶺にでも登るつもりであろうか。

大小は、五七五の内に詠まれている。

「小正《しやう〱》も　極六《ごくろ》う　七九《なく》て　四四壬《よようるふ》」

この句によれば、この年の小の月は「正、四、閏四、六、七、九、十二(極)」月で、残りの「二、三、五、八、十、十一」月が大となり、慶応四年戊辰(一八六八)、この年の九月に明治と改元された年の大小ということになる。煙草盆から飛び立った竜は、年の十二支の辰であったわけであるが、長居の客に早く立ってくれとの催促でもあるようだ。

掛軸の下方には次の短歌が記されている。

「春は立つ　ものとおもへど　なかなかに
　上戸の礼は　すはりこむなり　卍々亭」

卍々亭、卍亭は狂斎のこと。武士の衣服にも卍が模様になっている。

7 羽根突き

羽根突きは負けて顔に墨を塗られたら、せっかくのお化粧が台なしになるから、女性にとっては真剣勝負さながらということになる。

この大小暦でも、決して若くはなさそうな二人の女性が緊張した表情で羽根を突いている(後ろ姿の女性のほうは顔が見えていないが)。

大小は羽子板に書き込んであって、右の大振りの女性の方に「正・二・三・四・七・九・十一」とあり、小振りの女性のには「壬・五・六・八・十・十二」とある。この「壬」とは閏二月のことである。

左端に「壬子孟春」とあるので、この大小暦は嘉永五年壬子(一八五二)のものとわかる。

右端には「董髙」の署名と「紹眞」の朱印がある。紹眞《つぐざね》は北尾重政の門人三羽鳥の一人、北尾政美《まさよし》(一七六四—一八二四)のことである。羽根突きの絵の左側に二句がある。

「　春興
　久かたの　あま戸　あけるや　さす初日
　　歳末
　うめひと枝　小附にやさし　年来たり
　　　　　　　　　　　　実善園
壬子孟春　　　　　　　　　　　」

8 団十郎の押絵の羽子板を持つ娘

役者絵や美人画を得意とした江戸中州の住人、遠山龍雲齋(生没年未詳)の大小暦。豪華な笄《こうがい》を挿した富家の娘が大事そうに抱えている大羽子板には五代目団十郎が描かれているが、恐らく押絵であろう。

三升《みます》の紋《もん》のついた大紋が目を引く。後ろから誰かに声を掛けられて、ふっと振り向いた娘の品の良い新鮮な美しさ、上品な仕上がりはさすがに龍雲齋だと感心させられる。

大小は帯の花の中に散らしてある。右から小・二・四・十一・六・七・九とあるから、大は正・三・五・八・十・十二か、これに閏正を加えたものとなる。これらの組合せは、延宝二年甲寅(一六七四)、享保十一年丙午(一七二六)、翌十二年丁未(一七二七)、天明八年戊申(一七八八)と四回あるが、前三つでは龍雲齋も五代目も生まれていないから、当然、天明八年の大小暦ということになる。羽子板の変遷を知る上でも、大変興味深い大小暦である。

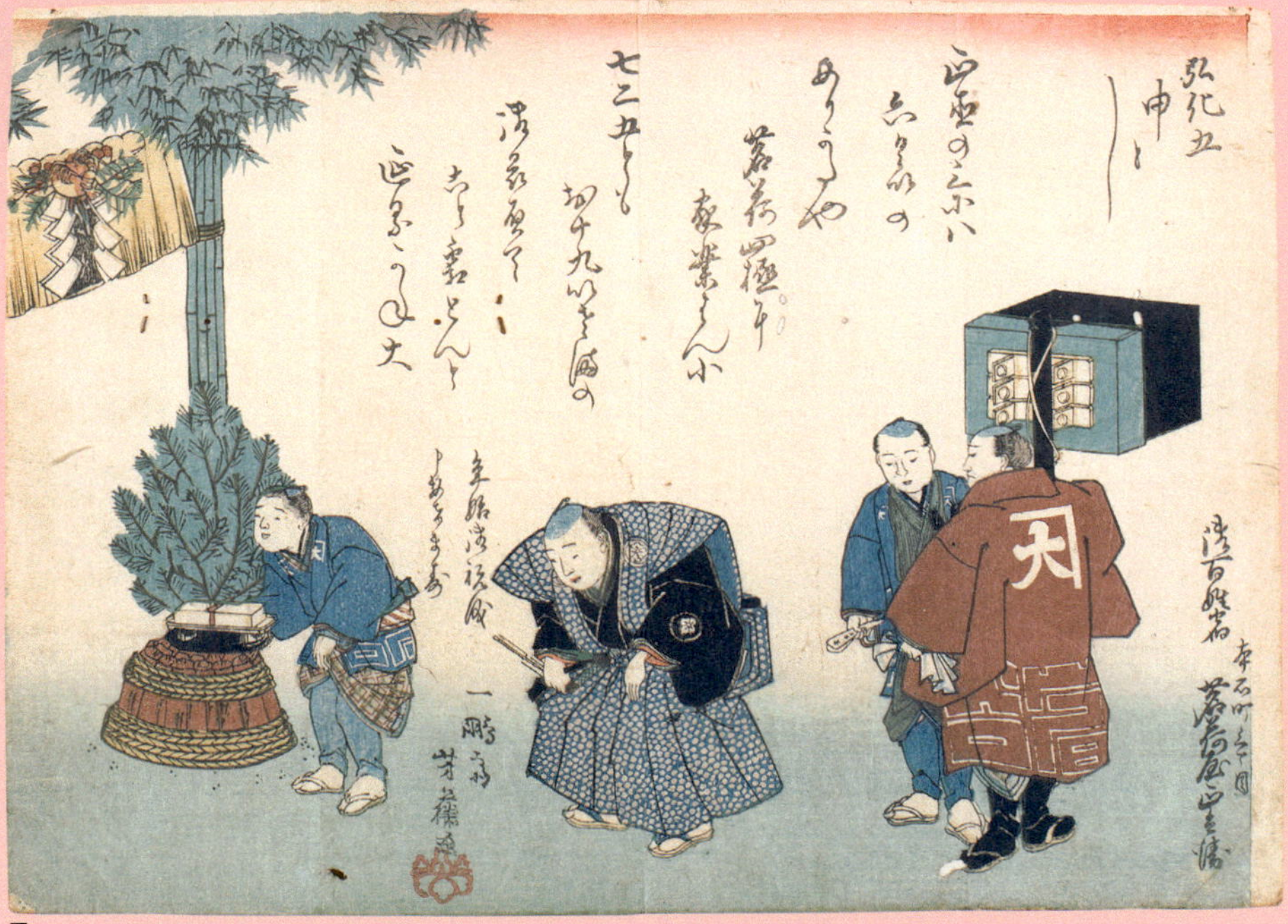

5

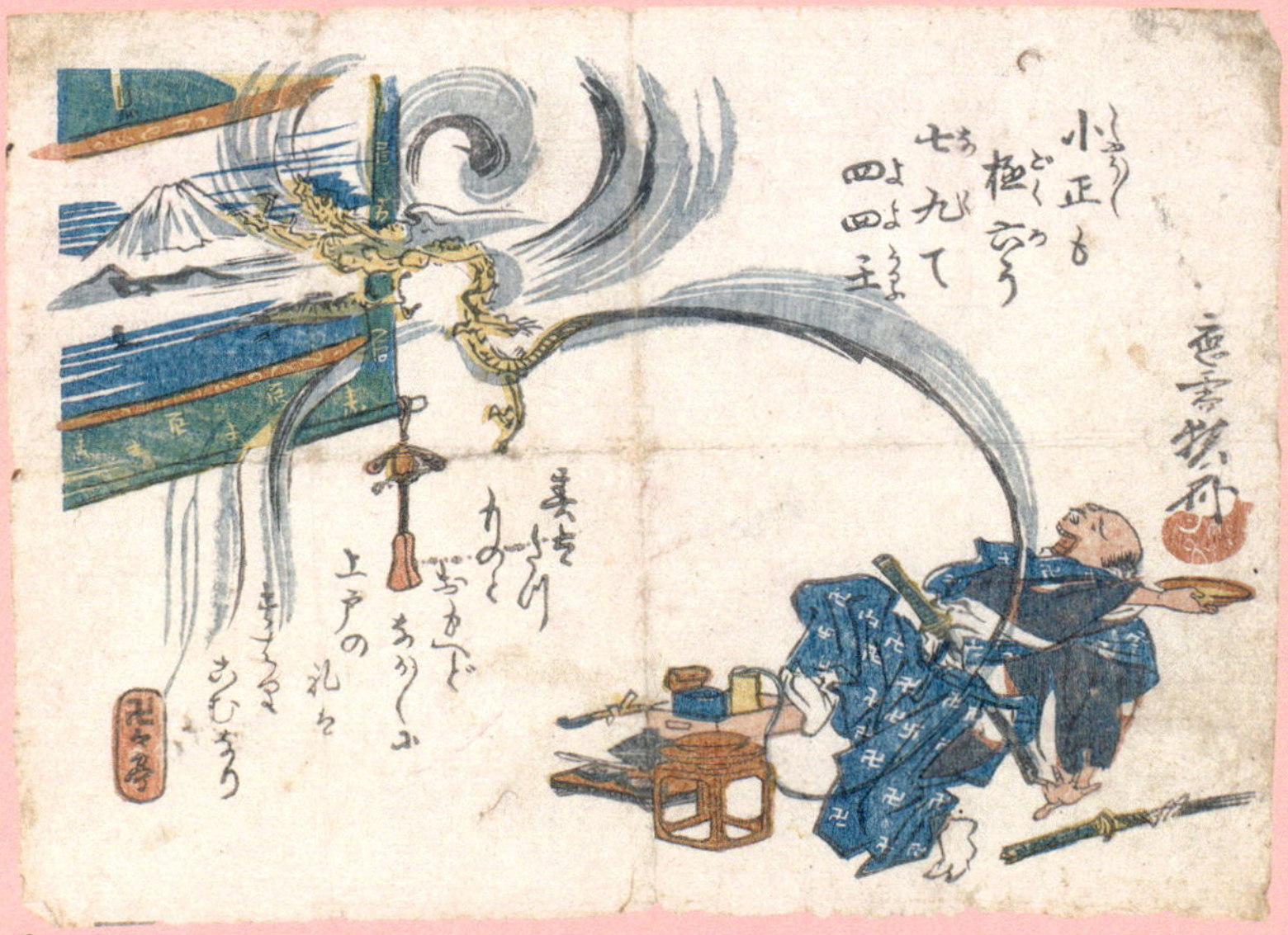

6

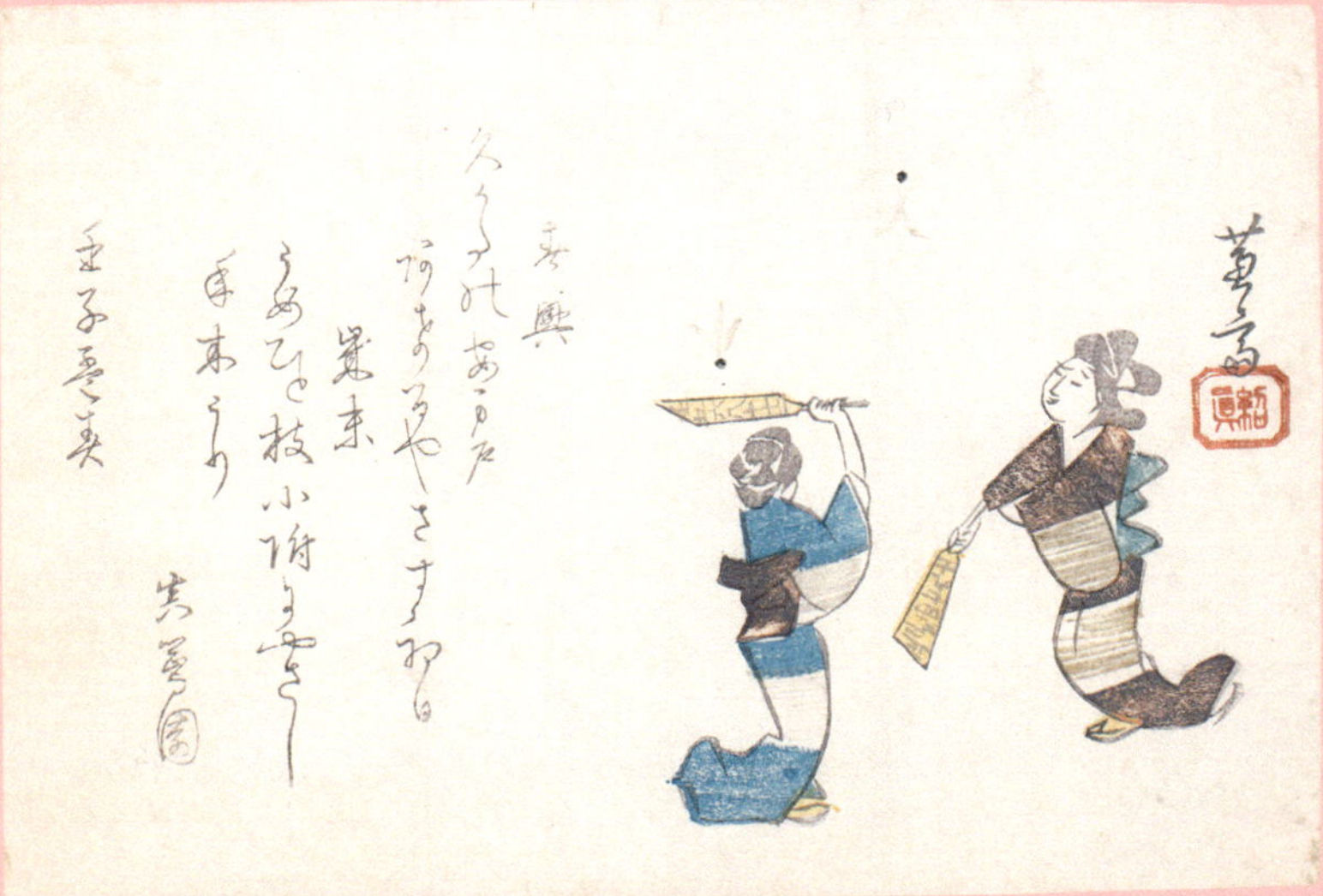

7

8

9　万歳

「いつも　小月《せうぐわつ》は　万歳《まんざい》　の寿《ことぶき》
十《と》九《く》わか二《に》　五《ご》まんざいとて　六《む》ツましく
笑《わら》ふか十《ど》二《に》は福来ル《ふくきたる》春《はる》　」

この万歳の大小暦には「文政十丁亥春」とあるので、この年の小の月を並べたものとわかる。文政十年丁亥(一八二七)の大小の配列は次の通りである。

正	二	三	四	五	六	閏	七	八	九	十	十一	十二
大	小	大	大	小	大	小	大	大	小	小	大	小

この大小暦には「不許賣買」と書かれている。大小暦は本来知人への贈答に用いられるものだが、この例のように考案者も絵師の名もない、匿名のものは実際には売買されていたであろうと想像される。大小暦の売買については、時々禁令が出ているので、法に触れないためにことさらにこのような語句が記入されたのであろう。

10　大名の描いた万歳

大小の数字を無駄なく使って万歳を描く。風折烏帽子《かざおりえぼし》(六)を冠り、大紋の直垂《ひたたれ》(八・三・正・十二)を着して、扇(四)を持った大夫《たゆう》が意外と小の月を、鼓《つづみ》(五)を持って祝言を唱える相方の才蔵《さいぞう》(二・七・九・十・十一)を大の月で表わしている。軽妙で巧みな筆運びである。

配列は次の通りである。

正	二	三	四	五	六	七	八	九	十	十一	十二
小	大	小	小	大	小	大	小	大	大	大	小

だが困ったことに、この大小の組合せの年は六回もある。

寛文二年壬寅(一六六二)
貞享五年戊辰(元禄元年、一六八八)
寛延三年庚午(一七五〇)
文化九年壬申(一八一二)
天保十年己亥(一八三九)
弘化五年戊申(嘉永元年、一八四八)

幸いなことに左上に「戸田采女正《とだうねめのしょう》」の貼り紙と「申《さる》歳《どし》」の朱印が押してあるので、文化九年か弘化五年(嘉永元年)のいずれかのものということになる。刷色からすると文化九年のもののようであるし、また、この大小暦が保存されていた貼り込帳の前後のものも文化以後のものはない。

戸田采女正は大垣十万石の藩主戸田家の歴代当主が家督を継いだ時に襲名しており、八代氏庸《うじつね》は文化三年(一八〇六)に采女正となり、天保十二年(一八四一)に没している。次の九代氏正《うじまさ》は直ちに采女正を継ぎ、明治九年(一八七六)に没している。

この大小暦が文化九年のものであるとしたら、采女正は氏庸を指し、弘化五年のものであれば氏正のものということになる。氏庸は藩校致道館を設立するなど文教政策に力を入れた藩主であったから、その点からもこの大小暦は文化九年の可能性が高い。

11　橋を渡る万歳

大川(隅田川)に架かる橋を渡って行く万歳師。万歳の絵は普通、芸をしている姿を描いているが、ここでは新春の風景を眺めながら町から町へと移動して行く姿を描いている。素顔の万歳師は意外と田舎者じみている。それもそのはずで、江戸の万歳は三河万歳と呼ばれるように、太夫《たゆう》は三河の農村から毎年江戸にやって来る。いっぽう才蔵《さいぞう》の方は、年末に催される才蔵の市などで江戸近在の農村の出身者が雇われる。万歳はその素朴さが都人によしとされたのである。

図の中央に「萬歳や　はしら張舟乃　よみはじめ」の句があり、その右に並ぶ帆柱に大小が隠されている。柱の背の高いのが大の月、低いのが小の月である。右から順に大小を数えると次のようになる。

正	二	三	四	五	六	七	八	九	十	十一	十二
大	小	大	小	大	大	小	大	小	大	大	小

橋詰に立っている高札の一つには、

「　としとくみむまの間
　文政十一戊子年
　　金神ねうしさるとり」

とある。文政十一年(一八二八)の大小の組合せは帆柱の通りである。

二枚目の高札には正月廿四日以下、この年の六回の甲子の日の日付が書き付けてある。

三枚目には、この年の主要な暦日が記されている。

「彼岸　二月二日
　　　八月十二日
初午　二月十二日
入梅　五月四日
土用　六月八日
冬至　十一月十五日
寒入　十二月一日　」

12　獅子舞《ししまい》

正月の風物である獅子舞と凧《たこ》とが描かれている大小暦。獅子の背に丸に大の字の紋が付いている。獅子の頭にこの年の大の月、すなわち二(額)、三(左目)、五(鼻)、七(右目)、八(髪の生え際)、十・十二(顎《あご》)が隠してある。

小の月は、子供の絵の上の「正月や　ゆつたり四《(し》　霜《しも)》　うしろ　六九《(むく)》」という句に詠み込んである。正、四、六、九、霜(十一月)が小の月というわけである。この大小の組合せは文久三年癸亥(一八六三)のものである。

また、子供の持っている凧にはこの年の十二支の亥の字が書かれている。

右に梅素玄魚(一八一七―一八八〇)の画賛と印がある。玄魚は経師職の子として生まれ、書画を良くし、風雅の人として知られた人物である。

9

10

11

12

初夢と七草

13 宝珠《ほうしゅ》を積んだ宝船《たからぶね》

あらゆる願いを叶えてくれるという宝の珠《たま》、その宝珠を十三箇積んだ満帆《まんぱん》の龍頭《りょうとう》の宝船を描く大小暦。宝珠の大小で月の大小を表わす。宝珠に月の数が入っているが、七月以降は数字がはっきりしていない。

この大小暦では、二・三・五・七・九・十二番目が大の月になっているが、閏年でこの配列の年はない。どうやら、五月大・六月小・閏六月大とあるべきところを五月大・閏五月小・六月大と誤ったように思われる。この考えに従えば、この年の大小の順は次のようになり、文化五年戊辰(一八〇八)ということになる。舟の龍頭とも和歌の「願ひ辰」にも合って好都合である。

正	二	三	四	五	六	閏	七	八	九	十	十一	十二
小	大	大	小	大	小	大	小	大	小	小	大	小

和歌は「願ひ辰　吉事も　きたる　明の方　大小ともに　あら玉の　春」とある。右端の「辰舟出」はこの大小暦の題であろう。

14 宝船と歳旦の句

正月二日か三日の夜、良い初夢を見るために「ながきよのとおのねぶりのみなめざめなみのりぶねのおとのよきかな」という回文《かいぶん》と宝船の絵を描いたものを枕の下に置いて寝るという習慣を始めとして、正月にはやたらに宝船の絵が喜ばれる。

宝船には金銀財宝が山積みされ、おまけに七福神が乗り込んでいるのだから、お目出度いことこの上ない。

この大小暦は歳旦(元旦)の句の摺り物で、宝船の絵と「門まつや動かぬ御代のふたはしら」という白道の句を筆頭とする十人の句が並んでいる。

大小暦の作者は白道で、絵は蓬明の筆になっている。宝船の帆に大きく「寶」と書いてあるが、大の字に囲まれて上から十・八・二・十一・四・九と、この年の大の月が、また船体の舳先《へさき》に七と壬《うるう》八が、胴に正と十二と三、艫《とも》の二本の松の枝に六、舵《かじ》に五と、小の月が書き込まれている。

これは文化二年乙丑(一八〇五)の大小で、宝船の上にはさまざまな宝物が積み込まれ、上空には鶴が舞い、舵の横には亀が描かれて目出度さを盛り上げている。

15 若菜摘《わかなつ》み

『小倉百人一首』の第五十八代光孝天皇の御製「君がため春の野に出でて若菜摘む我が衣手に雪は降りつつ」でお馴染みの若菜摘みは、早春の大切な行事で、この日摘んだ若菜は七草粥《ななくさがゆ》に用いられる。

この大小暦には上半分に、「小五《い》三《さ》むや　霜二もめけ《(げ)》ぬ　若七摘《(わかなつみ)》」と、大小を詠み込んだ句があって、その下には柄が大の字になっている籠《かご》の横に、稚《ち》子髷《ごまげ》を結んだ少年が屈《かが》んで若菜を摘んでいる姿を描く。

句の方は小の月で、二、三、五、七、霜(十一月)が詠み込まれている。いっぽう、少年の肩に正、背中に十二、尻に八、左手の袖に十、右手の袖口に六、左足の上に九、刀に四の字が隠されており、大の月は、正、四、六、八、九、十、十二月となる。

この大小の組合せは宝暦八年戊寅(一七五八)と安政三年丙辰(一八五六)の二回存在しているが、絵の具の色から後者のものと判断できる。作者の署名もあるが、未詳である。

16 七草を叩く亭主

正月七日は七草の日。この日の朝、芹《せり》、なずな、ごぎょう、はこべら、ほとけのざ、すずな、すずしろのいわゆる春の七草を入れた粥《かゆ》を食べる。

六日にこれらを用意して、七日の早朝、まな板になずなを置き、そのかたわらに薪《まき》、庖丁、火箸《ひばし》、すりこ木、杓子《しゃくし》、銅の杓子、菜箸《なばし》の七種類の道具を揃え、「唐土の鳥が渡らぬさきに七草なづな」という言葉を繰り返し歌いながら、七つの道具で七回ずつ叩く。

はやす言葉は地方によって相違するが、まな板をさまざまな道具でトントン叩くにぎやかな行事である。この役は一家の主人で、裃《かみしも》に袴《はかま》という礼装をして、その年の歳徳神《としとくじん》の方位に向かうのが習慣である。

この大小暦には、

「二ぎやかに　はやすひやう霜(拍子も)　おも四六
(面白く)　七九さ(七草)なつな　祝ふ正月」

(＊カッコ内は筆者)

という和歌に、正、二、四、六、七、九、十一月が隠されている。右下に「洗布」の名と「辰大」と読める印があるので、辰年の大の月を書いたことがわかる。大の月が右の順になるのは、寛文八年戊申(一六六八)と宝暦六年丙子(一七五六)と天明四年甲辰(一七八四)であるが、辰年とあるから最後のものということになる。

17 七草と宝珠

明治六年(一八七三)から太陽暦が使用されるようになると、大の月は「一・三・五・七・八・十や十二月」、小の月は「二・四・六・九・十一(西向く士《さむらい》)と知れ」とあるように、大小の配列は毎年同一で、これでは大小暦の面白さは失われてしまう。

ここに紹介するのは、改暦最初の年、明治六年のもので、「略暦」と題しているが純粋に大小だけを描いたものである。

縁起物の宝珠に「大・一・七・八」、七草の束に「三・五・十・十二」、菱形印形の中に小の月の「二・四・六・九・十一」が入っている。

図の左に「草とらん屠蘇《(とそ)》にほかつく酔こゝろ」の句が添えてある。

作者は一立齊廣重《いちりゅうさいひろしげ》、すなわち三代目廣重(一八四四―一八九四)である。本名は安藤(のち後藤)寅吉(のち寅太郎)で、二代目が師家を離縁になってから後は自ら二代目を名乗った。文明開化期には洋風建築や鉄道などの錦絵を描いて、大いに人気を博した。そのハイカラ廣重らしく、早速に太陽暦の大小暦を作ったわけであるが、題材は古いままというのが、いかにもこの時代らしさが出ていて面白い。

13

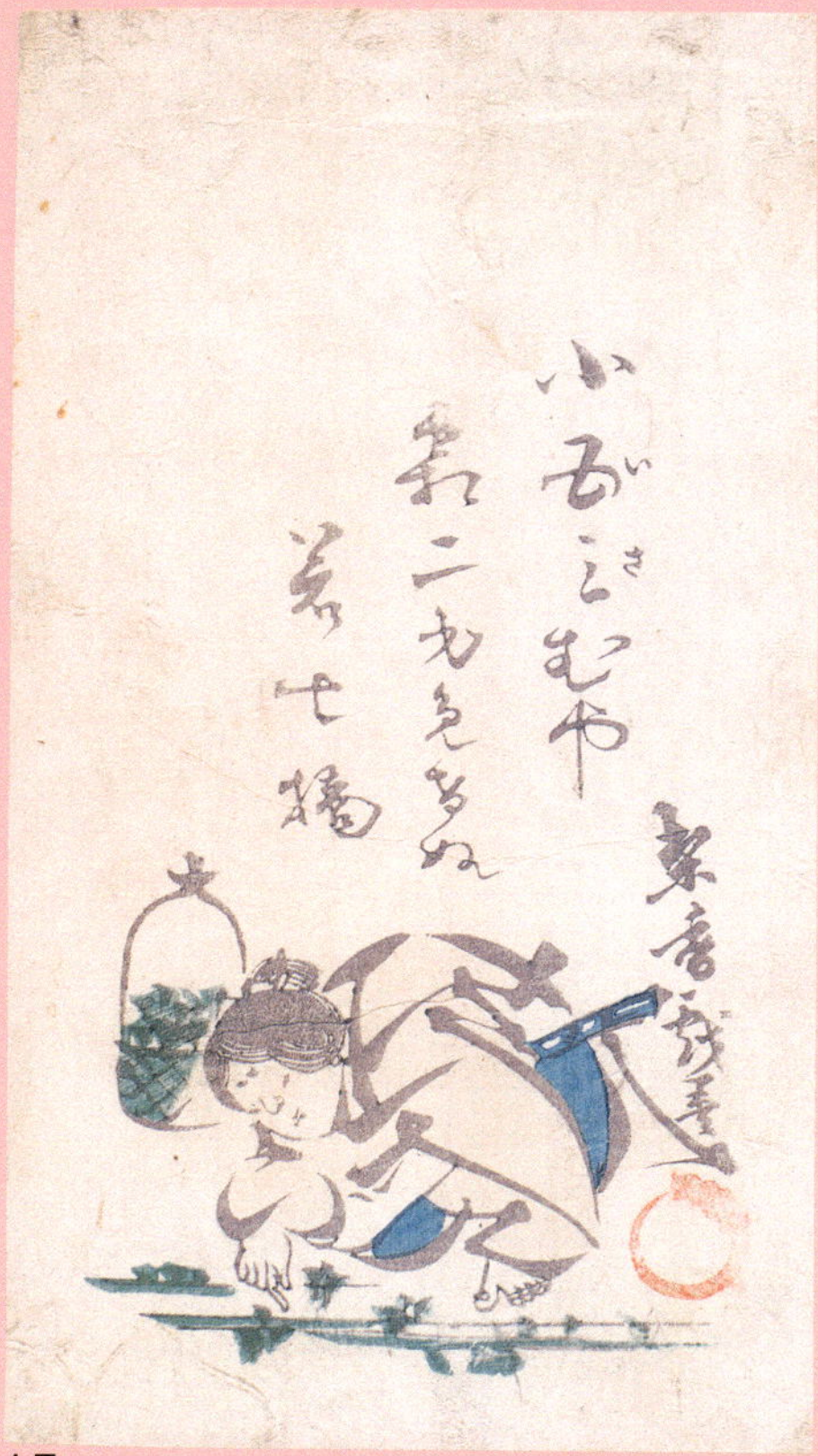

15

14

16

17

凧

18 若様と凧《たこ》

「〽うばや**大**凧が　あがつてゐるヨ**八**まいか
　十二まいだらう　**四**まいや**六**まいハ
　ちいさいから**十**まいばりを　ほしゐヨ
〽若様もう　たこをやめて
　おざうに二いたしま**正**　」

甘えん坊を相手に手こずっている乳母《うば》。肩には若様が凧遊びの前に遊んでいた玩具の刀を乗せている。乳母と若様の会話の中にこの年の大(凧)の月、八、十二、四、六、十、二、正が出てくる。したがって、この年の大小の順は次のようになる。

正	二	三	四	五	六	七	八	九	十	十一	十二
大	大	小	大	小	大	小	大	小	大	小	大

この配列となる年は、

天明二年壬寅(一七八二)
天保十五年甲辰(弘化元年、一八四四)
天明九年己酉(寛政元年、一七八九)　＊閏六月あり
文化十三年丙子(一八一六)　＊閏八月あり

と四か年あるが、凧に「酉」の字があるから、天明九年のものである。

「みちひで作」とある。

19 凧《たこ》を描く坊や

母親と子供と、龍の絵を描いた凧。絵暦の上の方に、

「安政三丙辰年
　はつ春　吉例の　御年玉
〽正《しやう》じき　このゑハ　四《よ》くできたヨ　そのくせ
　六八《むや》みに　おな九《く》りだけれど　そして極《ごく》ざい
　しきもよいガ　このはうが　大できだハ
　たしかこの　たこは三百　五十五　まいつぎ
　だつけねへ
〽けふハみうまの　あひだの　あきの方から
　ふくかぜだから　めでたく　あげぞめを
　しやうや　」

と母と子の会話の内に、この年安政三年丙辰(一八五六)の大の月、正・四・六・八・九・極月(十二月)を書き込んであるが、どういうわけか十が落ちている。文中の「三百五十五まいつぎ」は、いうまでもなく一年の日数に懸けたもの。

左上の方に「靍《つる》の啼《なく》たかたから　としハ明《あけ》そめて気《き》もうき辰《たつ》の　はるは来《き》にけり　芦鳥」(「靍」は「鶴」の異体字)の和歌が詠まれている。

凧の絵柄は年の十二支にちなんで龍の絵。鳶斎《えんさい》画とあるが、青色など版の摺りがずれている。

20 小僧と凧《たこ》

葛飾北斎の高弟で北斎風の絵をよくした魚屋北溪《ととやほっけい》(一七八〇―一八五〇)の描く美女と凧。含笑庵道列の「あら玉の　としま盛に　咲匂ふ　香をとめ袖の　花の春風」の狂歌のとおり、垣根越しに満開の梅の花が見える。小僧は「靍《つる》」と書かれた大きな凧を手にしている。

大小暦は、右手の家の貼り札に「小正三五七十二」とある。寛文十年庚戌(一六七〇)も同じ大小の組合せだが、北溪の年代からみると、これは文政三年庚辰(一八二〇)のものである。

21 鼠の雪だるま

人間の身丈《みたけ》より高い大きな鼠の雪だるまと、それを取り巻く男女。雪だるまは空摺《からず》りで美しく描かれている。左端に、

「豊年の雪に梅の香つもらせて
　福も段〱甲子のはる　」

の和歌を添えている。署名は「野道春□」となっている。

「福も段々甲子のはる」の甲子《きのえね》(来るに引っ掛けている)は、葛飾北斎(一七六〇―一八四九)が活動している時代では享和四年甲子(文化元年、一八〇四)である。この年の大小は、

正	二	三	四	五	六	七	八	九	十	十一	十二
大	小	大	小	大	小	大	小	大	大	大	大

となっており、屋敷内から黒板塀越しに咲いている紅梅に、左から十二、三、六、正、十一、八、十と大の月の文字が見えている(十二と六はやや不明瞭)。

右下には「画狂人北斎画」の署名がある。この年、北斎は四十五歳に当る。

ところで子年だから鼠の雪だるまとは奇抜な発想だ。このデンで行くと丑年は大きな牛の雪だるまということになるか。

22 鳥の凧《たこ》

中国風の服を着た子供が、鳥の形の凧を揚げている。凧を手にした左側の子供の衣服に、「三、五、壬(閏)六、七、九、十一」月の数字が付いている。

この年の大小を復元してみると次のようになる。

正	二	三	四	五	六	閏六	七	八	九	十	十一	十二
大	大	小	大	大	小	大	小	大	小	大	小	大

この配列は天明九年己酉(寛政元年、一七八九)のものである。

異国情緒の上品な絵で、酉年にふさわしい題材であるが、この凧はこれ以上に揚がりそうにない。

19

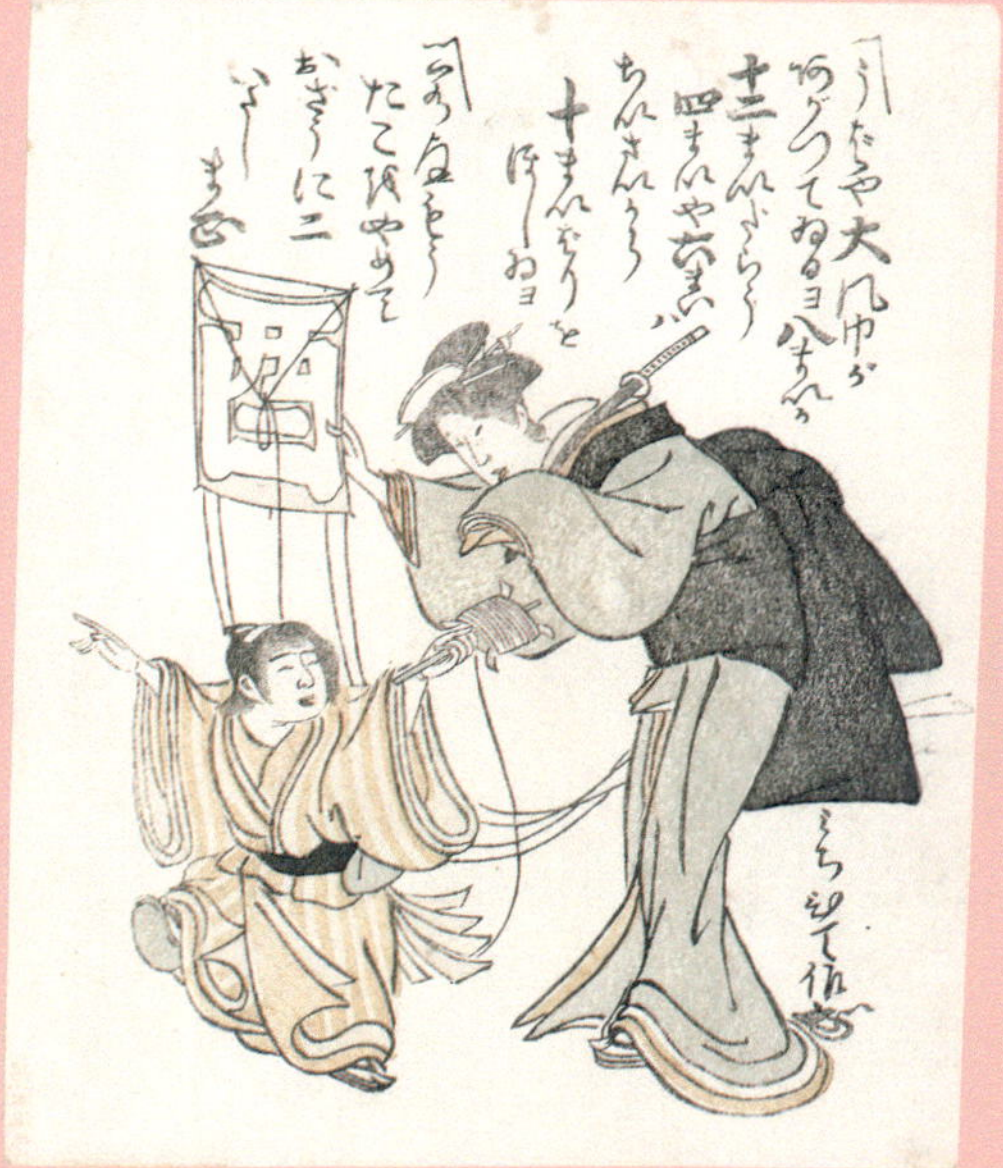

18

22

20

21

【コラム】

室内娯楽

お正月の代表的な遊びに「小倉百人一首」と「すごろく」がある。前者は江戸時代にこれを舶来のゲームであるカルタ仕立てにし、さらに手描きから版摺りになって庶民に普及した。後者は、中でも「道中すごろく」は地理的知識を学べることから大流行をみた。そして共に大小暦の好材料にもなった。

2

1

1 百人一首「大江千里《おおえのちさと》」

読み札に「大□《欠》千里」の名と姿を描き、「空見れは《(ば)》 ひ、に 長閑《(のどか)》に 成にけれ」、取り札に「布子 ひとつて《(で)》 さむく あらねと《(ど)》」とある。

小倉百人一首の大江千里のものは、「つき見れはち、に物こそかなしけれ 我身ひとつの秋にはあらねと」で、「空見れは」と似て非なるものである。というか、もじりと言った方が良いであろう。

大小は衣服の紋様に散らされている。いささか判読しにくいが、右から「十一・五・正・三・四・七・九」とある。大江千里だからこれを大の月と見ると、寛政十二年庚申(一八〇〇)の大小の配当と一致する。

正	二	三	四	閏	五	六	七	八	九	十	十一	十二
大	小	大	大	小	大	小	大	小	大	小	大	小

左上部にある「申春」とも一致している。この大小暦の作者は神奈川宿の正直重丸とある。

2 百人一首「小式部内侍《こしきぶのないし》」

小式部内侍の「大江山いく野の道の遠けれは またふみも見す天の橋立」の和歌は、子供にも良く知られている。この大小暦では、取り札に下の句の代わりに「きのととり めいわ にねん」(乙酉 明和二年)と記し、読み札には小式部内(侍は欠)の名と、絵姿と上の句を書いている。

一見、ただのカルタの絵のように見せて、よく見ると名前に大小が隠されている。「小」はそのまま小で、「式」は正と七、「部」は十二・十一・九、「内」は四で構成されている。

なお、明和二年乙酉(一七六五)の大小は次の通りである。

正	二	三	四	五	六	七	八	九	十	十一	十二
小	大	大	小	大	大	小	大	小	大	小	小

3 カルタ取り

着飾った女性四人のカルタ会。会話の中に大小が散らしてある。

「○お萬《まん》さんお延《のぶ》さんか二人り ゐながらごらんなさいヨ わたくしの
　酉ましたかるたはてうど 当年の大の月にあたります
○それはふしぎなおみせあそばせ
○それごらんなさい
○大二三位《だいにさんみ》 ○五京極《ごきょうごく》(左ルビ十二とあり) 大政大臣《だいじやうだいじん》
○大七《おふな》かとみ能宣《よしのぶ》 これで大の月が五つそろひ ました□《もう》いちまいは
　伊勢大輔《いせのたいふ》 でござります
○それでは大の字《じ》 ばかりしれ てもかんじん の月がわかり ませぬ

3

○ハテそれは歌《うた》に　けふ九重《ここのへ》と　ござります　　假名垣魯文記　（落款）」

幕末から明治初期に盛名を馳せた戯作者《げさくしゃ》仮名垣《かながき》魯文《ろぶん》(一八二九―一八九四)の作だけあって、なかなか面白い。「お萬さん」「お延さん」で萬延、「二人り」で二年、「酉ました」で酉の年の大の月が出てくる。

「大二三位」は大弐三位《だいにのさんみ》のことで、和歌は「有馬山いなの笹原風ふけば　出《いで》そよ人をわすれやはする」。「五京極大政大臣」は後の京極摂政前太政大臣《きょうごくせっしょうさきのだじょうだいじん》のことで、和歌は「きりぎりす啼《なく》や霜夜《しもよ》の小筵《さむしろ》に　衣《ころも》かたしき独《ひとり》かも寝む」である。「大七かとみ能宣」は大中臣能宣《おおなかとみのよしのぶ》(朝臣《あそん》)で、「御垣守《みかきもり》衛士《えじ》の焼火《たくひ》の夜はもへ　昼は消えつ、物をこそ思へ」の作者である。これで札の数は三枚だが、大の月のうち、二・三・五・極(十二)・七月の五か月分が揃ったことになる。

萬延二年辛酉(文久元年、一八六一)の大小の配列は、

正　二　三　四　五　六　七　八　九　十　十一　十二
小　大　大　小　大　小　大　小　大　小　小　大

だから、九月が欠けている。そして、それは伊勢大輔《いせのたいふ》の「古《いにし》への奈良のみやこの八重《やへ》桜《ざくら》　けふ九重《ここのへ》に匂《にほ》ひぬるかな」という和歌で補えるというわけである。ただし、この和歌の上の句には「八重桜」があるので、小の月の八月が入ってしまうから、ややスッキリしない面がある。もっとも下の句だけ採れば「ハテそれは歌に　けふ九重とござります」とあるように、綺麗にオチがつくことになる。

画面の右に「芳盛画」とある。三木(または田口)芳盛(一八三〇―一八八五)は国芳の門人で、武者絵や風俗画を得意とした。

4

東海道双六

東海道は江戸・日本橋を発って、品川、川崎、神奈川、程ヶ谷(保土ヶ谷)、戸塚、藤沢、平塚と歩を進めてくると、次に大磯、小田原と都合よく大と小の付いた宿場がやってくる。東海道の「道中すごろく」で遊んでいると、どうしてもこれを大小暦に使ってやろうという気になるだろう。この大小暦では正面の上方に、すごろくの一部の大磯と小田原の風景を斜めに描き、「大いそ」には大の月の「二・四・六・七・八・十・十二」を、「小田原」には小の月の「正・五・九・十一」を書き、上部には赤地に白抜きで「泊」という字を「三」と「壬」(閏)と「七」という字で

4

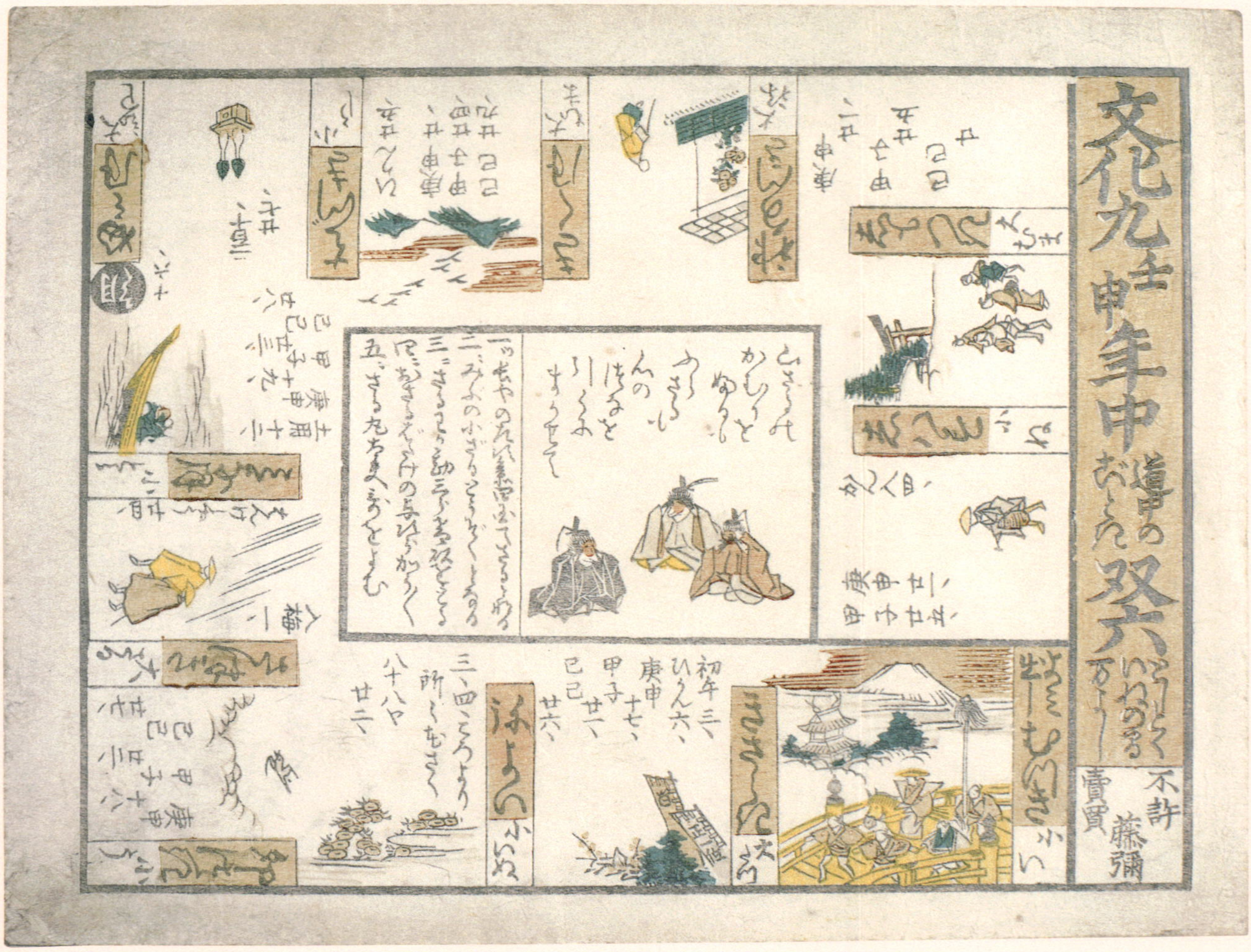

5

構成している。
これは、左の方に「嘉永」の文字と、その下のさいころの目の合計の七をしめしているように、嘉永七年甲寅（安政元年、一八五四）の大小の配分であり、この年には閏七月小がある。
下半分に三節として、次の三句が記されている。
「あけ行や　たのしこころに　春千里
ふる屋ま　やり梅ついに　ひらき竜
としの坂　こしてまた見む　江戸の春」
作者は雲槐楼來鳩。

5　年中行事双六

道中双六もどきの略暦大小暦。標題は「文化九壬申年中道中のごとき双六」（一八一二）とあって、その下に三行割で「としとく　いぬの間　万《よろず》よし」と明《あき》の方《ほう》を記し、さらに「不許売買　藤彌」とあるから発行者は藤彌とわかる。
各月ごとに大小の別と朔日（一日）の十二支、その月の行事の絵と主な暦註が入っている。右下から時計廻りに進むわけだが、まず正月は「よみ出し　むつき　小　い（亥）」とあって、お江戸日本橋を毛槍を立てて初登城する行列を描く。近くに千代田のお城、遠くに日本晴れの富士山が見える。
二月は「きさらき　大　たつ」とあって初午《はつうま》の風景。「初午三日　ひかん六日　庚申十七日　甲子廿一日　己巳廿六日」とある。
三月は「やよい　小　いぬ」で、霞たなびく中に花の絵。「三日四日ころより　所々花咲く　八十八や廿二日」とある。
この年の三月一日は、太陽暦では四月十二日に当たっているので、花の咲くのが少々遅いような気がするが、この頃の桜はもちろんソメイヨシノではない。それにしても、この双六の桜の絵はぜんぜんらしくない。
以下、順々に進み、九月に至って「なが月」とはせずに「きく月　大　むま」として、菊見をする人物を描く。他には、月名を通常の和風月名でなく別名に変えているものはない。普通の双六と同じように中央に「上り」があり、そこには冠を着けた猿顔の三人の公家が描かれている。そして次の和歌と五か条の記事がある。
「山さるの　かむりをふるも　ふらさるも　心のつなを　引くにまかせて
一っ長やの左兵衛四国でさるとねる
二っみぶの小ざるとうそく（盗賊）となる
三っさるわか勘三郎番頭をとる
四っおさるばたけの与次郎かう〱（孝行）
五っさる丸大夫歌をよむ　」
この五か条は一体何なのだろうか。猿にちなんだ無駄口なのだろうか。

Ⅱ

七福人と年中行事

Shichifukujin to Nenchuugyouji

日の丸の中に文字絵の大黒天を描く大小暦。右に「法橋湖龍齋《ほうきょうこりゅうさい》画（花押）」、左に「彫工吉田魚川《ぎょせん》」の署名が見える。なかなかの大小暦である。

大黒天の胴には「正」、右手は「二」、その手に持つ小槌は「甲《きのえ》」、頭巾《ずきん》が「四」、袋が「九」、左手が「十一」と「七」、両脚が「六」、左足の沓《くつ》が「タ」で右足の沓が「ツ」となっており、甲辰《きのえたつ》の大の月が、正・二・四・六・七・九・十一月だというわけである。大の月がこの配列の年は、寛文八年戊申（一六六八）と宝暦六年丙子（一七五六）と天明四年甲辰（一七八四）の三か年あるが、この大小暦には甲辰とあるから、天明四年のものということになる。

ちなみに天明四年の大小の組合せは次の通りである。

正	閏正	二	三	四	五	六	七	八	九	十	十一	十二
大	小	大	小	大	小	大	大	小	大	小	大	小

明和から天明にかけて活躍した磯田湖龍斎（生没年未詳）の時代にあり、彫工魚川

七福神は江戸時代に広く庶民の間で信仰された福徳を授ける神々で、一般に夷《えびす》(恵比寿)・大黒《だいこく》・毘沙門《びしゃもん》・弁財天《べんざいてん》(弁才天、弁天)・福禄寿《ふくろくじゅ》・寿老人《じゅろうじん》・布袋《ほてい》を指すが、寿老人は福禄寿と同一であるとして、代わりに吉祥天《きっしょうてん》または猩々《しょうじょう》を加えることがある。

七福神①

1 文字の大黒天

丸の中に「大黒」の字を大きく描き、左右に「甲子」を配している。「大」と「黒」とでは十五画になるから、大の字は月数に入れないで、「黒」を十二画、十二か月に読む。「大」は全部墨色で書いてあるのに対し、「黒」の方は白の画と黒の画があるから、黒い部分が大の月ということになる。そうすると、書き順に従って大小は次のようになる。

正	二	三	四	五	六	七	八	九	十	十一	十二
黒	白	黒	白	白	黒	白	黒	白	黒	黒	黒
大	小	大	小	小	大	小	大	小	大	大	大

これは、享和四年甲子(文化元年、一八〇四)の大小暦となり、図の大黒の左右の「甲子」に合っている。

2 呑《の》ん兵衛《べえ》大黒天

「酒盛りの　さけも　うちでに　呑むならは　それそ　大黒天と　うまいそ」の和歌の下に、米俵に乗って打ち出の小槌《こづち》から酒盃を振り出す大黒天を描く。小槌に近い方から順に、盃の大きさで月の大小を示している。

正	二	三	四	五	六	七	八	九	十	十一	十二
大	小	大	小	小	大	小	大	小	大	大	大

この大小の組合せは、上記の「1 文字の大黒天」と同じ享和四年甲子(文化元年、一八〇四)のもので、大黒の右手に「甲子春」とあるのにぴったり合う。作者は「麻布亭気知兼《あざぶていきちかね》」とある。気知兼の生没年は不明だが、寛政十二年(一八〇〇)に桜川慈悲成《じひなり》が自らが主催する咄会《はなしかい》のメンバーの作品を撰集した『児知のはたけ』の巻頭に、気知兼の作品が掲載されている。

俵の後ろには大黒天が持って歩く大きな袋が描かれており、ずいぶん律儀に筆を運んだものである。

3 美人画と大黒天

京・大坂で活躍した中村長秀《ながひで》の美人と大黒を描いた大小暦である。花魁《おいらん》の絵を眺めて悦に入る大黒天の目尻は下がりっぱなし。下に腰を下ろすのは画中の美人であろう。

「未《ひつじ》の新板」と題して、「おごりで　ござる　だいどころ」とある。「だい」とあるので濁点のあるのが大の月とするのが普通だから、次のように考えられる。

正	二	三	四	五	六	七	八	九	十	十一	十二
お	ご	り	で	ご	ざ	る	だ	い	ど	こ	ろ
小	大	小	大	大	大	小	大	小	大	小	小
(大	小	大	小	小	小	大	小	大	小	大	大)

ところが、このような大小の組合せの年はない。そこで、濁りを小としてみると、( )の中のようになる。この配列は、寛文十三年癸卯(延宝元年、一六七三)と文政六年癸未(一八二三)に該当するが、文政六年であれば長秀の活躍時期にも合っている。

4 一筆書《ひとふでが》きの大黒天

一筆書き風に、この年の大の月で大黒天を描く。鼻に「大」の字、「正」は脚、「四」は頭巾《ずきん》、「六」は眉と目、「八」は顔の輪郭、「九」は左手と宝の入った袋、「十」は小槌《こづち》、「十二」は右腹といった具合である。

この「正・四・六・八・九・十・十二」という大の月の配列を持つものは、享保九年甲辰(一七二四)、宝暦八年戊寅(一七五八)、安政三年丙辰(一八五六)の三年分あるが、図の下部に「丙辰出世大黒」とあるので、最後のものが唯一該当することになる。

1

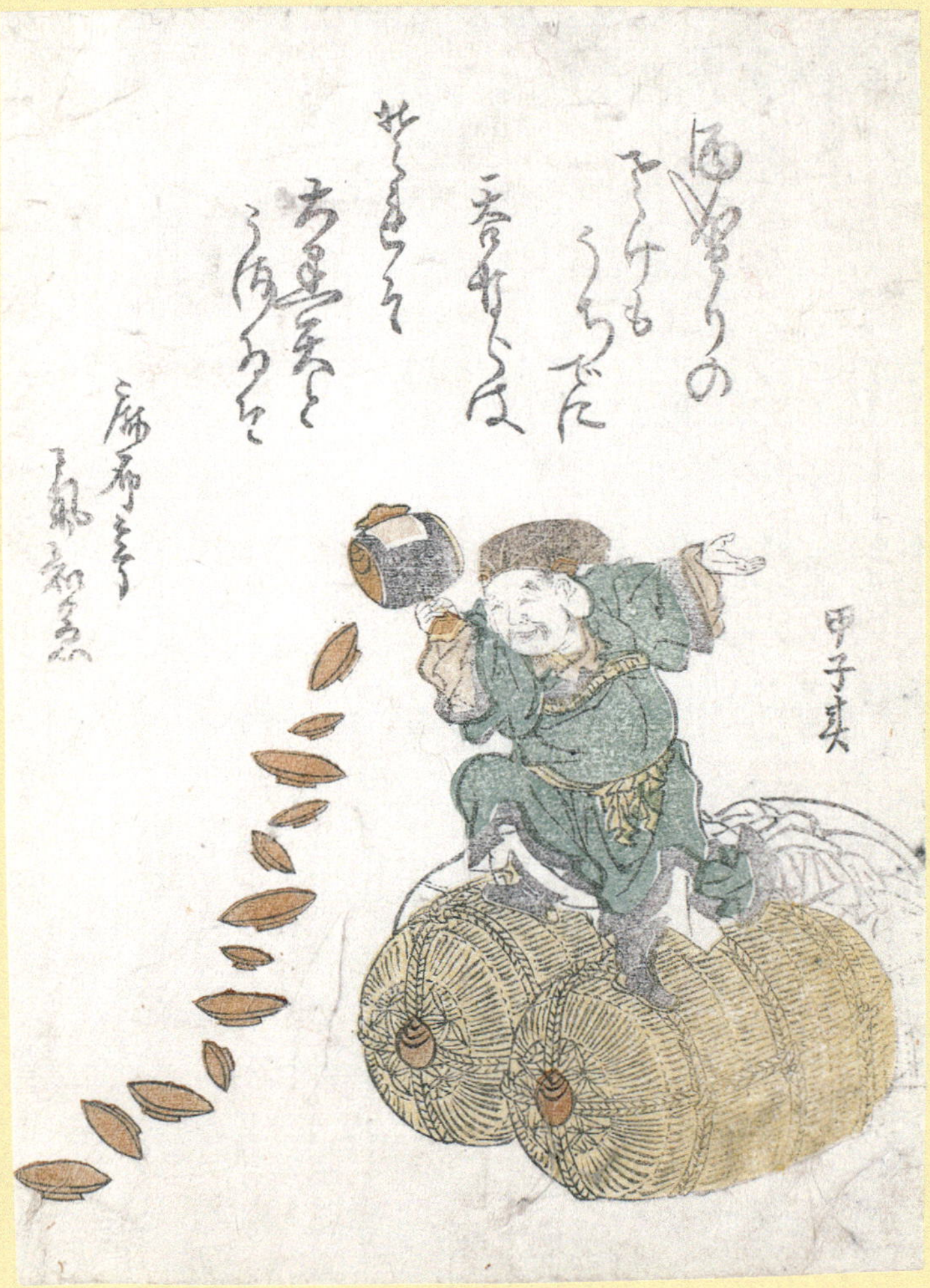

2

3

4

七福神②

5　宝暦の大黒天

米俵に乗り、小槌《こづち》を振って宝を打ち出すおなじみの姿の大黒天である。大黒天のにこにこ顔がほほえましい。打ち出の小槌から振り出された宝珠《ほうしゅ》形のお宝の大小が月の大小を表わしている。その上の部分に「大」の字が入っている。宝珠形には月の数字がある。

正	二	三	四	五	六	七	八	九	十	十一	十二
大	小	小	大	小	大	小	大	大	大	小	大

上端に白抜きで「宝暦八戊寅」（一七五八）とあり、下端には同様に「あきの方　歳徳　ミむまの間　万よし」とある。明《あき》の方《ほう》、すなわち歳徳神《としとくじん》の方位は、その年の十干によって決まる。この年の十干は戊《つちのえ》であるから、丙《ひのえ》すなわち巳午《みうま》の間（南南東）である。

歳徳神の方位
甲《きのえ》と己《つちのと》の年　甲（寅卯《とらう》の間）
乙《きのと》と庚《かのえ》の年　庚（申酉《さるとり》の間）
丙《ひのえ》と辛《かのと》の年　丙（巳午《みうま》の間）
丁《ひのと》と壬《みずのえ》の年　壬（亥子《いね》の間）
戊《つちのえ》と癸《みずのと》の年　丙（巳午《みうま》の間）

ところで、大黒天の像の何となくぎこちなさや、先ほど述べた左上の「大」の字などから、ひょっとして像の中に大の月（正・四・六・八・九・十・十二）が隠されているのではないかと疑われてくる。しかし、どうしても見つけ出せない。

6　鯛に乗る恵比寿《えびす》様

竿《さお》をかざして鯛に乗る恵比寿さん。これだけ力の入った恵比寿像はめったにない。お顔も凛々《りり》しくなかなかの美男子。

「明和弐（三）」の印があり、恵比寿の竿にからんだ糸に「ひのへ戌《（いぬ）》のとし」とある。恵比寿の烏帽子《えぼし》に正、向かって右肩に三、左肩に五、袖口に八と十一、右脚に九、左脚に六という具合にこの年の大の月を配し、鯛の頭に十二、鰓《えら》に七、鰭《ひれ》に四、背に二、尾に十と、小の月をはめ込んでいる。この大小暦は明和三年丙戌（一七六六）に作られている。筆者松寿堂は、享保年間（一七一六－一七三五）に鳥居派流の役者絵を描いた松寿と同一人物なのだろうか。少々年代が離れているがどうであろうか。

7　恵比寿講の笹

上部にしめ飾りを張り渡し、その下に正月に飾る蓬《ほう》莱台《らいだい》と、十日恵比寿の初詣りで受けてくる笹を描いている。笹には縁起物の鯛や烏帽子《えぼし》が結び付けられ、そばに犬張子、打ち出の小槌《こづち》が添えられている。その小槌の皮の部分には赤字で「小」、胴には白字で「二・五・七・九・十・十二」と、この年の小の月が書かれている。したがって、この年の大小の組合せは次のようになる。

正	二	三	四	五	六	七	八	九	十	十一	十二
大	小	大	大	小	大	小	大	小	小	大	小

この組合せとなるのは、延宝四年丙辰（一六七六）と文化十四年丁丑（一八一七）、文政九年丙戌（一八二六）の三か年であるが、犬張子があるから文政九年と考えてよいであろう。

作者は江戸吉原の幇間《ほうかん》として著名な桜川甚孝で、亀の形の落款があり、「よひ春か今朝　きたらしと　恵方から　はやす聲さへ　高砂の松」という和歌が添えられている。

絵は安藤広重の師、岡島豊廣（一七七四－一八二九）。艶麗な肉筆美人画を得意とする筆の振るいようはこの大小暦でも発揮されて、品良くまとめている。

8　福禄寿《ふくろくじゅ》

長頭で髭《ひげ》を生やし、亀を従えた福禄寿は、その名のとおり、福禄と長寿を司る縁起の良い神様である。

福禄寿を挟んで、
「な《七》かむ《六》れは《八》　かすみ《三》に　ふきし《四》」（右側）
「蜃気楼　と《十一》しも　まことの　せう《正》のとし」（左側）
と和歌が詠み込まれている。和歌の右横には朱で「七・六・八・三・四・十一・正」と数字が付けられてあるので、この年の大の月は、正・三・四・六・七・八・十一月であることがわかる。特に大との注記はないが、この配列は小の月にはないから大の月としてよく、文政十年丁亥（一八二七）のものである。

ところで、福禄寿の背後の風景が少々気になる。江戸・向島の七福神なら福禄寿を祀ってあるのは百花園なので違うようである。谷中の七福神ならば天王寺裏門前の長安禅寺がそれに当たっているが、この絵がそうなのかはっきりしない。

また、福禄寿と寿老人は似たような姿をしているし、性格も似たり寄ったりなので、同体異名として一神とする説もあるほどである。大小暦では両者を区別しにくいものが多い。

9　七福神の宝引《ほうび》き

歌麿後の美人画の中心的絵師で、「浮世絵美人画中興の祖」といわれる菊川英山（一七八七－一八六七）の作で、上品な七福神画である。

しかし、七福神の宝引きとは奇抜な発想だ。これぞ本当の福引きだとでも言うのだろうか。手に手にくじの紐《ひも》を持って、寿老人と福禄寿、恵比寿と毘沙門とがひそひそ話に夢中。大黒はやや達観したように後ろに座っているが、手にはしっかり紐を握っている。布袋は坊主だから金銭には無欲かというと、じっと胴元の弁天の手元を見つめている。弁天の背後には賞品の珍宝が山積みされている。

絵の右下に英山の名があり、その上に「文政八つの春　大の月」とあり、「正直の　三《（み）》ちを　守れは《（ば）》　五《（いつ）》までて《（で）》も　七福神の　十《（と）》くそ《（ぞ）》　極まる　博多入住」とあって、この年の大の月、正・三・五・七・十・極（十二）を詠み込んでいる。

実は、文政八年乙酉（一八二五）と同じ大小の配列は、元禄十四年辛巳（一七〇一）と宝暦十三年癸未（一七六三）にもあるが、いずれも英山の誕生以前だし、ちゃんと「文政八つの春」と書いてくれているから迷うことはない。

6

5

8

9

7

正月支度

10 注連飾《しめかざ》り

福寿草の鉢植は正月の景物のひとつである。ちょうどこのころ可愛らしい花がほころびて春を告げてくれることと、福寿というういかにも正月にふさわしい目出度い名前から人々に好まれた。樹木では梅が雪中に、万花に先駆けて蕾をほころばすように、福寿草も寒さに打ち勝って花を咲かせる。

この大小暦には、上に注連縄《しめなわ》を張り、下に梅の鉢と福寿草の鉢が描かれている。注連縄の紐《ひも》の数が大の月、梅鉢の模様が小の月を示しているようである。ようであるというのは、梅鉢の模様は薄すぎて読み取れないからである。そこで注連縄の大の月だけでこの大小暦の年の推定をすることになる。

ところでこの大小暦には「豊廣之画」の落款があり、柳岡の春興と歳暮の二句が記されている。

「　春興

つかひより　先に匂ひや鉢の梅

　歳暮

来る春を待ちかまへたり　福寿草

　辛酉春　」

そこで、辛酉の年の大小の配列を調べて、注連縄の大の月と合うものを見つければ、答えは簡単である。注連縄の右端に「大」とあるから、大は二・三・五・七・八・十・十一となる。いっぽう、辛酉の年は次の四か年なので、その大小の配分を書いておこう。

①延宝九年(一六八一)大　二・六・八・十・十一・十二
〈天和元年〉　小　正・三・四・五・七・九
②元文六年(一七四一)大　二・五・七・八・十・十一
〈寛保元年〉　小　正・三・四・六・九・十二
③寛政十三年(一八〇一)大　正・三・五・七・八・十・十二
〈享和元年〉　小　二・四・六・九・十一
④万延二年(一八六一)大　二・三・五・七・九・十二
〈文久元年〉　小　正・四・六・八・十・十一

①②③④のいずれもこの大小の組合せとは一致しない。そこで辛酉年を諦めて、注連縄の示す大の月の方だけで該当する年を求めると、延享五年戊辰(寛延元年、一七四八)が見つかった。この年の大小の組合せは次の通りである。

大　二　三　五　七　八　十　十一
小　正　四　六　九　閏十　十二

一応の答えは出されたが、やはり「辛酉春」が気になる。その上、絵柄や刷色がどうも年代と合わない。これは結局、大事を取って「迷子」というしかない。これは長谷部言人《はせべことんど》先生の分類による「似而非大小《えせだいしょう》」ではない。大小暦を作製したつもりでありながら、記載内容に欠陥があって、後世の人を悩ますことになったのである。

11 正月の縁起物

繭玉《まゆだま》の飾り物に宝船や千両箱、当り矢の他に打ち出の小槌《こづち》、蕪《かぶ》、七宝、そのうえ賽子《さいころ》まで付いている。その下に「朝夕の片影　寒し　うめの花」の句が添えてあり、お多福を描いた短冊型に大小が書いてある。

「大　二　五　八　九　霜　極
　小　正　三　四　六　七　十」

この組合せの年は、元禄十一年戊寅(一六九八)と宝暦十年庚辰(一七六〇)、安政五年戊午(一八五八)の三回あるが、この鮮明な摺り色は幕末期のものだから、安政五年のものである。

筆者は玄魚で、庫前(浅草蔵前)の勝由から出されたもの。へのへのもへじのような絵文字は「さき」であろうか。

12 門松立て

「幾年も春にあふ社《(こそ)》楽しけれ
　心のたけをかさ《(ざ)》りてそ《(ぞ)》まつ」

という和歌の右に「青雲齋」の署名がある。

左側の男は提灯《ちょうちん》を手にしているが、提灯には「丙辰」の干支が見える。丙辰《ひのえたつ》の年は延宝四年(一六七六)、享保二十一年(元文元年、一七三六)、寛政八年(一七九六)、安政三年(一八五六)の四回あるから、その中から選ばなければならない。

右側の男は頬に汗をかいて足を踏ん張って一生懸命に門松を立てる仕事をしている。大きな門松だから日の暮れまでかかって、やっと仕上がりに近くなったという状況である。不鮮明だが、右側の男の帯に小さく「小・正・四・六・七・九・十」の文字が見える。

この配列だと享保二十一年の大小暦ということになるが、刷色等から寛政八年のものとみてよいだろう。

この門松には竹が見えないし、松の根っ子がえらく頑丈に作られているのが面白い。門松の変遷を知る上で参考になる。

13 餅つき

男二人が杵《きね》で餅をつき、男一人がこねている。

上部の大小歌は、

「小《せう》ばい二《に》　五七《いな》か壬八《うるふや》　まち十《じふ》の　犬《いぬ》も尾《を》をふる　暮《くれ》の餅《もち》つき」

とあって、「卍亭《まんじ》」の落款《らっかん》がある。卍亭は葛飾北斎の高弟、二代戴斗の弟子である。

小が二、五、七、壬(閏)八、十、暮(十二月)の犬(戌)年ということで、文久二年壬戌(一八六二)年の大小暦ということになる。杵に餅がくっついているのは少しオーバーだが、三人がかりの餅つきのスピード感が表現されていて面白い。

14 杵《きね》と臼《うす》

杵に臼に米俵。これから餅つきという準備の絵。

「幾としも　已入ためしや　花のはる」

の句に、「已」(巳)が入っているので巳年の大小暦と知れる。米俵に「正・三・六・七・九・十・十二」とあり、左下に「天明五大」の朱印が押してある。天明五年乙巳(一七八五)の大小の配列は、次の通りである。

正	二	三	四	五	六	七	八	九	十	十一	十二
大	小	大	小	小	大	大	小	大	大	小	大

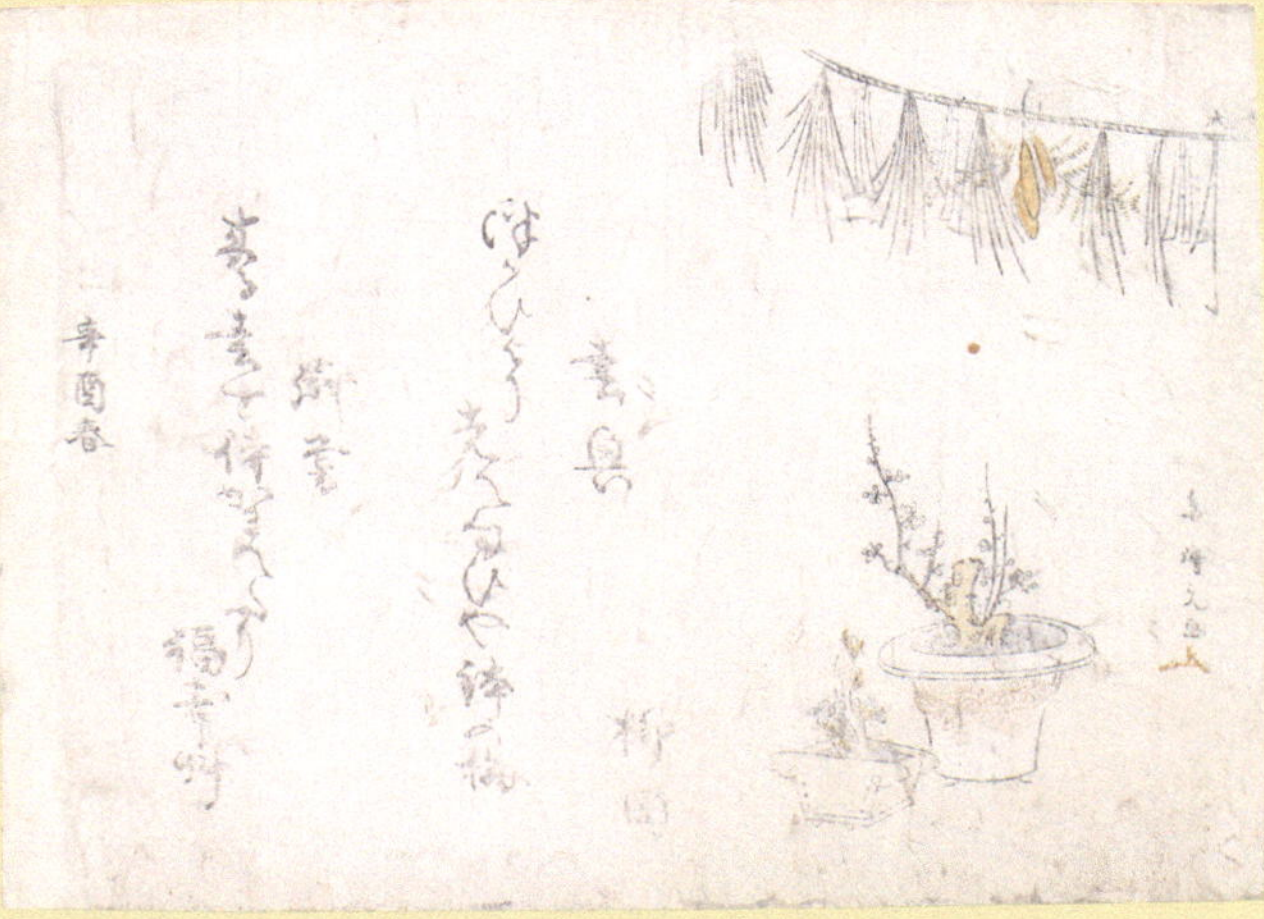

10

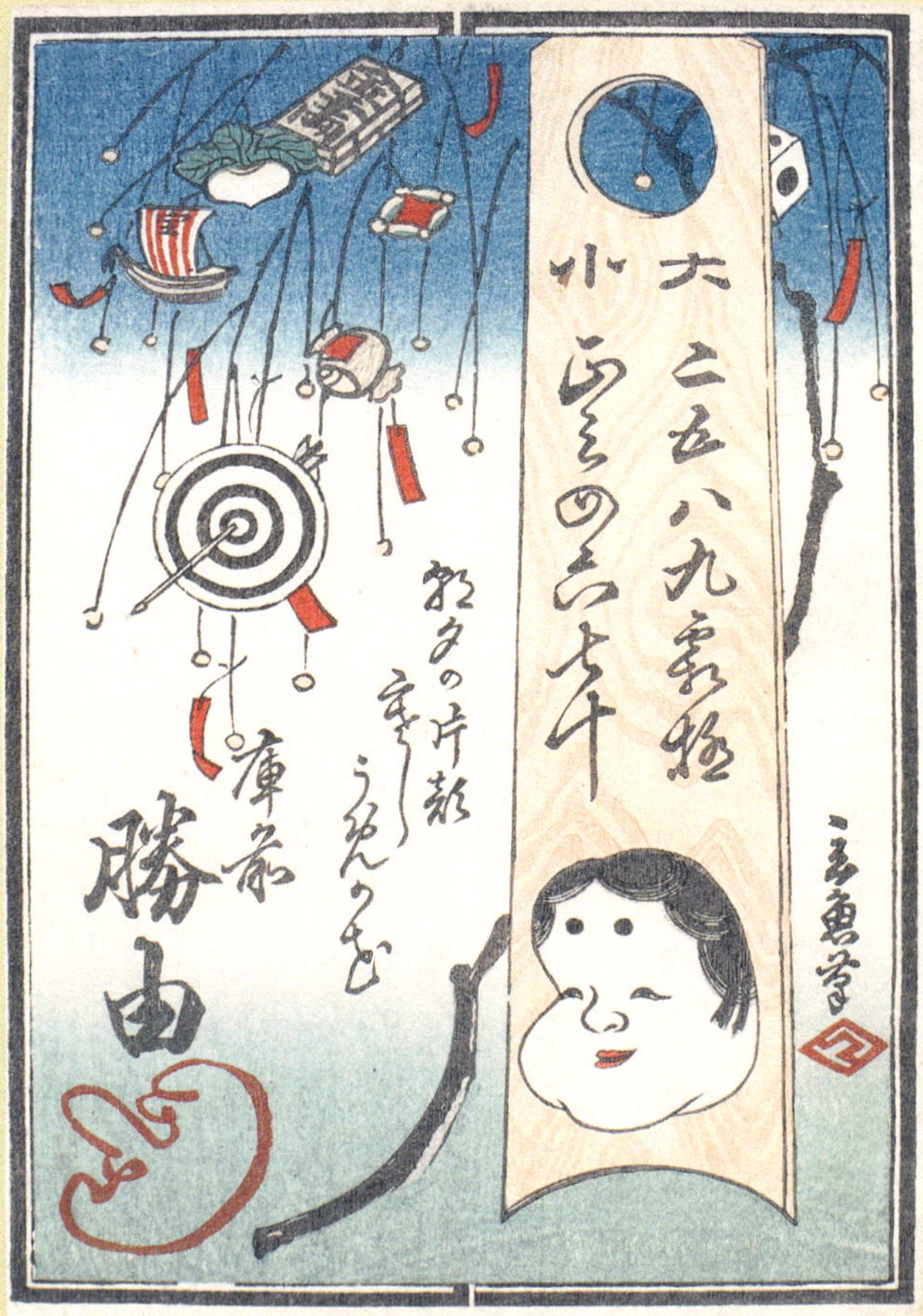

11

12

13

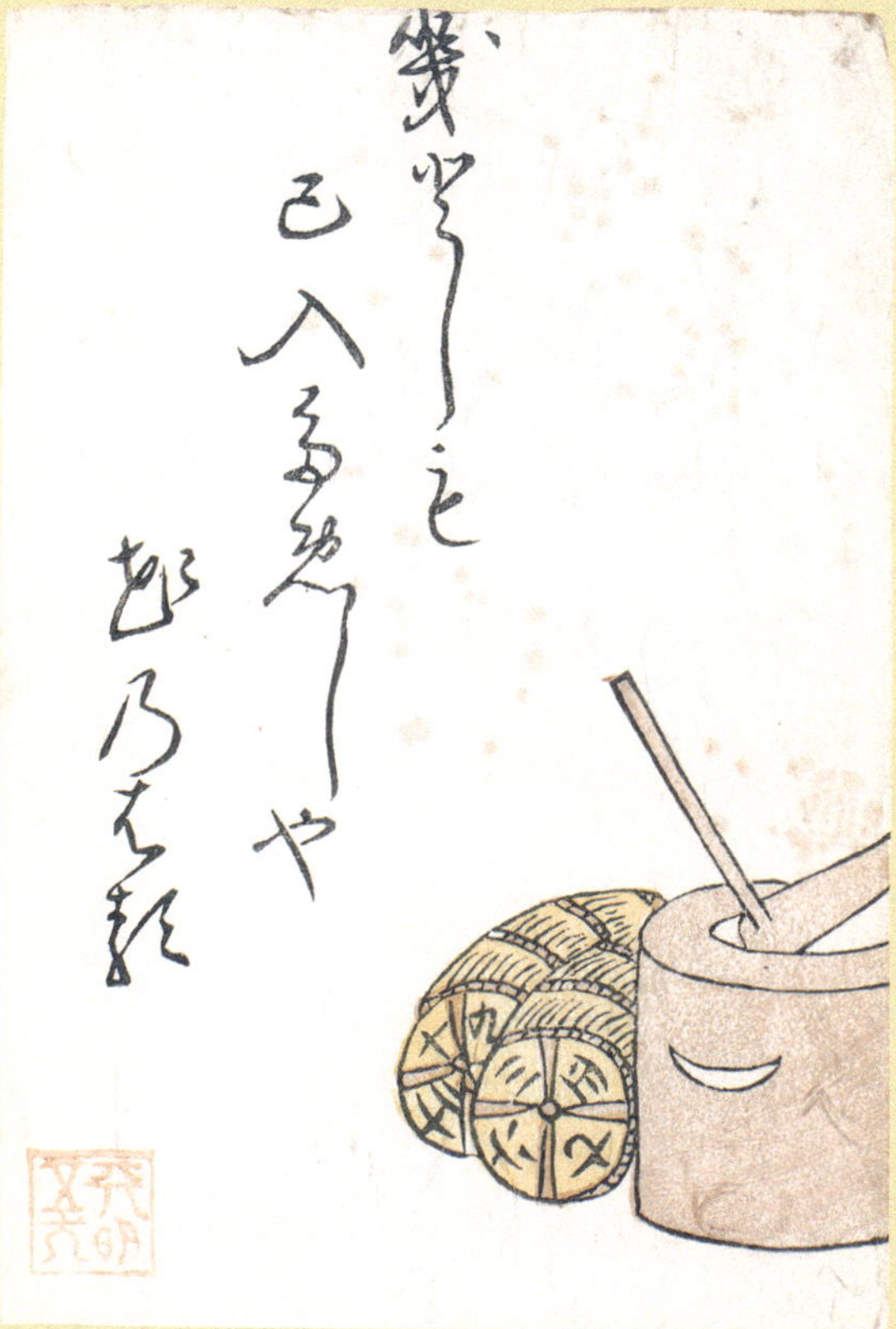

14

年中行事①

15 いわしの頭とヒイラギ

節分には、ヒイラギの枝の先にいわしの頭を付けたものを家の軒先に挿す風習がある。これは邪鬼を払うためという。ヒイラギはトゲのある葉が邪鬼を刺すので、その進入を防ぎ、いわしの頭は邪鬼がその臭気を厭うところから、追い払うのに役に立つのだという。西洋では悪魔がニンニクを厭うとされているが、とかく魔物は臭いものが苦手らしい。

ヒイラギの葉に「キノト」と「とり」とあるので、宝永二年(一七〇五)か明和二年(一七六五)か文政八年(一八二五)のどの年かの大小暦ということになる。

いわしの目が「正」、目の下に「七」、頭と鼻が「十二」、口が「四」、鰓《えら》から下顎《したあご》にかけて「九」、ヒイラギの枝といわしの首の付け根部分が「十一」となっている。そして上の葉の付け根に「小」の字があるから、この年の小の月は、正、四、七、九、十一、十二月となる。

右の三ヵ年の内で、小の月がこのような組合せになるのは明和二年乙酉だけである。

	正	二	三	四	閏	五	六	七	八	九	十	十一	十二
宝永二年	大	小	小	大	小	大	小	大	大	小	大	大	小
明和二年	小	大	大	小	－	大	大	小	大	小	大	小	小
文政八年	大	小	大	小	－	大	小	大	小	小	大	小	大

16 恵方詣《えほうまい》り

落語家の立川金馬のあつらえた大小暦。浅草業平橋《なりひらばし》の名物なりひらしじみが話の種になっており、狂言仕立てになっている。

「ヤイ〳〵太良くハしや(太郎冠者)　向いに見ゆる
なま酔を　何とおもふぞ○イヤあれハ世にいふ久
家のくらい　だをれと見え升《ます》　なぜとおほせら
る、に　あとのはうにだいぶん　なり平がござり
ます
○イヤ〳〵そうでハあるまい駒に金馬と志るし
てあれバ大ミやうしゆ(大名衆)の馬かも志れぬな
ぜと　いふてみよあとのかたにくらうならんだハ
御供　まはりの武士であらう○ソレハ又なぜて
ござり升○ハテあのうちに　大小が見ゆるハ扨
○
此大小あまり　ぞく物なれバ　わるくちの　御き
ん中へハ　やアる　まいぞ〳〵
大小になり平志じミはら〳〵と
おとしばなしになる生酔　立川金馬」

大小は金馬がぶら下げている藁苞《わらづと》から零《こぼ》れ落ちている業平しじみの大きさによる。右から小大小大と続くが、四つ目と五つ目が接近しているから五つ目は閏四月のようである。

正	二	三	四	閏	五	六	七	八	九	十	十一	十二
小	大	小	大	小	大	大	小	大	大	小	大	小

これは文政二年己卯(一八一九)の大小である。「恵方まいり」と題しているので、この年の恵方を調べてみると、十干が己《つちのと》だから恵方(明《あき》の方《ほう》)は甲《きのえ》(寅卯の間)、つまり東北東に当る。恵方詣りの土産に業平しじみを買って帰るのだから、浅草か待乳山《まつちやま》の聖天《しょうてん》あたりに出かけたことになる。してみると、金馬が住んでいたのは、神田か日本橋界隈だったのではあるまいか。

話中の「なり平」は、なりひら武士のことで、色男だが弱々しい武士を指す。久《く》(公)家《げ》のお供とあるから、贅六《ぜえろく》武士に対する江戸っ子の評価を示している。

17 鏡開き

正月十一日は鏡開きで、正月に神前等に供えた鏡餅を割って食べる。武家では具足に供えるので具足餅といい、具足を刀で切ることを忌んで、手で割ったり、斧《おの》や槌《つち》などを使って割った。

この大小暦は、刀を腰に差した武士が斧で鏡餅を割るところを描いている。刀と違って使い慣れない斧で鏡餅を割るのは不得意なのか、へっぴり腰なのが滑稽である。

瓢箪《ひょうたん》形の朱印の内に「庚戌《かのえいぬ》」とあり、

「小まかにし《二四》　いはふ《五》　家内《が七い》と　来る《九》　としも《霜》
文春(盃の印)」

という、かなり下手くそな五七五の中に、小の月の二、四、五、七、九、十一月を入れている。庚戌とあるから、嘉永三年庚戌(一八五〇)の大小暦ということになる。この年の大の月は、正、三、六、八、十、十二月で、どうやら片肌を脱いだ武士の衣装の中に隠されているはずで、髪が正、その上に十二、腰のあたりに十と八があるようだが、三と六はどこにあるのかはっきりしない。

18 初卯詣り

幕末から明治前半にかけて活躍した一勇斎国芳《いちゆうさいくによし》門下の、一恵斎国幾《いっけいさいくにいく》の大小暦。

「慶応三丁卯吉例乃御とし玉」と表題があるので、大小暦の謎解きの楽しみはあまりないが、ちょっとキザな若いのが大きな繭玉《まゆだま》を肩にかけて、若い娘に声をかけている。

「めやミ(目病み)の女は　いき(粋)だといふが　い
ろがしろいに　めがあかいおびが　とくさいろは
つ卯　まゐりにはとつてつけ　としはいくつだら
う　三●五●ぐらゐか〳〵イヤ六●七●が　ものはありやせ
う〳〵正●は　九●ださうだなさけに　すこしはね(跳
ね)てゐるだらう　いよ〳〵うさ　ぎにゐん　が
ある〳〵どうり　て内を　でるとき　にかち　〳〵
を　うち　かけた〉(カッコ内は筆者註、●は朱点)

文句の内で、この年の小の月を並べて朱点を打ってくれている「正・三・五・六・七・九月」が小で、これは表題どおり慶応三年丁卯(一八六七)の大小暦である。

初卯詣《まい》りとは、正月最初の卯の日の詣りをいい、亀戸天神などに参詣する。その帰りに柳の枝などに餅花や千両箱・打ち出の小槌《こづち》・当り矢・大福帳・巾着《きんちゃく》などの縁起物を結びつけたものを求めて来る。

この大小暦ではずいぶん豪華なものを描いている。そしておみくじかお札を串に挟んだのを襟首《えりくび》に挿している。

16

15

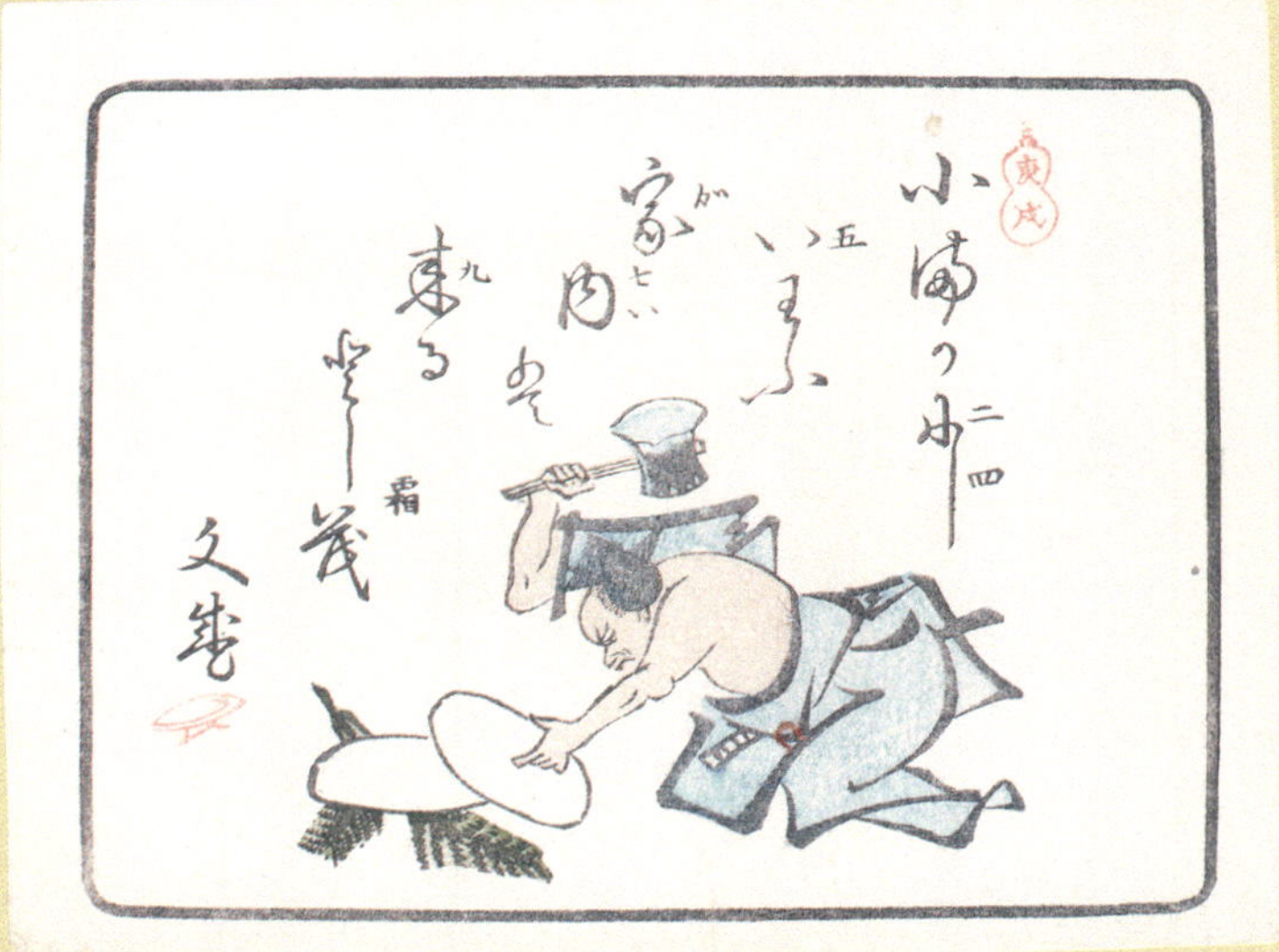

17

18

19 立雛《たちびな》

「明和堂　二鳥書」とあるので、明和二年乙酉（一七六五）の大小であることがわかる。

この年の大小の配分は次のようになっている。

大	二	三	五	六	八	十月
小	正	四	七	九	十一	十二月

男雛《おびな》の袴《はかま》に小の字が見えるから、普通とは逆に男雛が小、女雛《めびな》が大の数字で構成されていることになる。

男雛の向って右袖が正、左袖が七、帯が四、袴の右側が十一、左側が十二、中央が九で、実に器用にまとめてある。

女雛の方は右襟《みぎえり》が三、左襟が二、体の右側が六、左側が十、帯が五、裾《すそ》が八となっていて、大の月が巧みに使われている。

この立雛は男女ともに可愛らしい顔立ちで、衣服は揃いの藤の花の紋様。桃、黄緑、黄の配色も見事である。

20 仲の悪い内裏雛《だいりびな》

桐箱から出されたばかりの内裏雛の体《てい》だが、どういう訳か男雛と女雛が別々の方角を見ている。ひょっとしたら相性の悪い雛人形なのだろうか。

箱書きに「大極三之吉」とあり、右側の箱の角のところに「巳(己)未」とある。己未は延宝七年（一六七九）、元文四年（一七三九）、寛政十一年（一七九九）、安政六年（一八五九）の四回ある。

その大小の配列は次のようになっている。

	正	二	三	四	五	六	七	八	九	十	十一	十二
延宝七年	小	大	小	大	小	大	小	大	大	小	大	大
元文四年	大	小	大	小	大	大	小	大	小	大	小	大
寛政十一年	小	大	大	大	小	小	大	小	大	小	小	大
安政六年	大	小	大	小	小	大	小	小	大	小	大	大

箱書きの「大極三之吉」の「極」は九と五、「之」は二、「吉」は十二と七の字で形成されている。したがって、二・三・五・七・九・十二月が大ということになるが、右の四年にこれに合う年がない。雛人形の様式から寛政十一年が適当であるが、この年は四月が大で五月は小である。欲目で極の字を見直してみても、五は四とは見えない。

そこで、四とすべきところを五としてしまった。あるいはこの年の大の月を誤(五)解してしまったと考えるのが妥当であるが、もしも干支の己未が誤読であったと考えた場合どうであろうか。

つまり、己未年以外で大の月が二・三・五・七・九・十二月となる年があるかどうかということである。この配列は万延二年辛酉（文久元年、一八六一）が該当するが、雛人形の様式からも、刷りの色からも幕末のものとは思えないから、そうと決めるわけにはいかない。

ところで、この大小暦の左下端に小さな朱印が押してある。落款なのか所蔵印なのか判然としない上、小さすぎて文字がはっきりと読めない。

21 張り絵の裁縫箱

いろいろな紙を寄せ張りにした箱の脇に、物差しと鋏《はさみ》が顔を覗かしている。

「天明五年」と書いてあって蛇の形が添えてある。その上、紐の結び目が大の字になっているから、この年の大の月を示す文や絵が張り合わされていることがわかる。

天明五年乙巳（一七八五）の大小の組合せは、次のようになる。

正	二	三	四	五	六	七	八	九	十	十一	十二
大	小	大	小	小	大	大	小	大	大	小	大

そこで、先ず正月はというと、右端に年賀の礼に用いる扇子に門松を描いたものがそれである。その隣が立雛《たちびな》で三月。その左側に「涼みに御とも可申候得と そ」とあって六月、さらに左隣りは七夕の飾りで七月。蓋の部分の菊の絵は重陽《ちょうよう》の節句で九月。その右に「いつわりのなき世なりせは神まして」とあるから神無月ならぬ神有月で十月となる。さて残りは十二月だが、六月と七月の間の狭い区画に描かれている枯れ枝か雨のようなものがそれに当るわけであるが、絵柄がいまいちはっきりしない。もし雨の絵だとすれば花札のアメは十二月だから「当たり」ってなことになるのだが……。

22 はんだいの初鰹《はつがつお》

活きのいい鰹が二匹、盤台《はんだい》に入っている。その上に、

「半大へ　四月　飛こむ　初鰹」

の句が書かれている。

半大は「盤台」と丁半《ちょうはん》の「半」、つまり奇数月とを懸けてあり、この年の半の月、すなわち、正・三・五・七・九・十一が大の月であることを教えている。

「四月飛《とび》こむ」は、初鰹らしく威勢のいい表現で、四月の次に閏四月が入ることと、四月は偶数月だが、例外として大の月であることを示している。つまり、この年の大小の配列は次のようになる。

正	二	三	四	閏	五	六	七	八	九	十	十一	十二
大	小	大	大	小	大	小	大	小	大	小	大	小

この配列は寛政十二年庚申（一八〇〇）のものである。

19

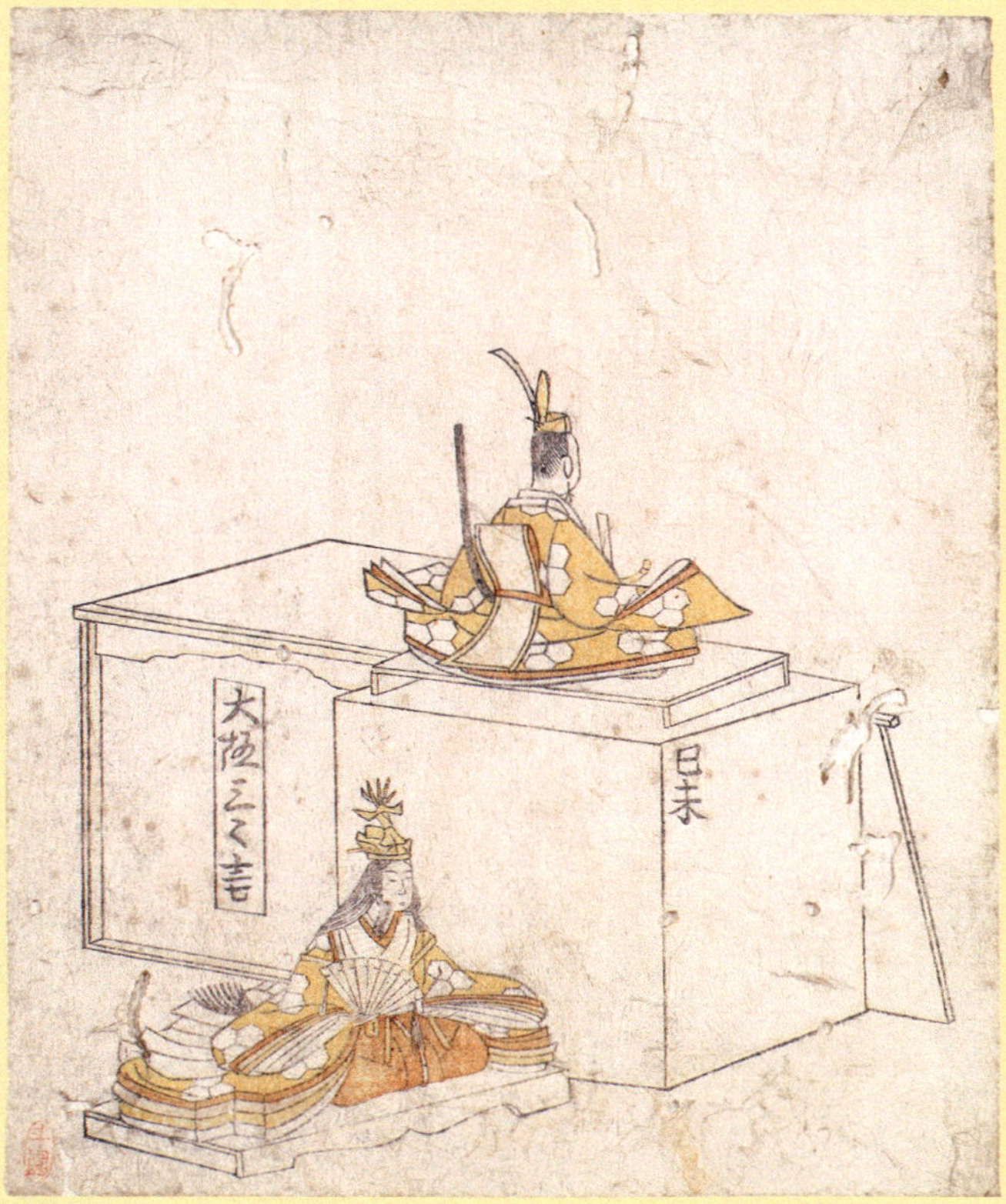

20

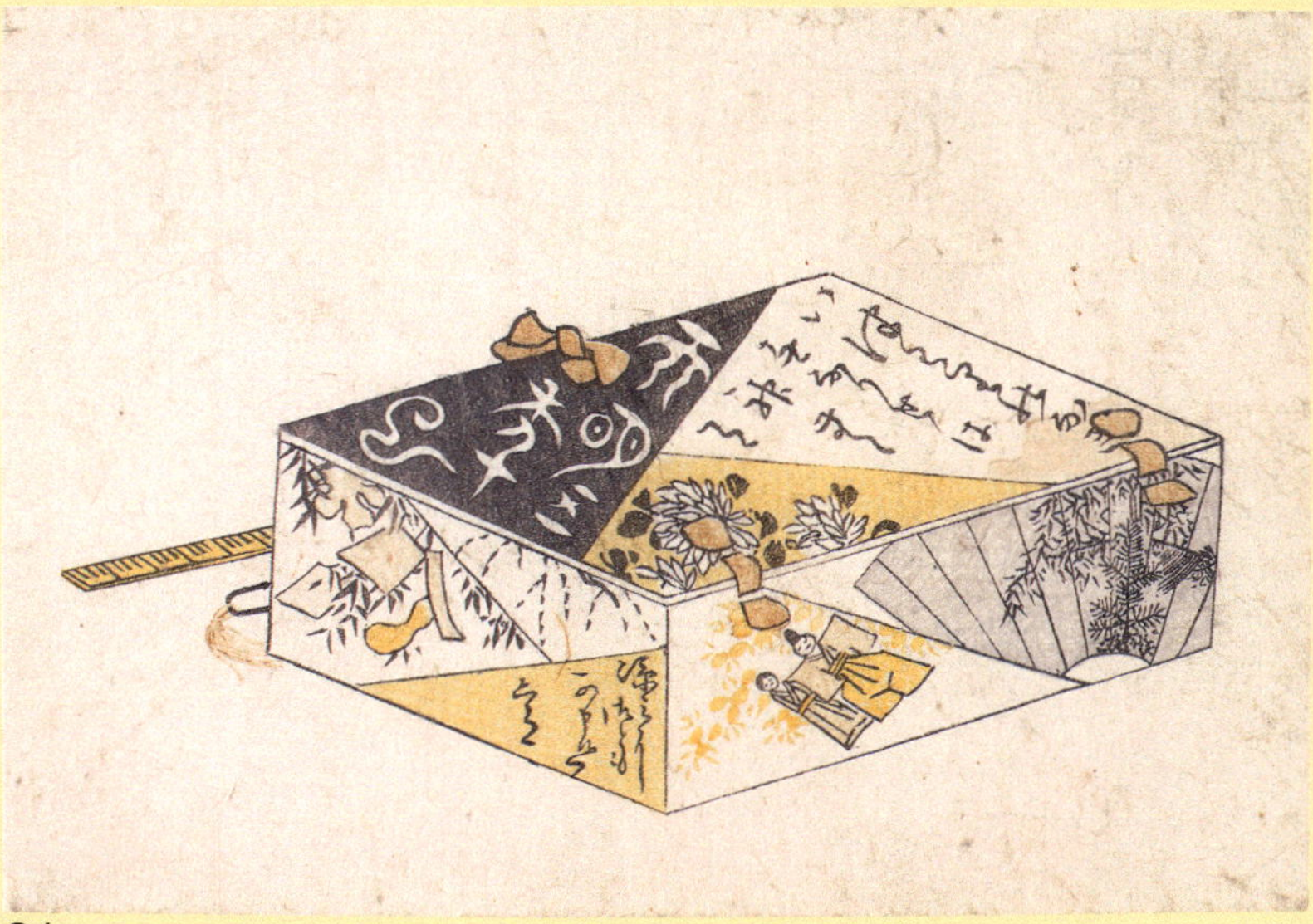

21

22

【コラム】
書初め

「子」の字を十二並べた謎解きの大小暦。絵解きのヒントは、左上の先生と弟子の会話の中に書かれている。「もんじのつぶをみさつしゃい」とあるのがそれで、「子」の字の大きさ（つぶ）の大小で月の大小を示している。整理すると、次のようになる。

正	二	三	四	五	六	七	八	九	十	十一	十二
小	大	大	小	大	大	小	大	小	大	小	大

「▲せんせいなんと申大小でござりますか
　ねつからハかりませぬ子が　たくさんなはうるふのあるゆえで　ござりますか
▲よんできかせませう　これハむかしより
　あることで　ねこの子のこねこししの子のこじしとよミます
▲さよふによんで大小でござりますか
▲さてさて子さいなもんじの　つぶをみミさつしゃい」

これでこの大小暦の年を決めてしまうと間違ってしまうというのが、この大小暦のミソである。子の字を並べた半折の右肩には、朱印風に「寛政壬子□」とあり、左下には落款風に「壬二小」とある。したがって、正しくは次のようになる。

正	二	閏二	三	四	五	六	七	八	九	十	十一	十二
小	大	小	大	小	大	大	小	大	小	大	小	大

これで朱印にあるように寛政四年壬子（一七九二）の大小暦となる。先生の後ろの衝立《ついたて》には、扇面に打ち出の小槌と福袋と米俵で大黒天を暗示し、その縁日の甲子の日付を、その下には蛇を描いて弁財天の縁日である己巳《つちのとみ》の日、左側には猿廻しの絵で庚申の日を書いてある。これら、甲子・己巳・庚申の日付を寛政四年の暦に当たってみると、すべて正しく記載されている。

ところで、子の字を十二並べて、「猫の子の子猫、獅子の子の仔獅子」と読み解く謎はよく知られていた。一種の文字遊びであるが、最も古くは『宇治拾遺物語』巻三ノ一七にある「小野篁《おののたかむら》広才事」という説話である。これは嵯峨天皇が、「片仮名のねもじを十二書かせ」て「よめ」と小野篁に命じたのに対し、「ねこの子のこねこ、ししの子のこじし」と読んで天皇を感心させたという。

片仮名といっても「ネ」ではなく漢字の「子」のことであろう。「ネ」では「ね」としか読みようがないし、第一、嵯峨天皇の在位した大同四年（八〇九）から弘仁十四年（八二三）に片仮名が成立していたとは思えない。そもそも嵯峨天皇と小野篁の知識競べのような出来事が本当にあったのかどうかも疑わしい。

それはともかく、『宇治拾遺物語』の作者にはこの謎はよく知られたものであって、読み解きのために特に説明を加えなくても読者は了解してくれると考えたのであろう。そしてこの大小暦の作者も、子の年に当たって、よく知られていた「猫の子」を使う気になったのだが、この年に閏二月があったため、そのままでは使えないところから、苦肉の策として「壬（閏）二」「小」の落款を添えることにしたわけである。

世間によく知られた「猫の子」を使って、子の字の大きさで大小暦を構成させた点にこの作者の機智がうかがわれる。左下に葛飾北斎の初期の画号である春朗の署名がある。

Ⅲ

十二支

Juunishi

「龍」の字

「龍」の字は画数が多いので、小の月や大の月を組合せて構成するのに便利で、大小暦の材料に使われることが多い。

この大小暦では丸の中に「龍」を陰刻した形をしており、「龍」の偏《へん》は六と四（縦書き）、旁《つくり》は十一と九（縦書き）と正とで構成されている。右上の印行に「小」とあるから、この年の小の月は正・四・六・九・十一月で、残りが大の月となる。したがって、この年の大小の配列は次のようになる。

正	二	三	四	五	六	七	八	九	十	十一	十二
小	大	大	小	大	小	大	大	小	大	小	大

これに当たるのは文久三年癸亥（一八六三）であるが、亥の年に龍とはちょっとちぐはぐな感がする。そこで左下の落款《らっかん》風の四角い部分を見ると、「四」とも読めるが「八」とも読める。そこで八月小と考えてみると、配列は、

正	二	三	四	五	六	七	八	九	十	十一	十二
小	大	大	小	大	小	大	小	小	大	小	大

となる。この組合せは天和四年甲子（貞享元年・一六八四）と明和九年壬辰（安永元年・一七七二）の二回あるが、やはり辰年の明和九年の方を採るべきであろう。

今日の年賀状の図案で
圧倒的に多いのは、
その年の十二支にちなんだものである。
その風習の起源は、
恐らく江戸時代における
大小暦や摺り物にあるのだろう。

子

大小暦の絵柄を分類すると、多分、その年の十二支を扱ったものが一番多いと思われる。その表現には、十二支の動物を大小の文字で構成したもの、言葉に表わしたもの、ただ素直に十二支の動物やその動物をあしらった玩具や、道具や、着物の柄を描いたものなど、実にさまざまである。

1　二十日鼠《はつかねずみ》と美女

二十日鼠を籠から出して可愛がっている美女の図。春日遅々とでもいう感じの絵暦である。床の間に宝船の軸が掛けてあり、その表装に半円形の模様が描かれているが、そこに上から小、十一、正、壬二、七、右へ折れて四と九が入っている。

この年の小の月が正、閏二、四、七、九、十一であるから、復元してみると、

正	二	閏二	三	四	五	六	七	八	九	十	十一	十二
小	大	小	大	小	大	大	小	大	小	大	小	大

となり、これは寛政四年壬子(一七九二)の大小となる。

二十日鼠が子年を表わしているのは勿論だが、縁の向こうに手水鉢《ちょうずばち》が描かれているのも、掛け軸の絵が宝船なのも十干の壬《みずのえ》を示しているものと思われる。

左下に「彫工吉田魚川」の朱印が添えてある。絵師の名は明記されていない。

2　鼠の万歳

初日の出を想わせる大きな円の中に、鼠が扮した三河万歳の大夫《たゆう》と才蔵《さいぞう》を描く。大夫の衣服には大きく「子《ね》」の字の紋があって、手にした扇子に、「大・二・三・五・六・八・十・十二」と書かれている。

才蔵の袖には「小」の字があり、背中の丸の中に、「正・壬二・四・七・九・十一」と入っている。この大小の組合せは寛政四年壬子(一七九二)のもので、子の年にちなんで鼠の万歳が登場したわけである。

万歳の絵の上方には、「亥の古い年は　きのふと去りて　ゆたかなる　ことしの　曙《あけぼの》をむかふ」として、三物《みつもの》が詠まれている。歳旦《さいたん》の句としては、「初空や　恵みもおをき　白鼠」。春興《しゅんきょう》には、「不足なき身は　青《あお》柳《やぎ》そ白ねずみ」。歳暮には、「ゆくとしを　鞠《まり》にそ　家のしろ鼠」とあって、最後に「右　芙蓉峯冬央」の名が記されている。

3　ちゅう八どん

障子にうっすらと花魁《おいらん》の影が映っていて、外の廊下で店の衆のちゅう八どんが、花魁から手紙(文《ふみ》)を受け取っている。

手紙の中身は、いわずと知れた馴染みの客への誘い状である。大小は花魁の言葉に含まれている。(句読点と［ ］内は筆者)

「ちう八どん、この文をノ、六ツがし［難かし］ながら、かの人三二［さんに］、五紙ふじて、あした十二［中に］、此十［此方］のつごうできてくれなんしとよ」

これに対して、ちう八どんの返事が、「モシ、大のきまり子」とあって、子年の大小であることがわかる。大が二、三、五、六、八、十、十二月なのは、寛政四年壬子(一七九二)と、天保六年乙未(一八三五)の二回ある。しかし、子年ということになれば寛政四年ということになる。

脱ぎっ放しの草履《ぞうり》や店の衆の身なりからして、いささか貧寒とした感じである。

4　鼠の嫁入り

この大小暦は、御伽草子《おとぎぞうし》の絵のようなメルフェンティックな雰囲気を持っている。初々しい花嫁の帯には、丸の中に上の方から「正・壬二・四・七・九・十一」と月の数が表わされている。花婿《はなむこ》の袖《そで》に小槌《こづち》が描かれているのは大黒天のお使いを示しているから、婿は大の月、花嫁は小の月ということになる。

この年の大小の配分は、上述の「1　二十日鼠と美女」と同じ寛政四年壬子(一七九二)のもので、右下の落款《らっかん》の印に「壬子《みずのえね》」とある。

作者の圓志は清長風の美人画をよくし、安永から寛政期に活躍した浮世絵師で、秋童、闇牛斎とも称した。

1

2

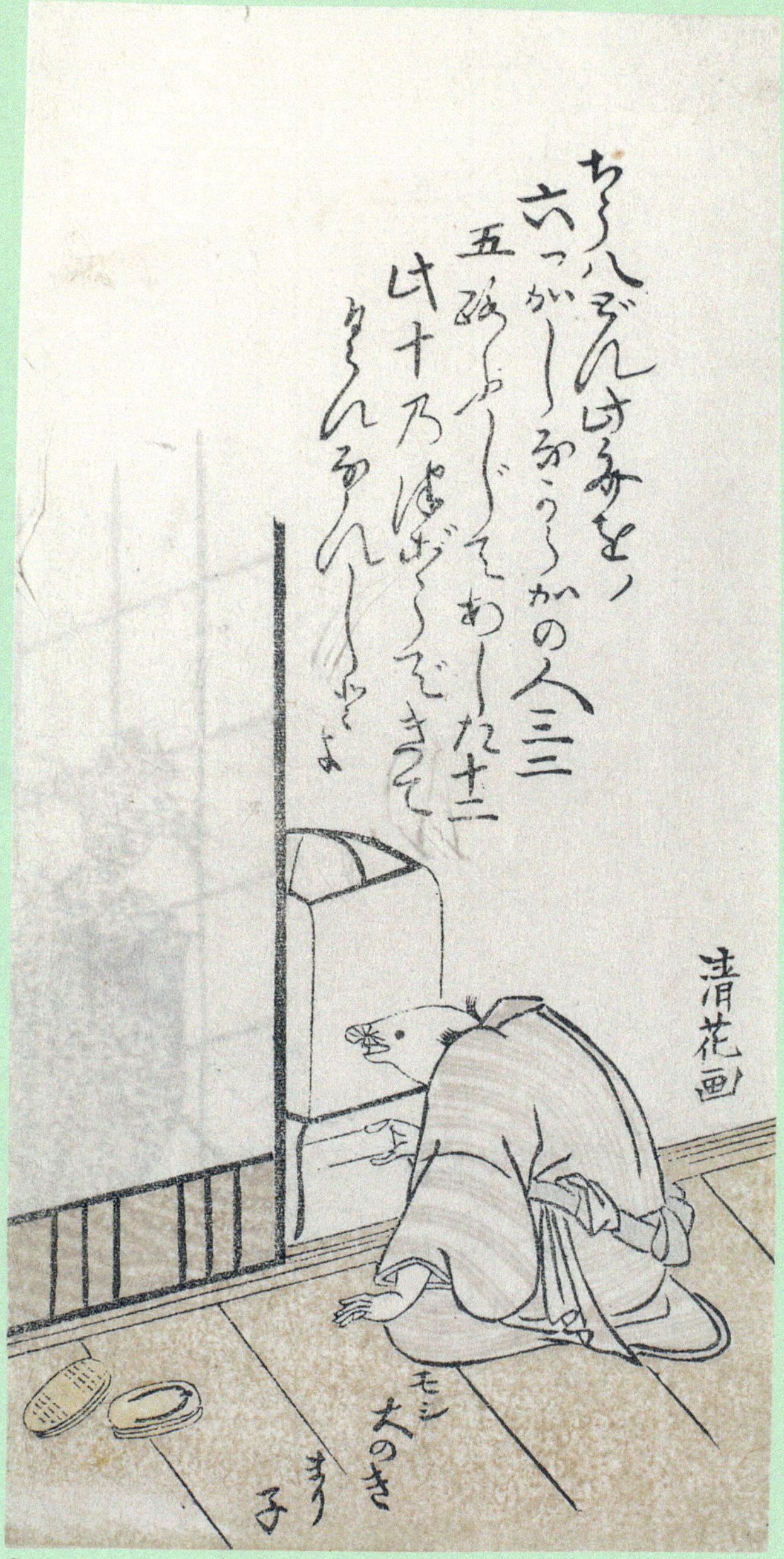

3

4

5 小原女と黒牛

頭に薪《まき》を乗せているから、京都では梅が畑の姥《ばば》と呼んでおり、花や野菜を乗せて売って歩く大原女《おはらめ》ではない。この大小暦では大原女を捩《もじ》って小原女としているようで、最初に「大あせで小原のうしも秋ハ亥子」と書き出している。

「秋は亥子」は明《あき》の方、亥子《いね》の方に当るのは十干が丁《ひのと》と壬《みずのえ》に当る年である。干支に壬と丑との組合せはないから、これは丁丑《ひのとうし》の年ということになる。

あとは、正月から十二月までの大小と朔日の十二支とを詠み込んだ五七五が並んでいる。この組合せは、文化十四年丁丑（一八一七）のものである。

「正直の巳にハくもらぬ大鏡
二きやかさ亥なり（稲荷）祭りに小炊旛
三《み》をまつて辰江の嶋の大くんじゆ
四里四方戌までかつを大《だい》ふ食
五代《よ》きに辰を玄関の小持筋
六《む》ぎをかり酉そのうしろを大蛇也
七夕に卯るのハきやしやな小とし升
八朔を申と廓の大目見
九る人を寅ゑてめせと小が賣
十夜には未のあゆミ小町寺
霜夜に金子をあつめるハ大貫居
十《と》二なる午年越に小まらせる」

この大小暦の作者は五葉堂鞠丸、絵は菊川英山（一七八七—一八六七）である。艶麗な作風をもって知られる浮世絵美人画の名人も、田舎の風俗はやや苦手であったのだろうか、巨大な黒牛に気が取られてしまう出来映えである。

6 肥えた牛

まるまると肥えた牛の絵。十二支に豚年があれば、そちらの方に回した方がよさそうである（猪年はあるがこの絵には牙がない）。小さい角と目が六、鼻が正、赤い紐が四、首が三、背から尾にかけて八、前脚が十で腹が大、後脚が十二から成っている。

この年の大小は次の順番になる。

正	二	三	四	五	六	七	八	九	十	十一	十二
大	小	大	大	小	大	小	大	小	大	小	大

この組合せの年は、寛政三年辛亥（一七九一）と嘉永六年癸丑（一八五三）の二回ある。刷色の点からも、丑年ということからも後者と見てよいだろう。

7 水牛に乗った聖人

経巻を手に水牛の背に悠然と乗る長髪長髭の聖人は、いうまでもなく老子である。やや不鮮明だが、衣服に丸で囲んで二、四、八、九、十、十一の文字が散らしてある。

この配当は大の月の場合しかなく、これは文化二年乙丑（一八〇五）の大小暦となる。この年は閏八月があるので、大小の順は次の通りである。

正	二	三	四	五	六	七	八	閏八	九	十	十一	十二
小	大	小	大	小	小	小	大	小	大	大	大	小

丑年の春にふさわしい長閑な大小暦である。作者の人柄も偲ばれる。

8 牛と美女と紅梅と

美女の袖に「大・二・四・八・九・十・十一」と、野暮なほど目立つように書いてあるから、前項の「7 水牛に乗った聖人」と同じ文化二年乙丑（一八〇五）とわかる。大小暦としてはあまりに簡単な趣向である。

それにしてもよく見ると奇妙な絵である。まず、牛を牽《ひ》きながら煙管《きせる》を手にしているのが、女だてらに何か不自然である。姉さんかぶりは良いとしても、袖が長いのは気に入らない。なぜこんなに袖が長いのか。

更にまた、手足が極端に細い。その手で牛の手綱を引いているのだから、どうにも不自然である。そして牛だが、一見、西洋画風で写実的で陰影があるのだが、四脚の細いことは信じられないくらいである。また、右側の紅梅も地面から枝が出て花を咲かせていて不自然である。まことに不思議な絵である。

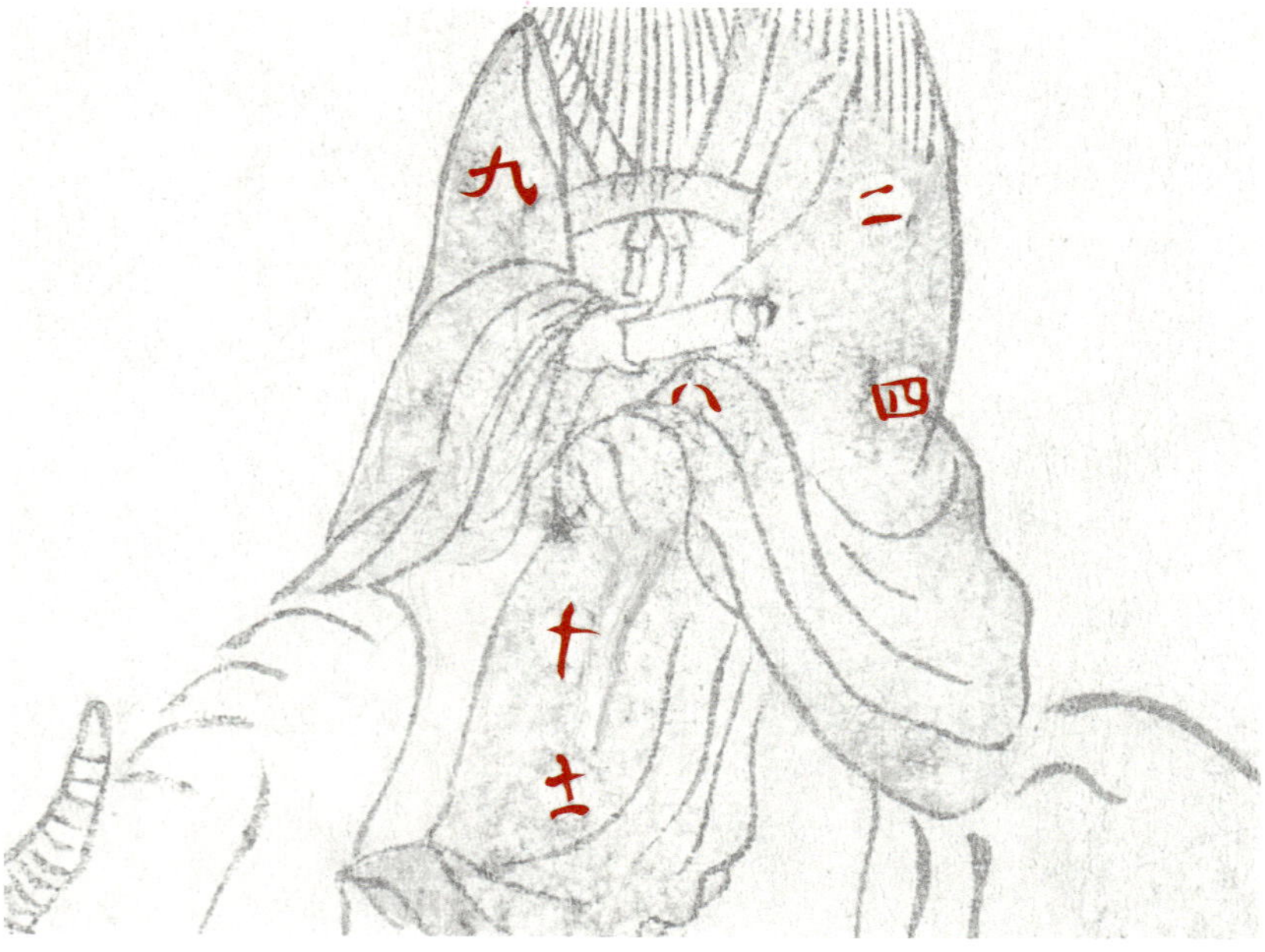

左半分に吉田連三人の三節が詠まれている。

「　　　　　　千葉松景
心ありてやふれ障子も春くれば
風のあないに通る梅が香
　　　　　　闇利星
これも又風の年気の角力なり
枝をまはしの青柳の糸
　　　　　　真楫魚人
ゐんきんに蛙はひさをおり入て
たのむの池にわひつ、そなく」

絵師の名が無いのが惜しまれる。

5

7

6

8

寅・卯

9 国芳の大虎小虎

「嘉永七甲寅歳旦」(一八五四)と題され、一勇斎国芳《いちゆうさいくによし》(一七九七－一八六二)の落款のある大小暦。画面いっぱいに大虎と小虎が描かれ、わずかに残った上の空間に次の和歌が記されている。

「とらすへて　さけをのますに　おや子とら
　とらふで　わかる　一年《ひととせ》のうち」

大きい親虎の毛紋様は黒で、べたべたといくつも月の数が書いてあり、仔虎は親虎の間に入り組んで赤茶色の毛紋様で描かれている。

とにかくごちゃごちゃで順不同であるから、和歌の文句通り「捕えて」見なければ大小の順が分からないほどである。

表題により嘉永七年甲寅(安政元年、一八五四)の大小の配列は次のようになっているから、これによって何月の虎がどこにいるか探さなければならない。

正	二	三	四	五	六	七	閏七	八	九	十	十一	十二
小	大	小	大	小	大	大	小	大	小	大	小	大

それにしても国芳はどういうつもりなのか、この画中には徳利一本とまだ手を着けていない小皿が一つしかない。いくらなんでもこれだけでは銚子(調子)が出ないだろう。

10 張子の虎

脚の高い台の上にちょこんと虎の置物が乗せてある。虎は張子の虎であろうが、えらく可愛らしい表情をしている。投扇興《とうせんきょう》のような遊びに流行ったものであろうか。台に付けられた小旗の亀甲紋《きっこうもん》の内に「大・正・二・四・六・八・十・十二」と記されている。

大の月がこの七か月になる年は四回あって、平年で小が三、五、七、九、十一となる場合は天明二年壬寅(一七八二)と、天保十五年甲辰(弘化元年、一八四四)、閏年で六月が閏月となるのが天明九年己酉(寛政元年、一七八九)、八月が閏月となるのが文化十三年丙子(一八一六)である。

虎の張子をわざわざ主題としているからには、やはり寅年の天明二年の大小暦と考えるべきであろう。そう考えて、何か天明二年を表わすものはないかともう一度見たら、裏返しになっている旗の下の方に、ごく薄く「天」「明」の二字が書かれているのに気が付いた。

11 「虎」の字

右上の朱印に「小」とあり、左下に「天明二書」とあるから、天明二年壬寅(一七八二)の小の月で「虎」の字が構成されているわけである。

天明二年の大小の配列は前項の「10 張子の虎」と同じだが、念のため書き出しておこう。

正	二	三	四	五	六	七	八	九	十	十一	十二
大	大	小	大	小	大	小	大	小	大	小	大

虎の字の上から、十一、七、三、九があるが、五がない。どうやら「書」の字が五になっているらしいが、ちょっと苦しい。なお、落款の朱印には「壬寅」と読める。

12 兎の大てがら

兎が悪狸を泥舟に乗せて退治する絵を表紙に描いた「かちかち山」の話の草子をかたどった大小暦で、兎の着衣に「二・四・六・九」、狸の方に「霜」と「十二」が書き込んである。「大てがら」とあるから、これは大の月。この年の大小の配列は、

正	二	三	四	五	六	七	八	九	十	十一	十二
小	大	小	大	小	大	小	小	大	小	大	大

となり、これは明和八年辛卯(一七七一)のものである。

本の表紙の、赤茶と墨の二色だけの素朴で絵ののびやかな感じが、明和の大小暦の特色を出している。

13 兎と月

にゅうと顔を出した名月を兎が見ている図。朱印に「大きな　お月さま　見て　はねる」とあるから、左側の跳ねている兎が大の月ということになる。

鼻が六、向かって左側のひげが二、背が五、尻と尾が十一、右前脚が九、左前脚が八となっている。

右側の兎は左側の耳が十、右側の耳が十二、左側の肩が七、左側の足の指が三、右側の足が正となっている。四がやや不鮮明だが、鼻から口にかけてがそれらしい。

これを正月から並べ替えてみると、次のようになる。

正	二	三	四	五	六	七	八	九	十	十一	十二
小	大	小	小	大	大	小	大	大	小	大	小

これは安政二年乙卯(一八五五)の配列となる。そういえば月の下に棚引く雲は乙の形で、兎の絵だから乙卯、それも二匹だから二年ということになる。

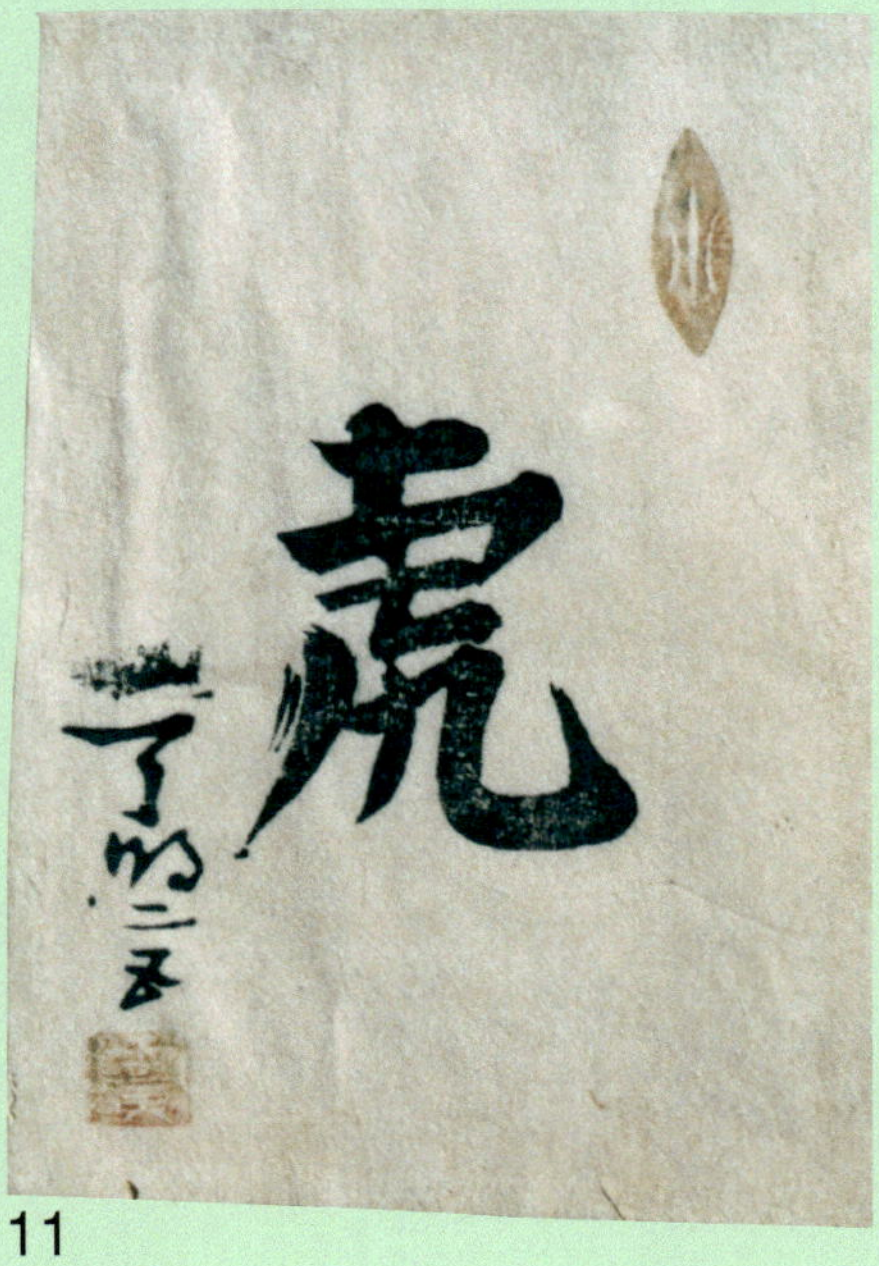

11

9

12

10

13

14 昇天の龍

右上の印形に「天明四甲」とあるから、天明四年甲辰（一七八四）の大小暦である。

墨一色で天に昇る龍を描く。頭が「小」とあるからこの年の小の月が並ぶ。右腕が三、胴が壬正、左腕が五、尾と両脚が十二と十とからなっている。

天明四年の大小の配列は、

正	閏	二	三	四	五	六	七	八	九	十	十一	十二
大	小	大	小	大	小	大	大	小	大	小	大	小

であるから、八月小が龍の絵の中になければならない。ひょっとすると作者は「小」の字の二画目と三画目を「八」としたつもりかもしれないが、一つの字を二度読ませるのはあまりうまい手ではない。

点睛に当る部分に無理をさせたせいか、この龍は何となく元気がない。とても天には昇れそうもない。

15 墨絵の龍

昇天の龍の雄姿を墨絵で描いている。目・鼻が小、髭《ひげ》が二と三、右手が七、左手が十一、胴から尾にかけて五で出来ている。

この年の大小の配列を復元してみると、次の通りとなる。

正	二	三	四	五	六	七	八	九	十	十一	十二
大	小	小	大	小	大	小	大	大	大	小	大

この組合せは、宝暦八年戊寅（一七五八）と安政三年丙辰（一八五六）の二回あるが、辰年の後者の方を選ぶべきであろう。

落款風に「畧暦」とあり、その下に朱印が押してあるが印面未詳である。大小暦のことを略暦とした例は他にもあるので、そういう呼び方もあったことがわかる。

それにしても、このような後期印象派的な龍では、まったく龍らしい勢いがうかがえない。

16 倶梨伽羅不動《くりからふどう》

倶梨伽羅不動は竜の巻きついた宝剣で表わされる。この刀にその宝剣が彫られている。

「政常入道」はこの刀の刀工の名であろうか。月の大小はこの四字に隠されている。「政」は正と壬（閏）、「常」は小と三と十、「入」は八、「道」は十二と五から成っている。つまり、この年の小の月は、閏正、三、五、八、十、十二の六か月ということになる。

この配列は、上述の「14 昇天の龍」と同じ天明四年甲辰（一七八四）のものである。倶梨伽羅竜の模様は辰年の大小にふさわしい。

17 麦わらの龍

七月一日は富士山の山開きの日。この日、江戸の諸所の富士山で祭りがあって、参詣者が大勢集まる。その時に出るのが麦わらで作った蛇である。

「法橋湖龍画」と右下に署名がある。さすが湖龍斎だけあって、蛇を描いても迫力がある――と感心していたが、よく見ると角があるし、倶梨伽羅不動《くりからふどう》の握っているような剣が付いている。どうやら、この大小暦は麦わら蛇を模した龍のようである。

笹の葉に仕立てた数字を拾ってみると、上から「八（逆）・三・壬・正・五・十・十二」となっている。壬と正は接近しているので閏正月とみられる。

これは前項と同じ、天明四年甲辰（一七八四）の大小である。

18 舞人と蛇

「舞人の　かなつる　袖にまぬかれて
　　のとけき春や　たちかへるらむ」

の和歌があり、舞楽の舞人の前には小さい蛇が首を出している。いかにも正月にふさわしい絵柄である。舞人の中に五（頭）、八（右後頭部）、六（帯、右腰）、九（左手脇から左足）、二（裾）、十一（左腰）、十二（右足）、それに左足に大とあるから、これらは大の月ということになる。

それに右端の梅花紋に「丁巳」「柳□」とあるので、元文二年（一七三七）、寛政九年（一七九七）、安政四年（一八五七）のいずれかの丁巳年ということになる。そして、このうち大小の配列が合うのは安政四年だけである。

安政四年の大小の配列は次の通りである。

正	二	三	四	五	閏	六	七	八	九	十	十一	十二
小	大	小	小	大	小	大	小	大	大	小	大	大

15

14

18

17

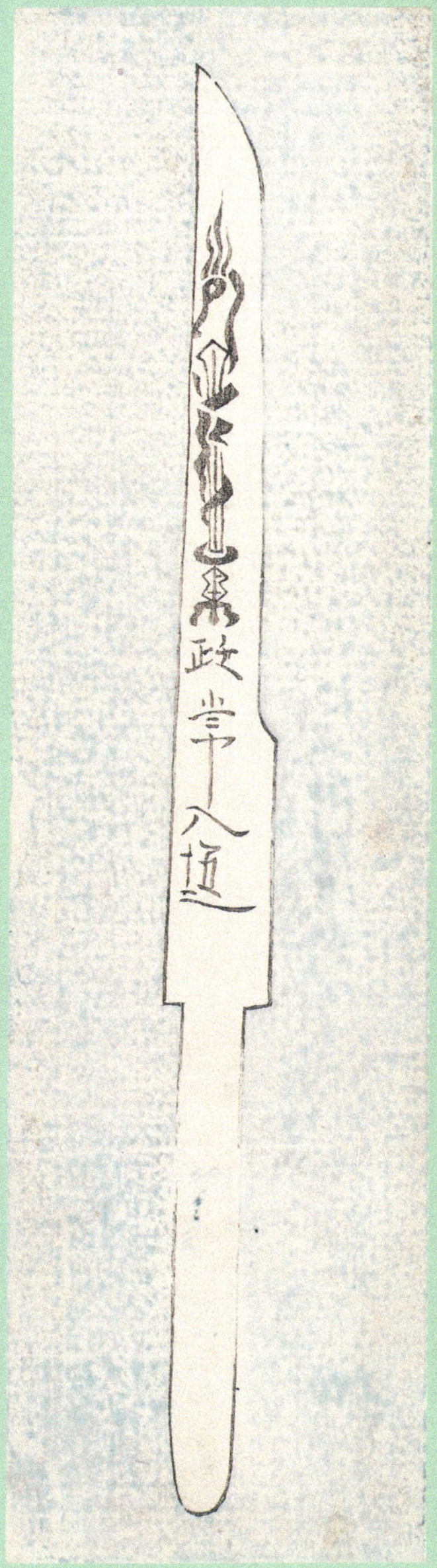

16

19 若殿と小者

小松模様の振袖姿で美しい飾りを着けた連銭葦毛《れんせんあしげ》に打ち跨《またが》った若者と、帯に柄杓《ひしゃく》を差して手桶を持ってしゃがんでいる小者。小者の背には「大」とあるから、手桶はこの年の大の月で組合せている。

右側の柄が十、左が九と四、桶の本体は上から下に二・七・十・十二とある。これはなかなか上手に組み立ててある。

いっぽう、小の方は少々すっきりしない。馬の眼が正、口の上の方に十一、口の辺りに三と八、鼻が五、手綱に六を見立てたのだが、多少欲目なのかもしれない。

これは天明六年丙午(一七八六)の大小暦で、この年の大小の組合せは次の通り。

正	二	三	四	五	六	七	八	九	十	閏十	十一	十二
小	大	小	大	小	小	大	小	大	大	大	小	大

閏十月があるので手桶に十が二個あることがうなずける。

「清長画」と署名がある。鳥居清長《とりいきよなが》(一七五二―一八一五)は天明七年頃に家業の看板絵や番付等に専念するようになり、それまで人気を博した清長風の美人画や一枚摺をいっさい描かなくなったといわれるから、この大小暦は彼の美人画の最後期に属するものとなるわけである。

20 紅梅と馬

満開の紅梅の下に元気の良い馬が一頭描かれている。馬の手綱は米俵に結ばれている。その俵の蓋《ふた》に大の字が、また腹帯には丙の字が見える。

胸鞦《むながい》には、右から「二・四・七・九・十・壬十・十二」と数字が入っている。これは、前項「19若殿と小者」と同じ天明六年丙午(一七八六)の大の月である。

それにしても、丙午《ひのえうま》の馬にふさわしく元気良く描かれている。

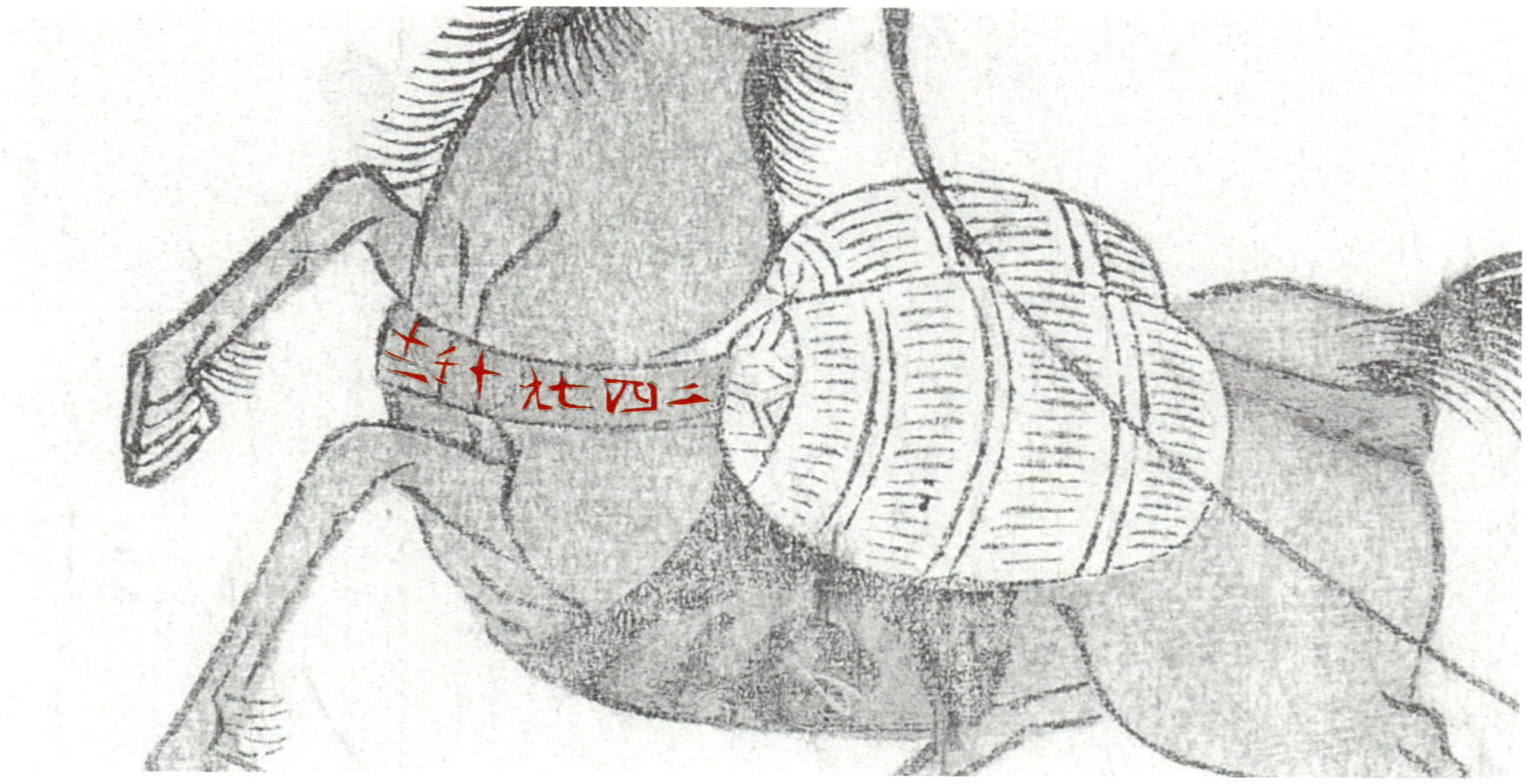

21 綿羊

「天保四癸巳大小」と題が付いていて、大きく「綿羊」と書いて「めんやう」とルビが付いている。綿羊の文字をよく見ると、「綿」の偏《へん》は六と小、旁《つくり》は正と五、「羊」の字は八・三・十とから構成されている。

天保四年癸巳(一八三三)の大小の配列は次の通りである。

正	二	三	四	五	六	七	八	九	十	十一	十二
小	大	小	大	小	小	大	小	大	小	大	大

綿羊(六・正・五・八・三・十)の小と合っているのは当然である。

綿羊の純白の毛を空摺りで表わしていて、何ともいえぬ美しさである。

跋語《ばつご》と落款《らっかん》には次のようである。

「壬辰季秋應需竜刀園弘貞似醒樓主人醉裡謾毫」(壬辰の季秋竜刀園弘貞の需《もとめ》に應《こた》へて、似醒樓主人 醉裡に謾毫す)と「你道是誰元來、□越府裡□、風流多情才□」と記した朱印が押されている。

壬辰季秋は天保三年九月である。天保四年は巳年であるのに羊の絵というのはどういうわけであろうか。こういうのを面妖《めんよう》というのだろう。

22 羊と子供

子供の肩に六、背から右袖の下にかけて九、背中に二、腰に四、脚に八、熊手に十一、紋に小の字を付けている。

いっぽう、羊の方は口が大で、頭が正、角が三、耳が七、前脚は十、尻が五、後脚が十二になっている。腹の下には「ミツノト」とある。

右の大小の配列は次のようになる。

正	二	三	四	五	六	七	八	九	十	十一	十二
大	小	大	小	大	小	大	小	小	大	小	大

これと同じ配列は、元禄十四年辛巳(一七〇一)、宝暦十三年癸未(一七六三)、文政八年乙酉(一八二五)の三年分あるが、「ミツノト」とあるから宝暦十三年癸未ということになる。

墨一色で素朴な出来具合はこの時代の作品としてふさわしい。

20

19

22

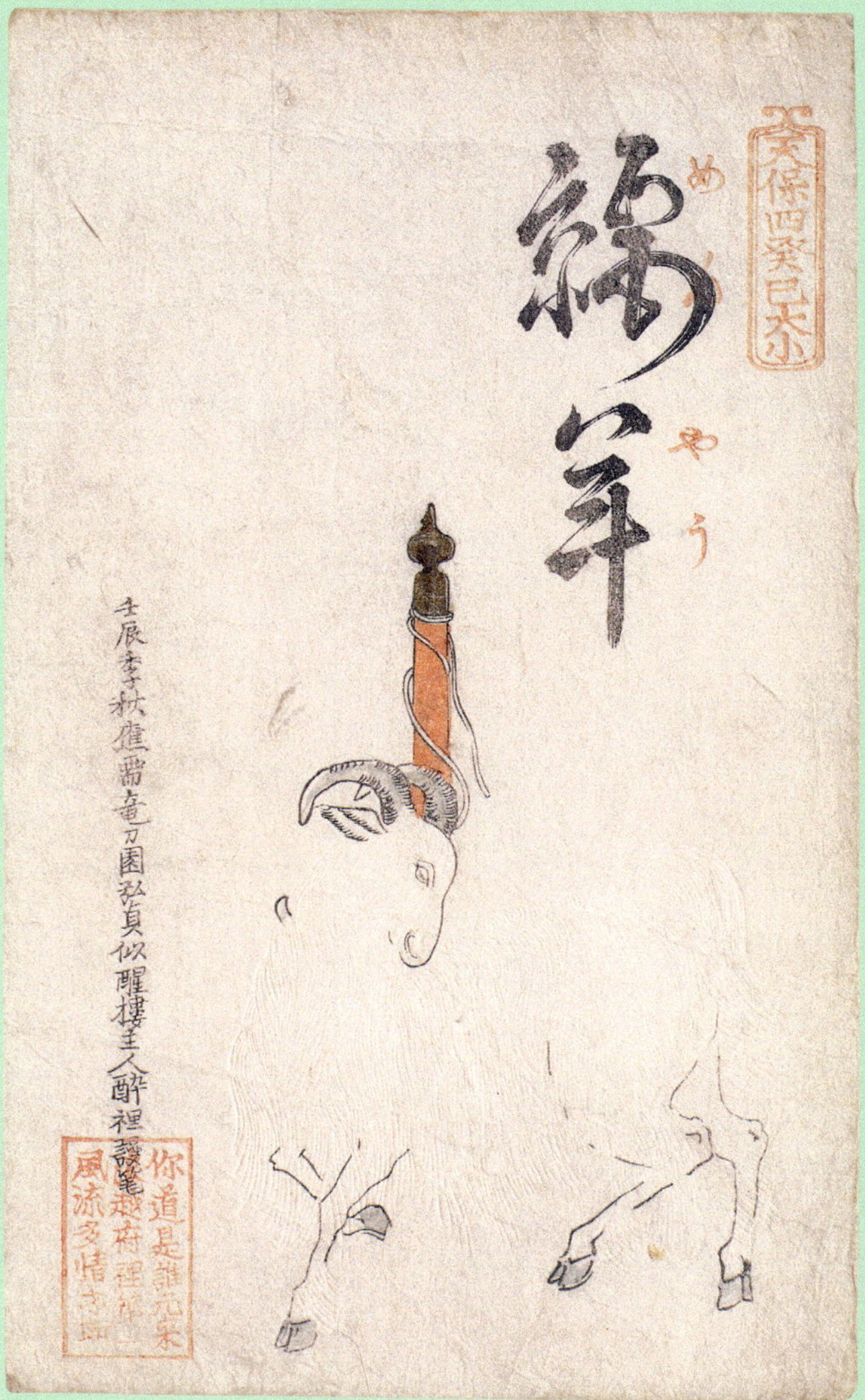

21

申

23 大猿小猿

大猿小猿の人形か。大猿の頭は三・正・五・七、首は九・十、手に大の字、足に十一。小猿は顔に小と二、首から下に十二・四・六・八。

右の大小を整理すると、

大の月	正	三	五	七	九	十	十一
小の月	二	四	六	八	十二		

となり、これは安永五年丙申（一七七六）に当たる。

これと同じような絵の大小暦が他にもあるから、この頃にこういう人形が流行ったのだろう。おそらく張り子のものだろうが、それにしても大猿のとぼけた表情は不思議な魅力を感じさせる。

小猿の手には輪のようなものが描かれており、これは猿回しを模しているのかもしれない。

24 猿回しの猿

「小 正 三 六 九 十 一」と書いた扇を翳《かざ》して踊る猿。猿回しの猿の芸によく見られる姿である。この年の大小の組合せは、次のようになる。

正	二	三	四	五	六	七	八	九	十	十一	十二
小	大	小	大	大	小	大	大	小	大	小	大

これは文化七年庚午（一八一〇）と明治五年壬申（一八七二）と同一だが、やはり申年と考えて明治五年の方に軍配を上げたい。

そうなると、太陰太陽暦行用最後の年の大小暦ということになる。

25 猿の夫婦

漢画風とでもいおうか、孫悟空の末裔《まつえい》とでもいうような風体の猿二匹が能筆で描かれている。落款《らっかん》に「東溪」と「庚」の朱印が添えてあるから、庚申《かのえさる》の大小暦ということになる。

庚申に当たる年は、次の四回ある。

延宝八年　（一六八〇）
元文五年　（一七四〇）
寛政十二年（一八〇〇）
万延元年　（一八六〇）

雄猿の衿《えり》に大の字の紋が付いており、袖の左端から丸か亀甲《きっこう》のような紋様風に正・三・四・五・七・九・十一の文字が見える。また雌猿の方は袖から下に小、二・壬四・六・八・十・十二の文字が配してあるが、この方は文字を白抜きにしてあるので少々読み取りにくい。

この年の大小の配列は、次のようになる。

正	二	三	四	閏	五	六	七	八	九	十	十一	十二
大	小	大	大	小	大	小	大	小	大	小	大	小

この組合せの年は、前記四つのうちの寛政十二年に当たる。

26 猿回り

猿回しならぬ猿回りの図。「是より右へよむ」と書かれた旗を持った猿を先頭に、十二匹の猿が池の周囲を回る図である。左下に「丙大小」とあり、「大」は赤字で書かれ、「小」は白字で書かれているから、赤い羽織を着た猿は大の月、白い羽織を着た猿は小の月を表わしていることになる。

正	二	三	四	五	六	七	八	九	十	十一	十二
赤	白	赤	白	赤	白	赤	白	赤	赤	赤	白
大	小	大	小	大	小	大	小	大	大	大	小

この組合せは、「23大猿小猿」と同じ安永五年丙申（一七七六）のものである。

猿たちはじゃれ合ったり、前の猿の羽織を引っ張ったり、なかなか行儀が悪い。

27 猿の使者

御殿の縁先に立って猿の使者から手紙を受け取る貴人の女性の姿を描く。庭には曲水《きょくすい》が設けられ、紅梅の蕾《つぼみ》はまさに開かんとしている。御簾《みす》を上げた屋内の壁面には四季の風物の絵が……という結構な絵柄であるが、この絵というのは、羽子板と羽根（正月）、雛《ひな》人形（三月）、菖蒲《しょうぶ》（五月）、萩（七月）、柿（九月）、紅葉（十一月）である。それに猿の差し出す文には「大四へ」と書いてあるから、壁の絵に四月を加えたものがこの年の大の月ということになる。

つまり、正・三・四・五・七・九・十一月が大の月である。大の月がこのようになるのは寛政十二年庚申（一八〇〇）だけである。

この年の大小の配列は、上述の「25 猿の夫婦」と同じ寛政十二年のものである。

正	二	三	四	閏	五	六	七	八	九	十	十一	十二
大	小	大	大	小	大	小	大	小	大	小	大	小

一応はこれで良いのだが、この大小暦には右横に小さく「春章画」と署名がある。勝川春章《かつかわしゅんしょう》の美人画は一世を風靡《ふうび》したものだが、彼は寛政四年（一七九二）に没している。二世春章ということもあるが、その活躍時期は文化年間から天保にかけてであるから、少しずれる。

いずれにしても該当しないわけである。第一、画風も署名の筆跡も違っているわけだから、春章を勝川春章と決めてかかるのが間違っているのかも知れない。

24

23

25

26

27

酉

28 闘鶏

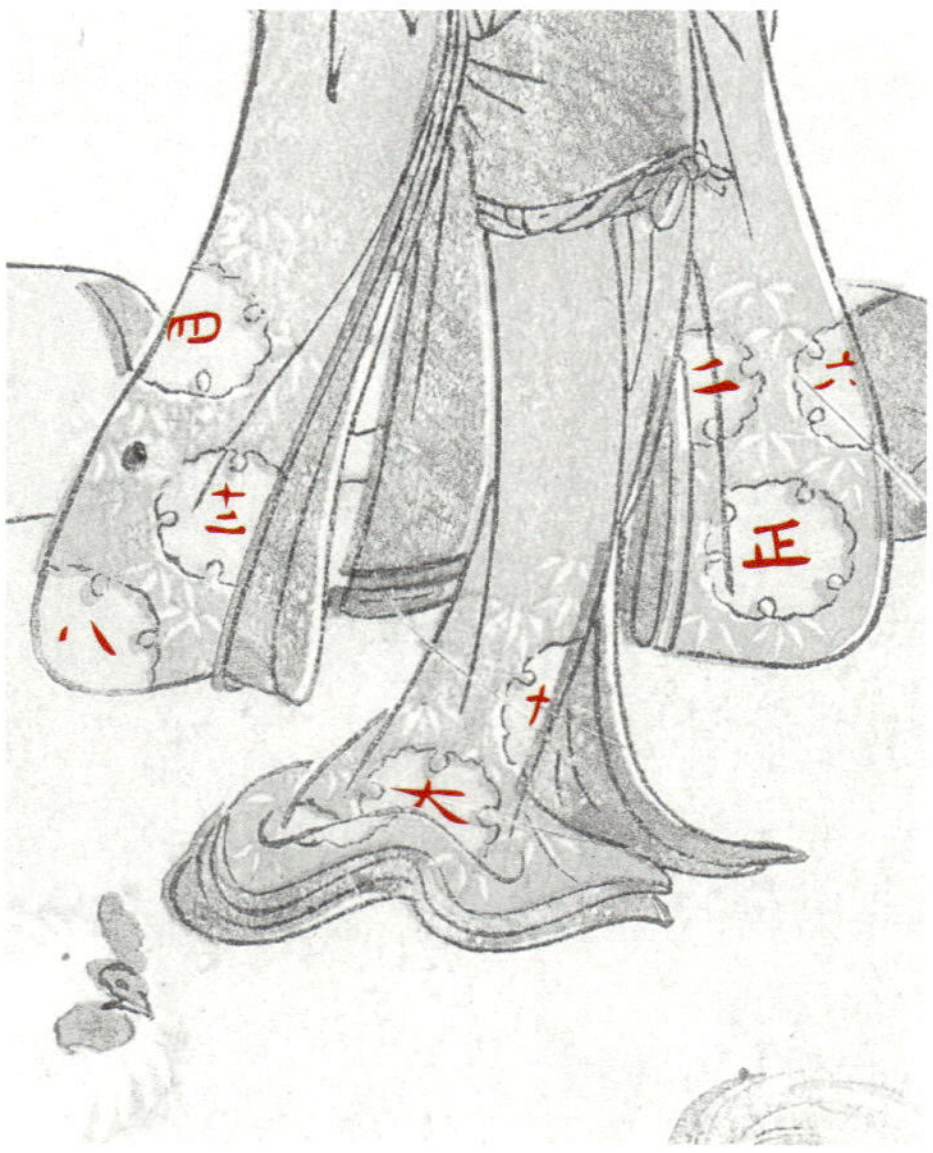

土俵の中で紅白の鶏が睨《にら》み合っている。軍配を手にした美女の行事役の着物の柄に大小が配されている。向って右の袖に六・二・正、裾《すそ》に十と大、左の袖に四・八・十二が入っている。

大の月が正・二・四・六・八・十・十二となる年は天明二年壬寅(一七八二)、天明九年己酉(寛政元年、一七八九)、文化十三年丙子(一八一六)、天保十五年甲辰(弘化元年・一八四四)と四回あるが、このうち、天明二年と天保十五年は平年、天明九年と文化十三年は閏年である。わざわざ闘鶏の図柄を選んでいるのだから、まず酉年の大小と判断してよいであろう。そうなると右の四か年のうち、酉年に当たるのは天明九年己酉だけである。この年の大小の順は次の通りである。

正	二	三	四	五	六	閏	七	八	九	十	十一	十二
大	大	小	大	小	大	小	小	大	小	大	小	大

実際の闘鶏はこのような優雅なものではなく、勇猛というか、むしろ殺伐なものである。したがって、この大小暦は一種の見立絵《みたてえ》といえるだろう。

29 農家の新春

紅梅が咲く曲屋《まがりや》風《ふう》の萱葺《かやぶ》き屋根の農家にも門松が立てられ、初日影が温かく庭先に射している。雌雄《しゆう》の鶏が雛《ひな》と一緒に遊んでいる。雄鶏《おんどり》の足跡が「小・三・五・七・九・十一」となっており、雌鶏《めんどり》の足跡が「壬六」となっている。さらに「天明九己酉」とあるので天明九年(寛政元年、一七八九)の大小暦であることがわかる。この年の大小の配列は、前項の「28 闘鶏」に同じ。

酉年にちなんで鶏が画かれている平凡な構図だが、いかにも新春らしいのどかさがよい。

30 小絵馬の鶏

画面いっぱいに雛鶏《ひなどり》を抱え込んだ雄鶏が描かれている。落款《らっかん》は「尾跡」、朱印は「明和二」とある。雄鶏の足に「大」があるので、大の月で出来ていることが分かる。

嘴《くちばし》が六、とさかは「きのとの」、腹は十、左側の足は二、羽根は八と五、大きな尾が三となっている。いっぽう、雛鶏の方は足に小とあって頭と嘴が九、目が四、羽根が七、その下が腹にかけて十二、その下は正と十一になっている。

これを十二か月に並び替えると、

正	二	三	四	五	六	七	八	九	十	十一	十二
小	大	大	小	大	大	小	大	小	大	小	小

となり、明和二年乙酉(一七六五)のものとなる。雄のとさかに「きのとの」(乙の)とあり、これで「きのととり」と読める。小絵馬に似せた楽しい大小暦である。

31 長尾鶏《ながおどり》

ながながと鳴いて夜明けを告げる長尾鶏は、長寿のシンボルとして喜ばれ、酉年の大小暦にはもってこいの題材である。

一見、大小暦には見えないが、右下には落款風に「天明九」とあり、その下に四角の朱印が押してある。朱印には「己酉大小」の四文字が入っている。つまり、この絵は天明九年己酉(寛政元年、一七八九)の大小暦である。

この年の大小の順は、前出「28 闘鶏」に同じ。大小は美しく紅葉した蔦《つた》の葉の大小によって示されている。閏六月は上から六番目(六月)の大きい葉に続いて小さめの黄色の地の上にちょっぴり朱色を乗せて描いている。

32 函谷関

函谷関は中国古来の要衝である。この大小暦は、秦《しん》から脱出した孟嘗君《もうしょうくん》が鶏の鳴き真似の上手な食客の鶏の空音で夜中に門を開けさせて追手の難を逃れたという、有名な話を題材にしている。

朱印は「天明九」。落款の印は「江川」。「函谷関」の三字にこの年の大の月が隠されている。まず、「函」には正と二、「谷」は八と六、「関」は四、十、十二と大。

ちなみに天明九年己酉(一七八九)は改元して寛政元年になった年であるが、寛政への改元は天明九年正月二十五日に行なわれたため、正月に配る大小暦には新しい年号は間に合わなかったわけである。この年の大小の配列は、前出の「28 闘鶏」と同じである。

夜明け(天明)を告げる鶏と、函谷関の峨々《がが》たる山容とを描く。鶏の止まっている木戸は関所の垣根のつもりであろうが、これでは到底中国の要害を守る関の建物とは思えない。しかし、函谷関の故事を掛けて、天明九年酉年の大小暦に仕立てた発想はなかなかのものである。

29

28

30

32

31

戌・亥

33 犬の初春

「文久二　壬戌年　初はる」と題した犬の初詣での風景。小僧をお供に繭玉《まゆだま》を肩にしたイナセな犬兄いから、扇子を手にした幇間《たいこもち》のような物腰の犬公もいれば、芸者風の犬姉さんも、という按配《あんばい》である。

上半分にこまごまと犬の会話が入っていて、この年の大小やら暦の記事が登場する。幕末には、このような読んで楽しむ大小暦が流行った。

「小いぬ曰
〽五《こ》まさんハ十二《とうに》　きた十《と》いふが七二《なに》を
うろ〳〵八《やっ》てゐるのだらう
〽恵《ゑ》はう　参《まへ》りの　犬《いぬ》とかけて
〽かごで往《ゆく》　女郎《ぢょろう》かひト　とく
こころハ
〽四《よ》ツ足《あし》で　はゞをきかせる
〽二月五日かはつうま
だといふからきつこうの
ところへこわめしでも
ふかしてやらざァ　なるめへ
〽ことしハ一年に　二ツとしをとりますとか
正月五日に十二月の　十五日がせつぶんとか」

一段目が小僧犬と繭玉兄いの会話、ここにこの年の小の月、五・十二・十・七・二・閏八月が入っている。したがって、この年、文久二年壬戌(一八六二)の大小の配列は次の通りである。

正	二	三	四	五	六	七	八	閏八	九	十	十一	十二
大	小	大	大	小	大	小	大	小	大	小	大	小

閏八月を「うろうろ八《やっ》て」とはちょっと苦しい。

二段目から四段目は中央の三匹の会話だが、この〈物は付け〉はあまり面白いものとは思えない。ま、新年のご祝儀で拍手の一つも打ってやるか、というところである。後の二段は分別のある風体の犬と連れの会話で、初午《はつうま》の日付と、閏年のため節分・立春が二度あることを説明している。

作者は歌川国芳の門人で、幕末期に挿絵で活躍した梅の本鶯斎。犬に姿を借りた大江戸の初春の風情、いかにも戌年にふさわしい大小暦である。

34 妖犬か

「鶏鳴止　兮陰云　盡　村犬叫　報新春」〔鶏鳴止みて、陰(暗闇)盡くるを云う。村犬新春を叫び報《しら》す〕という、あまり上手でない讃は十三文字から成っているので、閏年の大小と想像がつく。漢字が並んだ場合は、大概有偏無偏の大小暦である。そして、その多くは偏のある方が大で、偏の無い方を小とするが、中には臍曲《へそま》がりのご仁もいて、その逆の場合もある。

閏年の場合、何月が閏月に当たるかを見付けるのが謎解きのコツだが、この大小暦の場合、各行三字ずつなのに、真ん中の行だけが一字なので、まずこのあたりに見当を付けてみる。つまり、この年は閏六月か閏七月の可能性が大きいわけである。

この讃は鶏(酉)が鳴き止んで犬(戌)が叫《ほ》えるとあるから、まず戌年の大小暦ということでも糸口になるが、下に犬が二匹描かれていることからもわかる。

七月か閏七月のいずれかが大なのだが、上の漢字の順では七月が小で、閏七月が大となっている。それに合わせると、次のようになる。

大　正・二・五・閏七・九・十・十一
小　三・四・六・七・八・十二

これは安永七年戊戌(一七七八)のものということになる。

それにしても、およそ可愛げのない犬で、むしろ妖気をさえ感じさせる面相である。「顧園主人画讃」とあるが、画いた人の顔が見たくなる。

右側の犬の尻に大の字が逆向きに書いてあるから大の月となる。右前足に正・十一、左前足には九、胸に二、頭に七、耳に閏、腹に十、後足に五がある。

左側の犬の前足に小とあるから、こちらは小の月となる。小の上に三、向って左胸に七、右胸に八、その下の足に四、頭の後ろに六、尻に十二が籠字《かごじ》で書いてある。これを月の順に直して大小を付けてみると、次の通り、安永七年戊戌(一七七八)のものである。

正	二	三	四	五	六	七	閏七	八	九	十	十一	十二
大	大	小	小	大	小	小	大	小	大	大	大	小

これで漢詩の大小と一致する。

35 萩と猪

秋萩の茂みからぬっと顔を出した猪公。顔に大小が仕組まれている。鼻に正と二、眼が十、口は十一と五、眼の後ろの耳に八。これがおそらく大の月であろうから、それでこの年の大小の組合せを復元すると、

正	二	三	四	五	六	七	八	九	十	十一	十二
大	大	小	小	大	小	小	大	小	大	大	小

となる。このような大小の組合せは、享保二年丁酉(一七一七)と安永八年己亥(一七七九)の二回あるが、ここは亥の年であるから後者に軍配を上げるべきであろう。

36 猪突猛進

「略暦」と題し、「大」の字を瓢箪《ひょうたん》形にした中にこの年の十干の「辛《かのと》」を入れた朱印を押し、大小の数字で毎年その年の十二支を一筆書《ひとふでが》き風にまとめたものを作る人がいた。猪突猛進というには少し迫力に欠ける絵だが、ユーモラスで楽しめる。

鼻が九、牙が四、目が正、背から後足にかけて十一、前足が七、腹が二になっている。これによって、この年の大小を復元してみると次のようになる。

正	二	三	四	五	六	七	八	九	十	十一	十二
大	大	小	大	小	小	大	小	大	小	大	小

この組合せは天保十三年壬寅(一八四二)と嘉永四年辛亥(一八五一)と二回あるが、一連の作品から、また辛亥年という点から後者のものと判断できる。

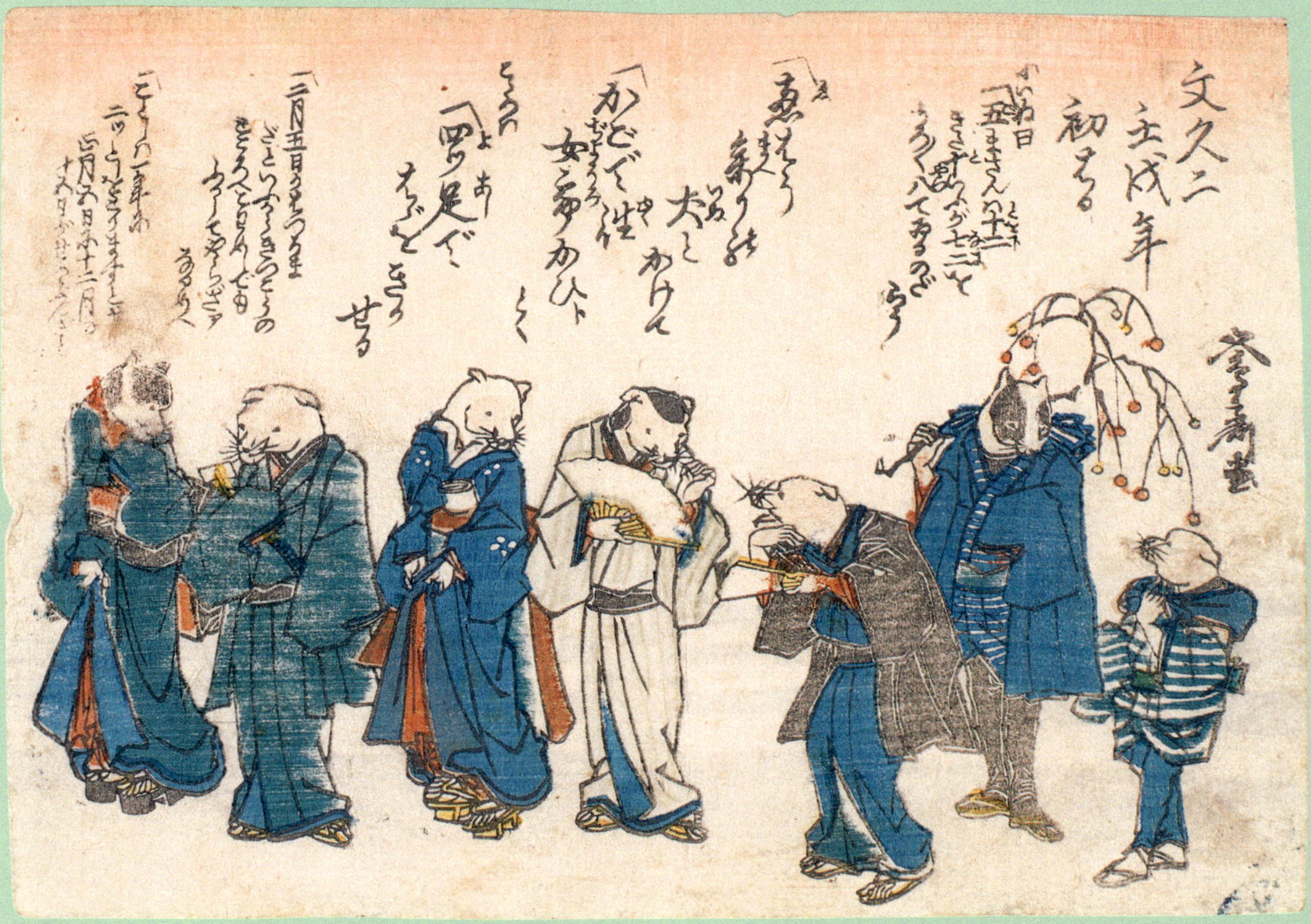

33

34

35

36

【コラム】

十二支《えと》もどき

1

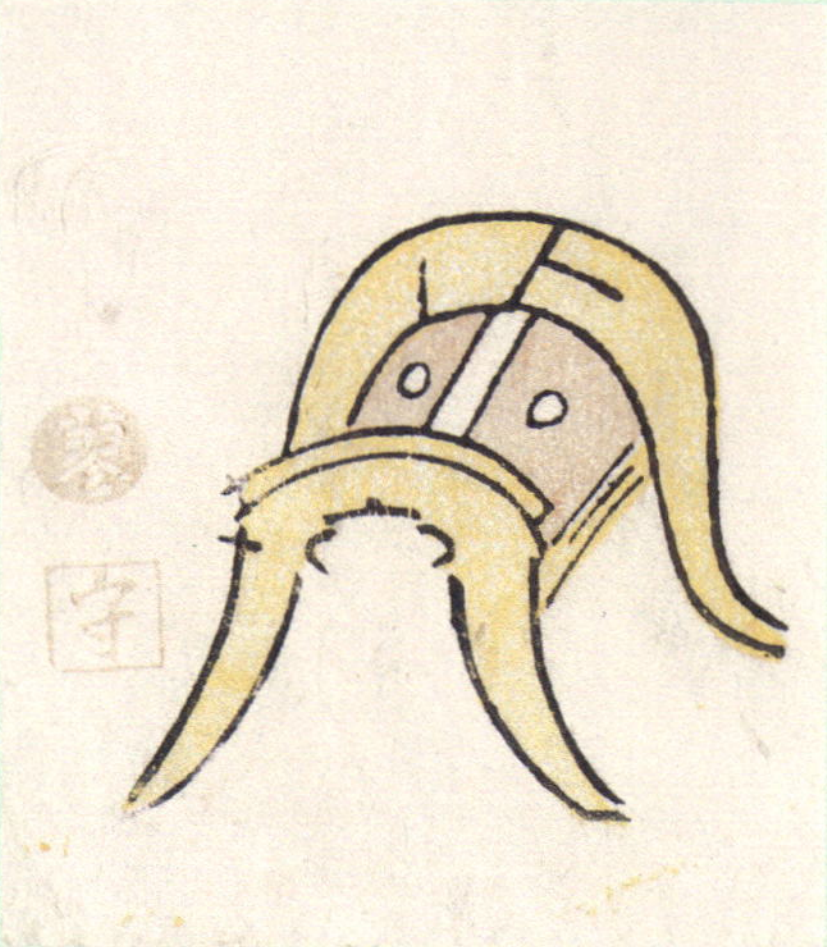

2

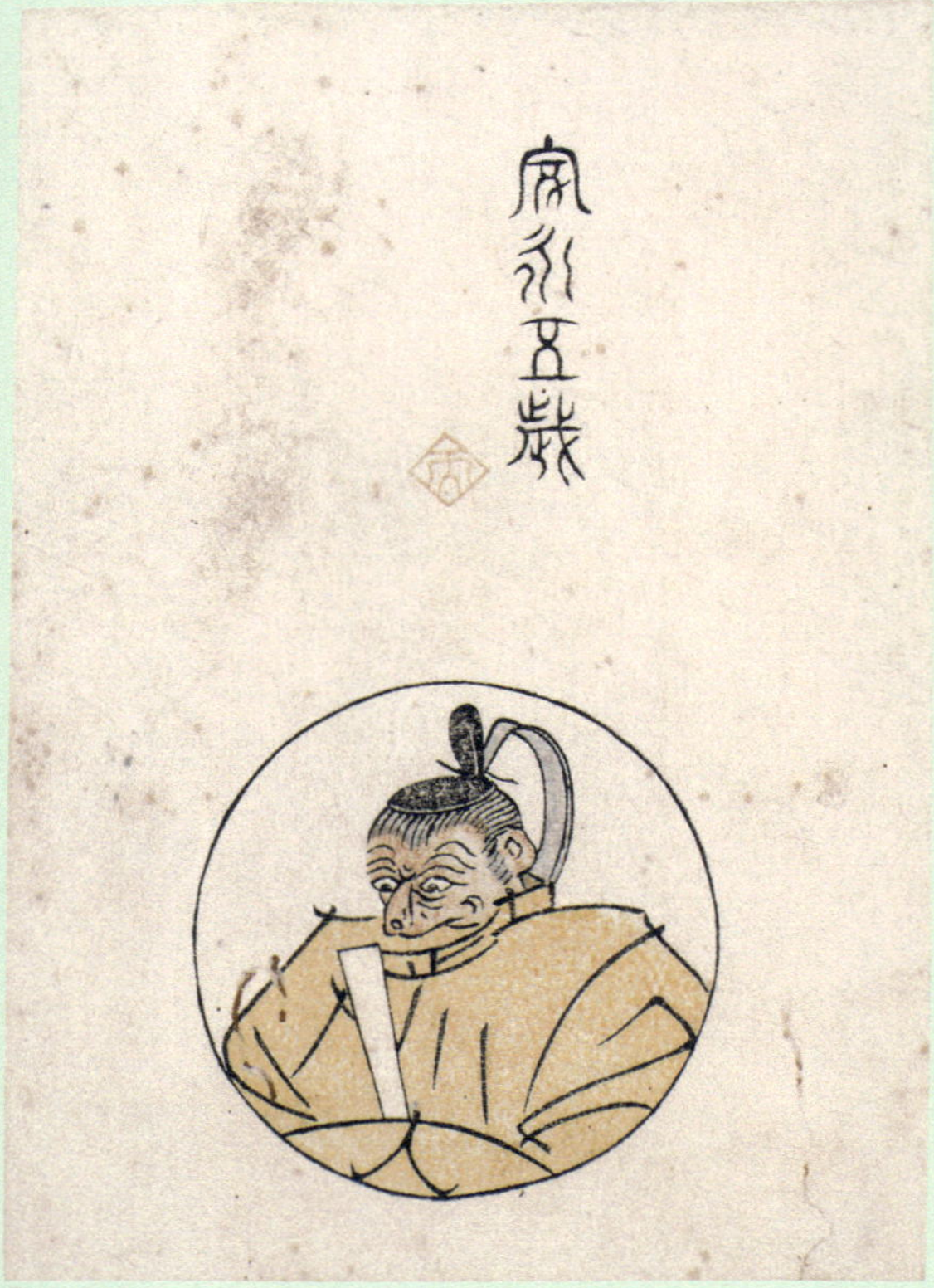

3

1 小海馬《しょうかいば》

「海馬」の文字をよく見ると、「海」の偏《へん》は三、旁《つくり》は六と正、「馬」は上から十・七・四とで構成されている。したがって、この年の小の月は、「正・三・四・六・七・十」となる。残りを大の月とすると、この年の大小の順は次の通りである。

正　二　三　四　五　六　七　八　九　十　十一　十二

小　大　小　小　大　小　小　大　大　小　大　大

この組合せは宝暦十年庚辰(一七六〇)のものである。海馬とはタツノオトシゴのことで、辰年にふさわしい大小暦ということになる。単純ですっきりした出来である。

2 鞍《くら》

江戸時代には馬は軍事的にも交通・運搬、さらには農耕のためにも極めて重要な動物であったし、馬具も人々に身近な存在であった。したがって、午年の大小暦にそれを利用しようという発想はごく自然なものなわけで、これを手にした人は、ああ、あの部分をこう使ったのか、この部分はよく出来ているなどと分かったわけである。

この大小暦は、鞍の前輪《まえわ》と後輪《しずわ》の間の居木《いぎ》に「小」を表わしているので、ここには小の月だけが登場するわけである。

まず後輪は正、居木の下部に三、前輪の上部の山形と手形が五、前輪の向って左側に十一、中央の洲浜(鰐口《わにぐち》)が六、右側が上下逆になっている八である。

そこで、「正・三・五・六・八・十一月」が小の月である年を求めると、天明六年丙午(一七八六)が得られる。

この年の大の月は「二・四・七・九・十・閏十・十二月」である。丙午の年には馬の鞍はもってこいの題材である。

3 猿面冠者《さるめんかんじゃ》

「安永五歳」の左にある菱形の印には「丙」の字があり、安永五年丙申(一七七六)の大小暦を表わしている。その下に衣冠束帯《いかんそくたい》の太閤《たいこう》殿下を描いている。申年に猿面冠者秀吉の絵柄はぴったりである。

襟《えり》に正と五、胸に十一と三、向って左肩に七、右肩に十と九、笏《しゃく》を持った両手が大となっている。

ちなみに安永五年丙申の大小の順は次の通りである。

正　二　三　四　五　六　七　八　九　十　十一　十二

大　小　大　小　大　小　大　小　大　大　大　小

豊国大明神(豊国神社)の神札がこのようなものであったかどうかは知らないが、いかにもそんな雰囲気を持った大小暦である。

わけである。

　朱印に「元治二」とあるから、元治二年乙丑（慶応元年、一八六五）の大小暦である。

　右下に「応需　惺々人狂斎」の落款がある。河鍋狂斎（一八三一―一八八九）の特色の滑稽味のある絵で、身長を上回る長大な大刀

Ⅳ

武士と庶民

Bushi to Shomin

を拝領している。

　開港やら長州征伐やら、この時代は物情騒然とした時勢で、急に剣術（やっとう）がはやり出して、師匠は大繁盛で懐も潤うことになり、頂戴物も実用的な刀となったのだが、実際に

江戸時代は武士の時代であった。また大小暦の愛好者は、主としてインテリ武士と富裕な町人達であった。したがって、大小暦には武士にちなんだものが少なくない。

武士の魂

1 道場

面を被って道具を着けて、竹刀で剣術の稽古をしている図。白の方が優勢で、次のように言っている。

「〳〵それまゐるぞ　八ッ十《と》かけさ五へん　いま六へん　これで十一へん　つかうが　おれにはかてまへが　もふ小《こ》れきりに正《せう》」(小＝八・十・五・六・十一・正)

これに対して劣勢の赤は、

「二九《にく》い事をいふをとこだ　七めんどうな　大きに　三四《みし》らせてやろう　ナ《(十)》二まだ〳〵かすり〳〵」(大＝二・九・七・三・四・十二)

と負け惜しみを言っている。

白の言葉に「小」が入っており、赤の言葉に「大」が入っているから、次のように白が小の月、赤が大の月となる。

赤大	二	三	四	七	九	十二
白小	正	五	六	八	十	十一

この組合せは寛政十一年己未(一七九九)のもので、この答えは道場の板壁の貼り紙の中にちゃんと書かれてある。貼り紙にはまず「定」とあるから、内容は道場内の規則のはずだが、ここには庚申・甲子・己巳の日が書かれてあり、略暦の役目を果たしている。しかも、最後に「寛政十一己未歳」の年記と明《あき》の方《ほう》、つまり歳徳神《としとくじん》の方位まで書き加えてある。

作者は「関亭傳笑」で、傳笑の印の後に次の歌が添えてある。

「はつかしく面をかふつて渡り合　えいやつとふと出来た大小」

関亭傳笑(生没年未詳)は山東京伝の門人の戯作者で、本名は関平四郎という本多侯の家臣である。武士らしい題材を選んだ大小暦といえよう。

2 目録と太刀

立派な造りの太刀《たち》に目録が添えられている。目録には「進上、御太刀　一腰、御馬　一匹、以上、明方巳午間」とある。

太刀緒《たちのお》には小さな文字で「小　正・三・五・六・八・十一」と見えている。この配列に合うのは天明六年丙午(一七八六)で、次の通り。

正	二	三	四	五	六	七	八	九	十	閏十	十一	十二
小	大	小	大	小	小	大	小	大	大	大	小	大

明《あき》の方《ほう》(歳徳神《としとくじん》)の方位が巳《み》と午《うま》の間になるのは、十干が丙《ひのえ》・戊《つちのえ》・辛《かのと》・癸《みずのと》に当る年である。天明六年は丙午であるから、これに合う。また、目録の「御馬　一匹」も午年を匂わしている。

3 朱塗りの大小

ずいぶんと派手な大小があったもので、恐らく寺社への奉納物か芝居の小道具かと思われるが、いうまでもなく大刀は大の月、小刀は小の月を表わしている。

まず、朱で「大小銘ハ青」と書いてある。大刀の方は兜金《かぶとがね》に「正」、鍔《つば》の上に「四」、笄《こうがい》の下の栗形《くりがた》に「二」、下《さ》げ緒《お》に「四年」「きのへ」、鞘《さや》の中ほどに「六」「十一」「七」、鞘尻《さやじり》に「九」が書かれている。

小刀の兜金は「正」だが、正の第一画の中に小さく壬(閏)が入っている。鍔の上に「三」、栗形に「八」、下げ緒に「天明」、鞘の下の方に「十」と「十二」、鞘尻に「五」が入っている。大刀小刀の鍔はともに龍の姿で辰年を示している。これは、天明四年甲辰(一七八四)の大小暦を形成している。

大刀(大の月)	正	二	四	六	七	九	十一
小刀(小の月)	閏三	三	五	八	十	十二

4 鍔《つば》

「刀は武士の魂」といわれたほどで、平和な江戸時代でも刀剣は武士階級の表徴として重視されたが、それゆえにその装飾にも力を入れた。中でも、最も変化に富んだものは鍔の意匠である。

これはまた、大小暦のデザインとして使いやすいので、実に面白いものがある。

「小」の字を中心に時計回りに、九、六、七、四、十一、正の文字が見える。小の月がこの組合せになるのは天保五年甲午(一八三四)である。

大	二	三	五	八	十	十二
小	正	四	六	七	九	十一

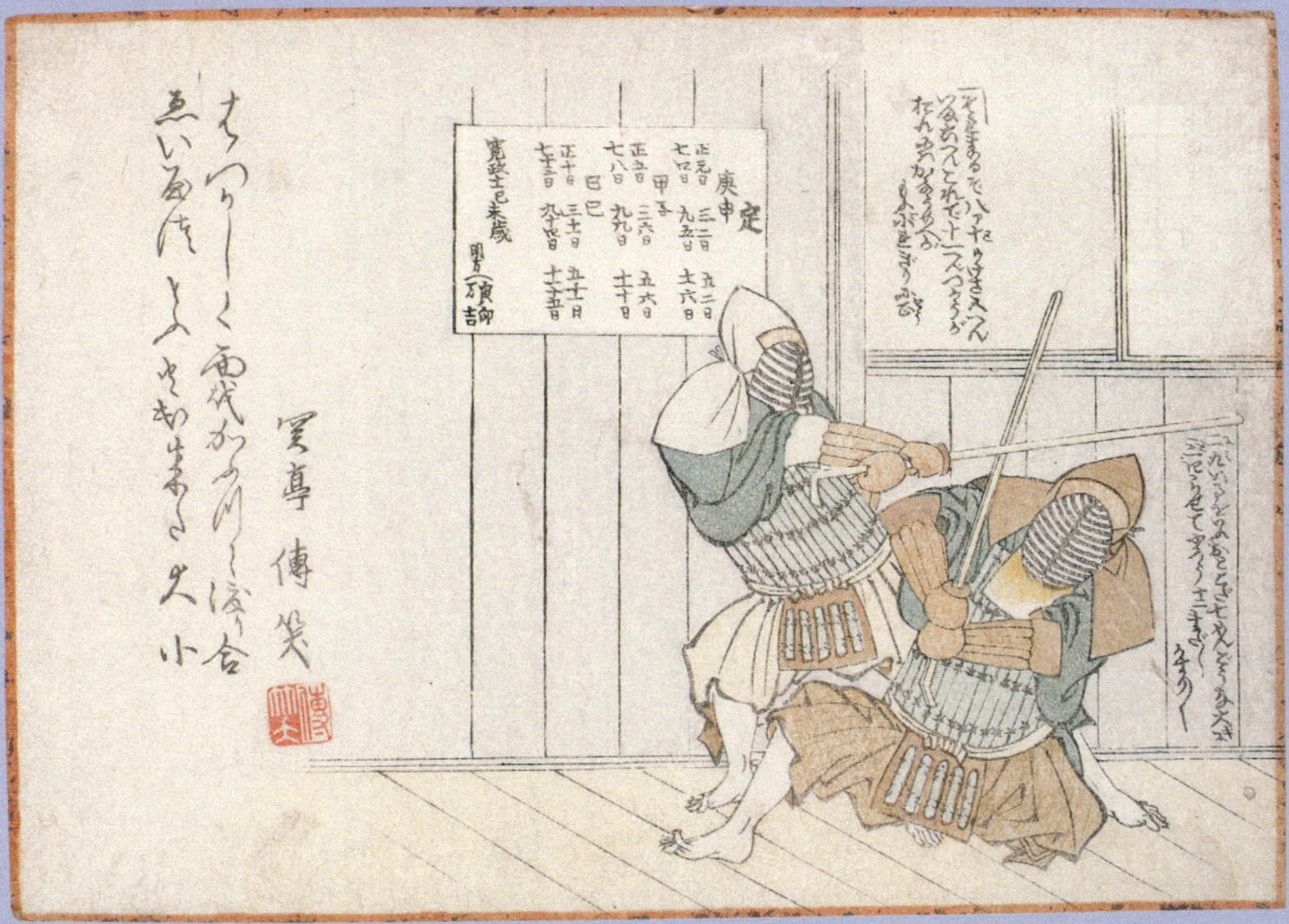

1

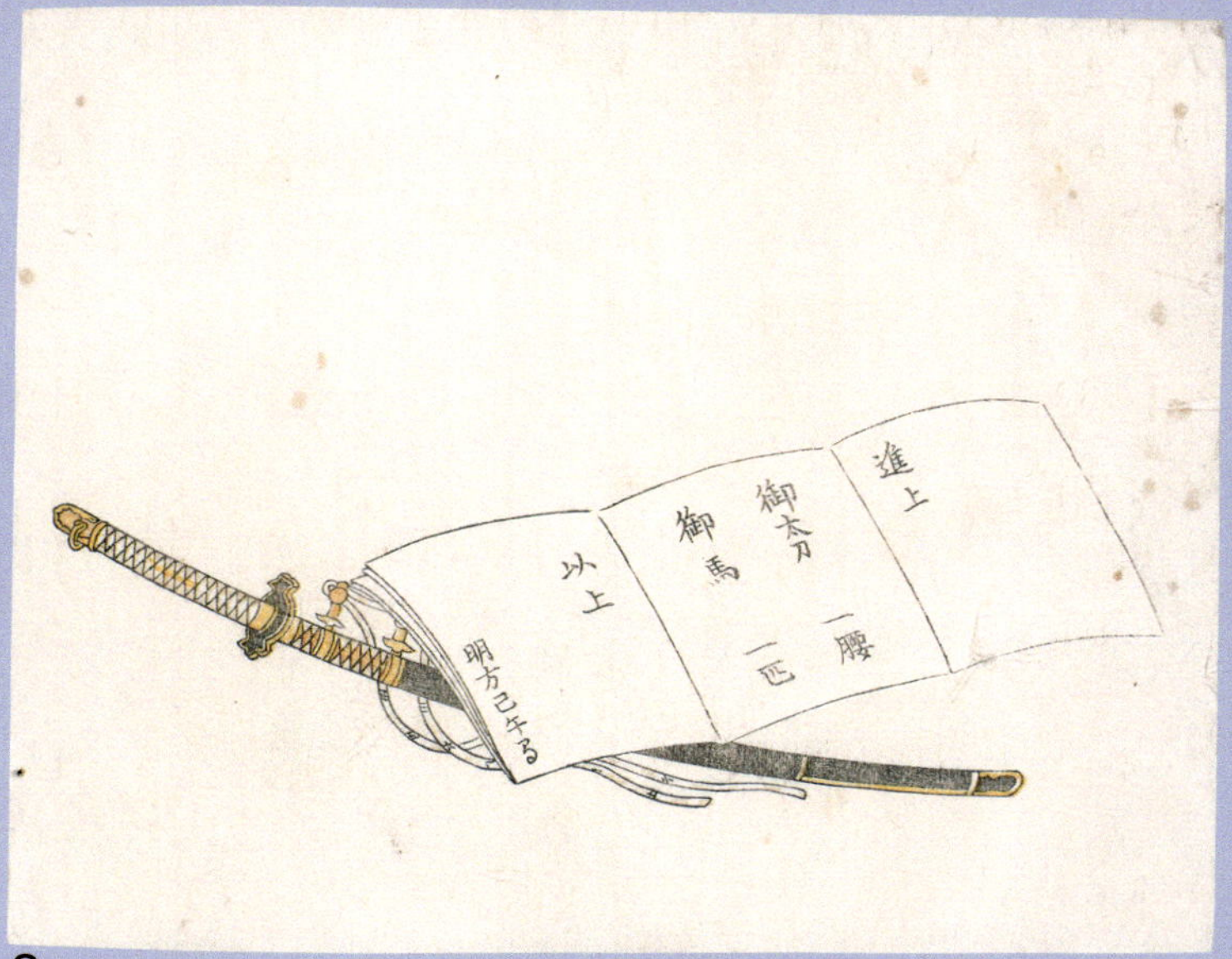

2

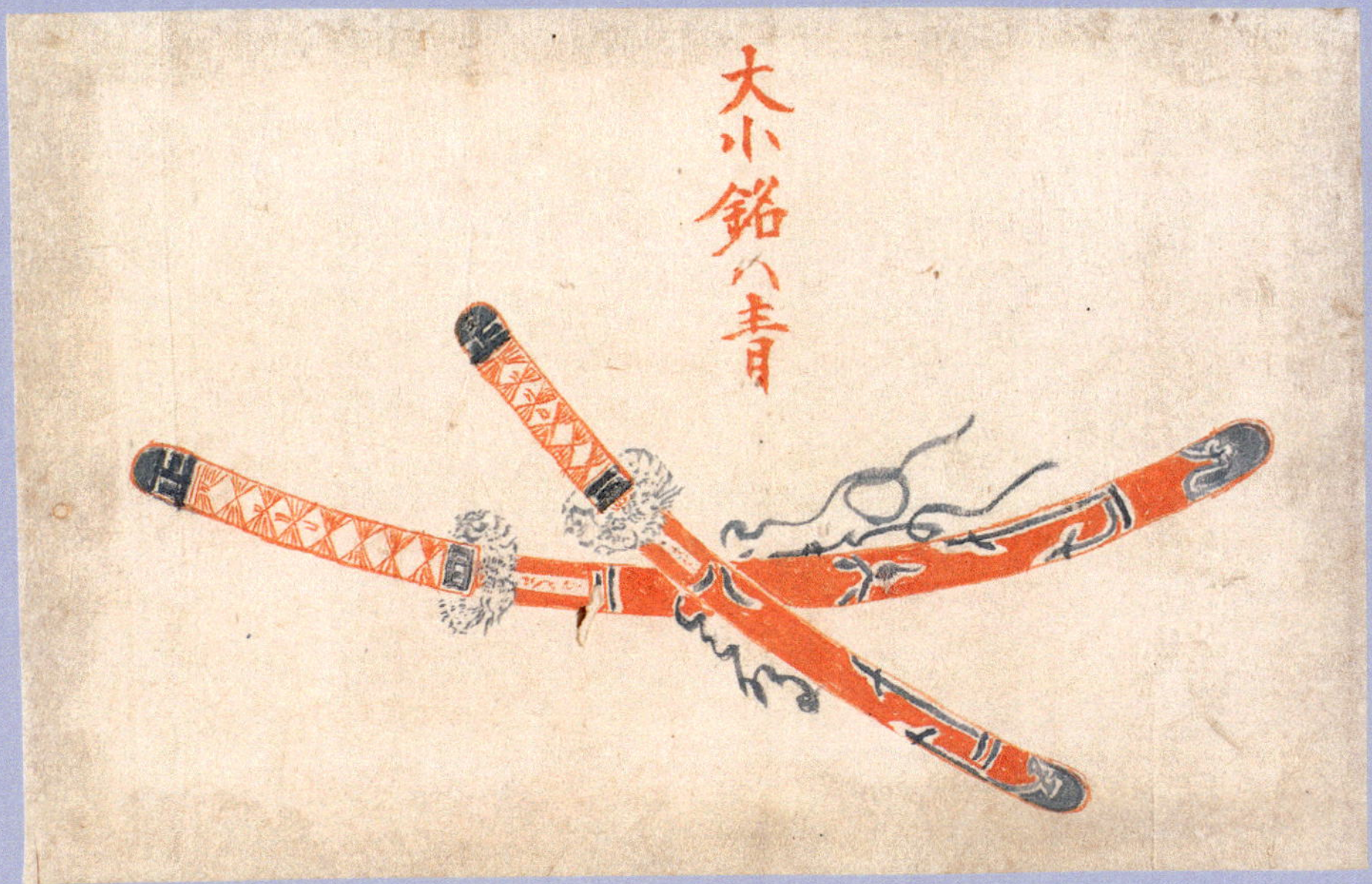

3

4

武術

5 大砲

嘉永六年癸丑(一八五三)、ペリーのアメリカ艦隊が来航して日本に開国を求め、翌年、再び来航してついに「日米和親条約」を調印して以来、諸外国の来航が続いた。幕府は外国使節との応接に忙殺される一方では、全国的な海防力強化に努めた。

江戸湾には品川砲台(お台場)を建設し、大坂には安治川、木津川の川口に砲台を築いた。そのような時勢を背景に作られたのがこの大小暦である。

上には次の狂歌がある。

「し《四》かいなみ　うるふ《壬》　後《五》生《正》ぞ　御《三》代のはる
な《七》、めに　なつて　か《十》へる唐人　」

この狂歌には、この年の小の月の正・三・四・閏五・七・十月が詠み込んである。

下の大砲の図は、数字によって構成されている。まず、砲口が八と二、照準が五、砲身が十一と十二、砲床が九。右下に大の字が入っているから、この年の大の月は、「二・五・六・八・九・十一・十二」となる。

いささか時代遅れな感じがするが、地方によっては梵鐘を鋳潰《いつぶ》して大砲を作ったというから、あまり文句も言えない。

この大小暦の右下には、「略暦堂　安政畫之」とあり、巳と四を組合せた朱印が押してある。大小の配列は安政四年丁巳(一八五七)に合っている。

緊迫したご時世のはずだが、この大小暦はしかもそれを題材に使っているのに一向にそんな気配を感じさせない。そのうえ、「な、めになつてかへる唐人(西洋人も唐人)」などと、芝居を見ているような呑気なことを言っている。

6 鉄砲の的《まと》

水鳥の絵の的に大小十三個の弾丸の跡。多少見にくいところもあるが、右上から順にその穴の大小を見て行くと、次のようになる。

順番	一	二	三	四	五	六	七	八	九	十	十一	十二	十三
	大	大	小	大	小	大	小	小	大	小	大	小	大

どこかに閏月があるはずで、それらしきものを探すと、六番目の大きい穴のすぐ左下に七番目の小さい穴が隣接している。そこでこれを閏六月と推定して、この年の大小を組み立ててみると、次のようになる。

正	二	三	四	五	六	閏六	七	八	九	十	十一	十二
大	大	小	大	小	大	小	小	大	小	大	小	大

これは天明九年(寛政元年・一七八九)の大小である。この年の干支は己酉であるから、的の鳥の絵とピッタリである。

砲術は武芸十八般の一つにも数えられ、幕府や諸藩にも鉄砲組が置かれ、その調練は武士にとって重視されたので、このような大小暦も作られた。

7 武鑑

大名家や高位高禄あるいは役職にある武家の名鑑とでもいうのが武鑑《ぶかん》で、江戸時代後期には民間の書肆からしばしば刊行された。この大小暦は最盛期の武鑑をそっくり真似たもので、一見しただけでは武鑑と見間違うほどである。

武鑑には、名乗《なのり》・本姓・本国・系図に始まって、石高・官位・席次、さらには家紋・槍や纏《まとい》の形・御先挟箱《おさきはさみばこ》や御出馬目印・高張提灯《たかはりぢょうちん》等の紋様などまで、あらゆる事柄が記載される。

この大小暦では上段に系図を形どった弘化四年丁未(一八四七)の十二か月の大小と朔日の十二支が書かれているが、その冒頭に「暦　本国伊勢」とあるのは面白い趣向である。家紋や替紋《かえもん》に似せて、暦の三鏡宝《さんきょうほう》珠《しゅ》・年干支・鏡餅が描かれ、その下には槍・纏・馬印などに似せていろいろな暦註が記載されて略暦になっている。もちろん、この年の各月の大小の一覧表も忘れてはいない。

銀座二町目の紅屋安兵衛が諸方に「御年玉」として配ったもので、末尾に「凡《(およそ)》三百五十五日御調法不許賣買」とあって、一年中使って便利なことと、売品でないことを強調している。

8 ポロ

六人の騎乗の人物が、ラケットで紅白の球を打つ打《だ》毬《きゅう》(ポロ)の競技に興じている。その球には数字が入っている。

右下に落款《らっかん》風に印が二つ押してあり、陰文に「天明甲辰」、陽文に「白字大」とある。つまり、天明四年甲辰の年の大の月が赤球に白抜きで、小の月が白球に赤茶色で書いてあるというわけである。

天明四年(一七八四)の大小の配列は次のようになっている。

月	正	閏正	二	三	四	五	六	七	八	九	十	十一	十二
大小	大	小	大	小	大	小	大	大	小	大	小	大	小
球色	赤	白	赤	白	赤	白	赤	赤	白	赤	白	赤	白

打毬は元来貴族の遊びであったが、一時衰えたものを八代将軍吉宗が武芸として再興した結果、流行るようになった。この大小暦は武士たちが騎乗して赤白の球を奪い合う様子を描いている。

球の数が十三なのは閏年であるためである。馬の尻尾の長いのは疾走していることを表わそうしているのだろうが、馬上の人物にはそれが感じられない。

6

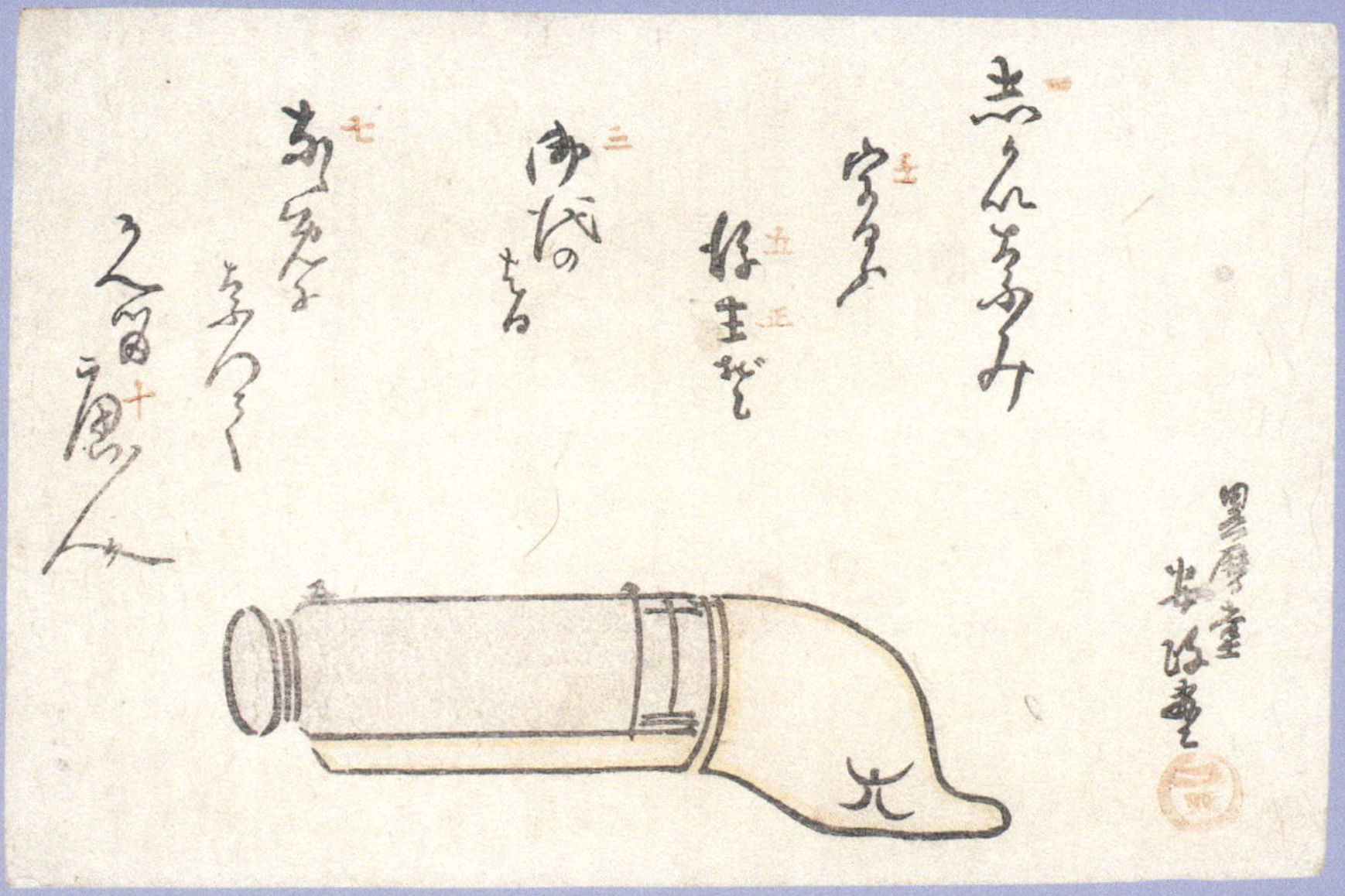

5

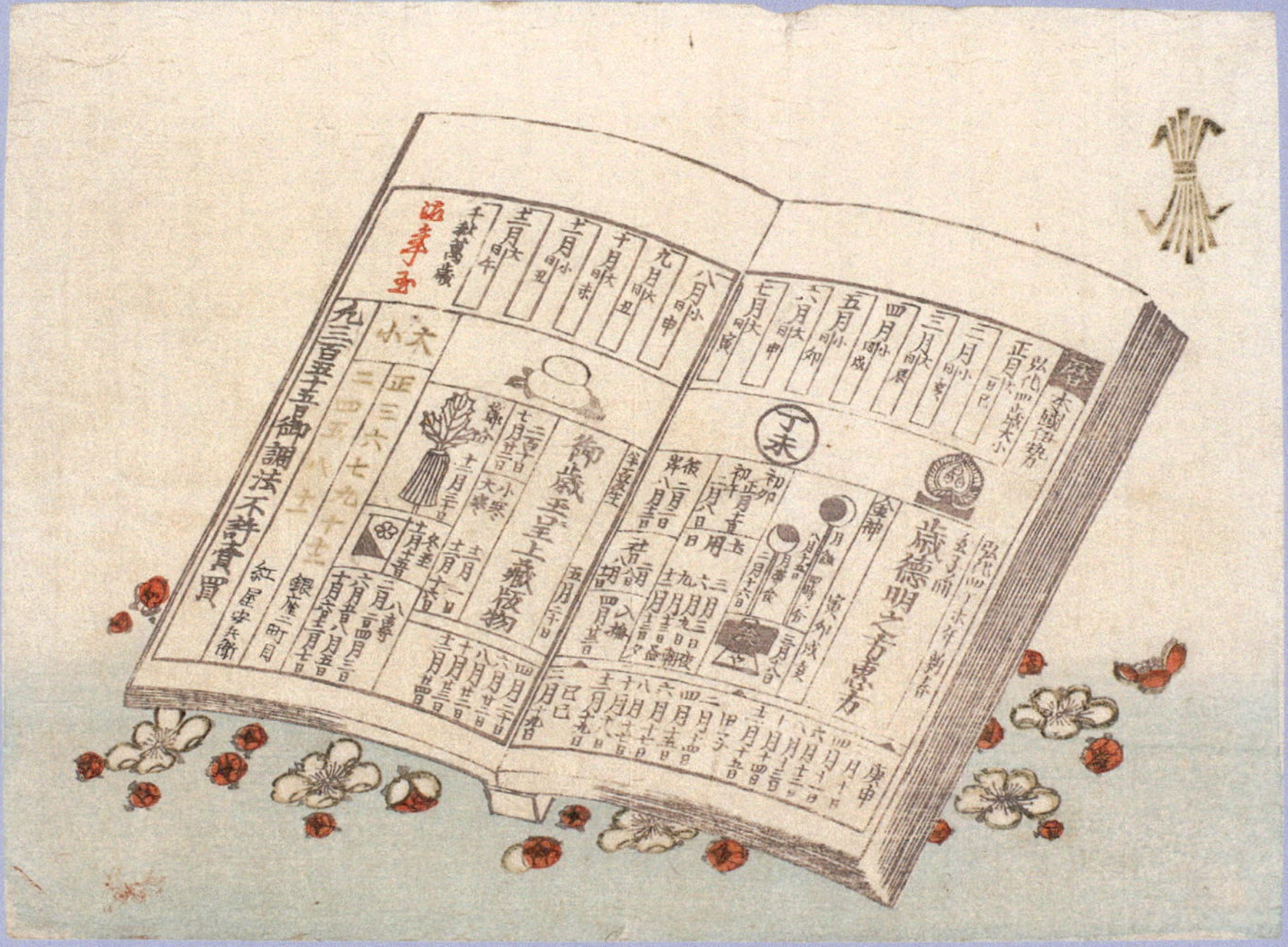

7

8

遊女

9 芸者

置屋《おきや》の夕方でもあろうか。壁か襖障子《ふすましょうじ》には三味線が懸けてある。黒い木札は芸者の名札であろう。粋な芸者は、読みかけの草紙を置いて出掛けの用意か。

三味線の左の木札には、「申酉間万吉」（さるとりのあいだよろずよし）とあって、これは歳徳神《としとくじん》の方位、明《あき》の方《ほう》で、年の十干が乙《きのと》と庚《かのえ》に当たる年である。

壁に懸かっている黒い木札には、右から「大」「正」「さん」「ろく」「しち」「きく」（菊）「亥子」（いのこ）「ゆき」（雪）とあり、この年の大の月が、正・三・六・七・九・十・十二月であることを表わしている。

草紙の表題に「天明五乙巳」とあり、天明五年乙巳（一七八五）の大小暦であることを示している。答えは先に出ているものの、月名を芸者の源氏名風にしてあるところがおもしろい。

10 遊女と手紙

つれない男を待ち続け、やつれ果てた哀れな遊女が、思い余って呼び出しの手紙を書いたというところであろうか。それにしても、少々色香に欠けた感じがして、やや悲愴な絵暦になってしまった。

手紙の宛名は「五郎殿へ」だが、「郎」は二、八、十一とから成り、「殿へ」は四、差出は「小くより」とあるから、二・四・五・八・十一が小の月となる。その上、手紙の左端に「きのとのみ」と小さく書き添えてあるから、天明五年乙巳（一七八五）の大小暦ということがわかる。「清花画」とあるが未詳。

11 花魁道中《おいらんどうちゅう》

男のトップスターが歌舞伎の看板役者ならば、女のそれは新吉原の花魁ということになる。新吉原名物の花魁道中は、人気ブロマイドとして浮世絵師たちが腕を振るった画題であった。

この大小暦も、暦のことは二の次にして、華麗な道中の情景を描いたものであるが、誰かの作品を模したためであろうか、花魁も二人の新造も禿《かむろ》もどれも同じ顔をしている。その上、まったく彩気が失われている。

花魁の後ろに「天明九　つちのととりとし」とあるから、天明九年己酉（寛政元年、一七八九）の大小暦である。この年の大小の配列は次の通りである。

大の月　正　二　四　六　八　十　十二
小の月　三　五　閏七　九　十一

花魁は、古くは大夫《たゆう》と呼ばれたから、当然、大の字の紋を両肩に付け、帯に大の月を散らしている。

子供の禿の帯に小の字の他、小の月が紋の形で配してある。禿の肩には大きな羽子板が乗っており、日の出の内に「とらう　間　万《よろず》よし」とある。これは歳《とし》徳神《とくじん》の方位を示している。寅卯《とらう》の間が吉となるのは、年の十干が甲《きのえ》と己《つちのと》に当たる年である。天明九年己酉はこれに合っている。

12 うんすんかるた

「豊水」の署名があるので、宝暦年間（一七五一〜一七六三）から役者の似顔絵で人気を得ていた大場豊水（生没年未詳）の作とわかる。三河万歳《みかわまんざい》の才蔵《さいぞう》に扮して小鼓《こつづみ》を手にした姿は、人気役者を写したものと思われる。衣裳には「小」の字の紋が入っていて、「うんすんかるた」の札が散らしてある。

札の絵がはっきりしているのは、袖にある円の半分を黒くしてあるオリ、またはオウル（貨幣）の四、帯の下左側のコツまたはコップ（聖杯）の七、向って右の袖の下のパオまたはハウ（棍棒）の九の三枚である。それと四の上に重なった札は龍のようである。龍はロバイといい、左上に円い紋があるのでグル（巴紋）のロバイとなる。その巴紋のところに酉の字があるので、酉年の大小暦ということになる。

ロバイはジョーカーの札で、年の十二支があるので正月として用いられた可能性もある。

絵柄がはっきりしない月が複数あるので、ちょっと強引な手法だが、宝暦年間前後の酉年の大小で該当するものを探してみることにした。

	正	二	三	四	五	六	七	八	九	十	十一	十二
元文六年（一七四一）	小	大	小	小	大	小	大	大	小	大	大	小
宝暦三年（一七五三）	大	大	小	大	小	小	大	小	小	大	大	小
明和二年（一七六五）	小	大	大	小	大	大	小	大	小	大	小	小
安永六年（一七七七）	大	小	小	大	小	小	大	小	大	大	大	小

右の四か年のうち、小の月であることが確実である四月、七月、九月の三ヶ月が小であるのは明和二年乙酉のみである。残りの三枚の札は正月、十一月、十二月の札ということになる。

まず、左の袖にある「酉」の字の入っているロバイ札は正月札と考えてもよいであろう。年の十二支を書き入れるには一番相応しい月であるからだ。コツの七の右隣はオリ（貨幣）のレイ（従者）、つまり十一を表わしているように見える。

一番判断に苦しむのは帯の上の札である。どの紋標のものとも区別できないが、ソウタ（女王）の裳の一部が描かれているようである。ソウタは十二であるから、十二月を示している。

この大小暦は、同じ明和二年に鈴木春信によって錦絵が創出される傍らでは、宝暦風のキメの粗い、色彩的にも単調で沈みがちな古い手法の暦が作られていたことを物語っている。

10

9

12

11

13 そろばん

「享和四甲　ねずみざんの事」と題が付いていて、享和四年甲子(一八〇四)という答えは出てしまっている。上段には正月から十二月までの大小が書いてある。また、そろばんの下には、上半分に月ごとの庚申、甲子、己巳、天一天上が書き込んであり、下半分には明《あき》の方《ほう》、初午《はつうま》、社日《しゃにち》、入梅、半夏生《はんげしょう》、土用、二百十日、寒の入りなどの雑節が記載されており、略暦といった方がよさそうである。

「ねずみざんの事」というのは、この年の干支、甲子にちなんでのことで、一番下の部分に鼠の絵と、「正月父母　十二月まで　凡《(およそ)》　三百五十五日　法二一ねんのはかりこと　はるにあるとしるへし」の文言がある。

これが何で「ねずみざん」になるのかわからない。そろばんを使っているため、左端から右へ正月から十二月が並んでおり、そろばんの下の段も左から右へとなっている。その下の二段はいずれも右から書き始めている。なお、最下段の鼠の絵は、右から左へ鼠の体の大小を月の大小に合わせている。したがって、これだけでも大小暦になっているわけである。

ところで、そろばんの方だが、正月から十月までは玉を一つずつ足して行って、十一、十二月は十を払って玉はただ一つと二つにしている。上段と下段の間に、正月卯、二月酉、三月寅といった具合に毎月朔日の十二支を書いている。

ねずみ年の略暦にそろばんの絵が入っているので「ねずみざんの事」というのだろうか。首を捻って考えて損をすることになる。なお、享和四年は二月十一日に改元して文化元年となった。

14 明和さんご名算

いささか特大のそろばんを膝に置いて弾《はじ》き上げた明和さんのご名算ぶり。

「明和さん　二七十四で　極めま小」とあるので、小の月は「二・四・七・十・十二月」、そろばんに「一(正)・三・五・六・八・九・十と一(十一月)」の玉が置かれているのが大の月。ご名算氏の衣服の紋に「大」がある。

この大小の配列は、元禄十七年甲申(宝永元年、一七〇四)、明和三年丙戌(一七六六)の二回見えるが、ここではもちろん明和さん(三)年。

その上の落款の署名は「丙戌歳」とあり、印の白文は「トシトク己(巳)午」とある。丙戌は明和三年の干支、歳徳神が巳午(南南東)に位置するのは年の十干が丙・戊・辛・癸の年。明和三年は丙戌の年だから当たっている。

墨一色の単純な大小暦だが、いかにも明和年間らしい元気のある作品である。

15 辻宝引《つじほうび》き

喜多村信節の『嬉遊笑覧』の巻四に、

「明和のはじめの狂詩に、早来四達飴宝引、物申年始御祝儀、といふ句あり、寛政の初迄も辻宝引はありき、サアござい〳〵と云て子供を集る故、是を小児はさございと云り、当るものには菓子翫物をとらすなり、禁有て止む。」

という文がある。

図は辻宝引きの男が子供たちを集めて籤《くじ》を引かせている。右端の子供は何か良い物が当たったのであろうか、小躍りして喜んでいる。真剣な顔をして覗き込む児、見るのが恐ろしくて横を向いている者など、子供たちの表情が上手に描かれている。

さて大小であるが、辻宝引きの男の背に「小」として、「正・三・五・六・八・十一」の文字が見えている。これは天明六年丙午(一七八六)のものである。

左下の隅に「斗園」の小朱印がある。

16 奉公人口入屋《くちいれや》

「かのへ申　奉公人口入所」と看板の掲げてある店の前で、何やら語り合う女性二人。身形《みなり》もそう悪くはないが、多少世慣れた感じがする。どんな仕事を頼みに来たのだろうか。あんまり女性の方に気を取られていると、大小の方を見落としてしまう。

まず、「奉」は十二と壬(閏)、その下の「公」は四で、上に続けて閏四、「人」は十、「口入」は二と八、「所」の偏《へん》は小で、旁《つくり》の方はちょっと苦しいが六。これでこの年の小の月が「二・閏四・六・八・十・十二」となる。したがって、大の月は残りの「正・三・四・五・七・九・十一月」となる。

この配列は寛政十二年庚申(一八〇〇)のものである。口入屋の看板には右下に「かのへ申」と書いてある。「叶へ申(かなへもうす)」とうっかり読みそうだが、「かのへさる(庚申)」のことで、うまく年の干支を入れている。左上に「桜月」とある。桜月《さくらづき》とは三月のことである。三月五日は奉公人の出代わりの日となっていた。桜月の題は、新しい奉公先を斡旋する口入屋の店前の、この頃の光景に付けたものである。

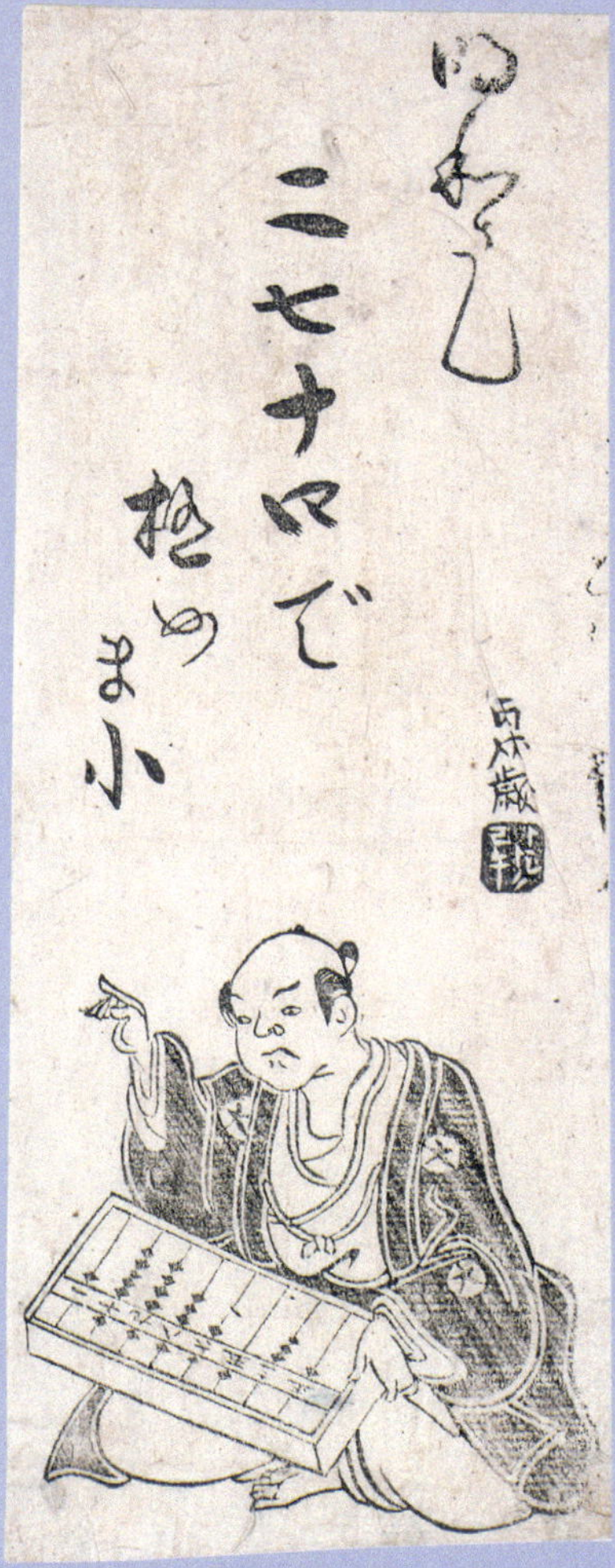

14

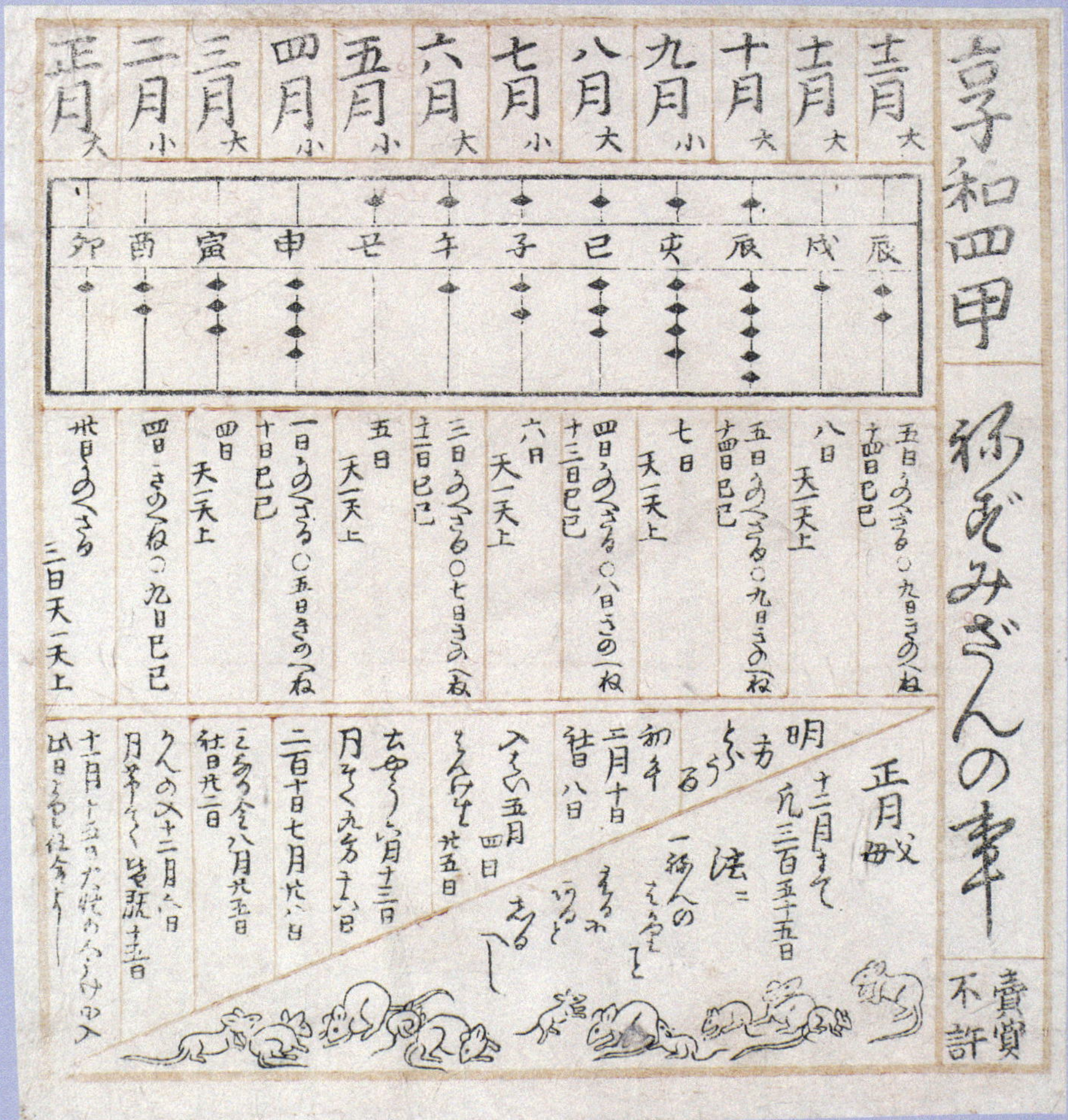

13

16

15

17 エンヤコラ

今日ではもう見ることが無くなったが、機械化される前は、普請といえば地固めの櫓《やぐら》と大勢の人たちが綱を引くときの「えんやこーら」という掛け声が付きものであった。

「ぬけたのハよしに小」とあるから、梯子《はしご》の横に抜けているのが小の月というわけである。したがって、大小の順は上から、

大	小	大	小	大	小	小	小	大	小	大	大	大

となる。十三ヶ月だから、どこかに閏月が入るわけだが、上から八番目に「壬(閏)」の形をした地固めの重しが重なって描かれているから、これが閏七月ということになる。

正	二	三	四	五	六	七	閏七	八	九	十	十一	十二
大	小	大	小	大	小	小	小	大	小	大	大	大

この組み合わせの年は寛政九年丁巳(一七九七)一か年だけである。落款の印には「丁巳大小」とあるから間違いない。

署名は「豊廣画」とある。歌川豊廣は歌川豊春に学び、美人画と風景画を得意とした。文政十一年(一八二八)か十二年に、五十六歳(五十七歳、六十六歳説もある)で没している。弟子には廣重がいる。

18 塩売り

篭《かご》に入れた塩を天秤棒で担いで商売をする塩売り。上に「明和七庚寅年大小」(一七七〇)と題があり、その隣に小の月を詠んだ和歌が書かれている。

「二《に》《とり》なひ賣《うり》四《し》《さる》をを　五《いつ》《うし》より　山ばかり
六《む》《むま》少《せう》に　七《な》《み》び九《く》《たつ》　人《ひと》は松風《まつかぜ》」

数字の左にはその月の朔(一日)の十二支が記されている。二(とり)、四(さる)、五(うし)、六(むま)、七(ミ)、九(たつ)。

ところで、二・四・五・六・七・九が小の月だとすると、明和七年の大小の配列に合わない。この年の実際の大小と朔日の十二支は次のようになる。

正	二	三	四	五	六	閏六	七	八	九	十	十一	十二
大	小	大	小	小	大	小	小	大	小	大	大	大
卯	酉	寅	申	丑	午	子	巳	戌	辰	酉	卯	酉

どうやらこの作者は「六月大」と「閏六月小」とを逆に考えてしまったようで、「閏六月」は大の月の方に入れている。

塩売りの姿の中に、大の月とその月の朔日の十二支が描き込まれている。

向かって右の襟に「十」(とり)、肩の「閏」と袖口の「六」で閏六(ゐ)、袖の下に「大」、裾に三(とら)、腹に「正」(う)。向かって左の肩に「八」(いぬ)、袖口に「十一」(う)、裾に「十二」(とり)が隠してある。月の数字の内や上下左右に十二支のかな文字が書き加えてあるので、なかなか読みにくい。

せっかく苦労して朔日の十二支を書いているのだが、閏六月朔日は「亥(ゐ)」ではなく「子(ね)」である。これは上述のように六月を小としたためで、閏六月を大の方に入れたのも誤りである。

もし、明和七年という表題が付いていなかったら、大の月が「正・三・閏六・八・十・十一・十二」という組み合わせはないから、年代決定の謎解きは不可能になってしまうところであった。

19 奴《やっこ》さんの花見

「主のかげ七尺さつて花見かな」

いうまでもなく「七尺《しちしゃく》去って師の影を踏まず」(「三尺下がって師の影を踏まず」ともいう)という言葉を捩《もじ》ったもの。また、御用部屋の小者のことを六尺というから、それをも懸けているのだろう。

花見のお供をしている奴さんの後ろ姿。軽妙な筆使いであり、大小でなくてもおもしろい。髷《まげ》が「大」、襟首《えりくび》が「正」、帯が「五」、小太刀とからげた裾が「七」、尻が「三」、すねから足が「十二」、ふくらはぎが「十」となっていて、この年の大の月が「正・三・五・七・十・十二月」だとわかる。

この組み合わせは元禄十四年辛巳(一七〇二)、宝暦十三年癸未(一七六三)、文政八年乙酉(一八二五)と、三回ある。画面からだけでは一寸判断しにくいが、幸いにこの大小暦には右下に年紀を入れてくれてある。まず瓢箪《ひょうたん》形《がた》に「宝暦」とあり、下の方形の印に似せた形の内に「癸未十三」とあるから、答えは明瞭である。

20 のっぽとちび

のっぽの奴《やっこ》は大の月で、左袖口から肩にかけて「大 二三五」、右の袖口から肩にかけて「六 八 十 十二」とある。ちびの奴の方は、左肩から袖口にかけて「正 二 ウ 四 七 九 十一 小」とある。「二」の横の「ウ」は閏で、閏二月の意味である。

この組み合わせは、寛政四年壬子(一七九二)である。この大小暦の右下に「寛政四壬子」と白文の朱印が押してあるので間違いがない。

毛槍の先端の白の部分は空摺りをしてあり、絵も軽妙でおもしろい。

21 駕籠屋《かごや》

「ねもとや」と屋号の入った大きな提灯を下げた女性に見送られて駕籠に乗りかけた男性と駕籠屋。その脇には高札があって、

「大　一　如月　一　弥生　一　さつき　一　無水用
一　葉つき　一　無神月　歳暮」

と記されている。「無水用」は無水月、みなづき、つまり六月のことであろう。水を「御」のように書いて、一見「無御用」と見える。高札風に見せる工夫であろうか。

大の月が二・三・五・六・八・十・十二月の年は、寛政四年壬子(一七九二)と天保六年乙未(一八三五)の二年ある。前者には閏二月小、後者には閏七月がある。

提灯の左上に「壬《みずのえ》」とあり、「ねもとや」の「ね」が「子」であれば、寛政四年が正解ということになる。

19

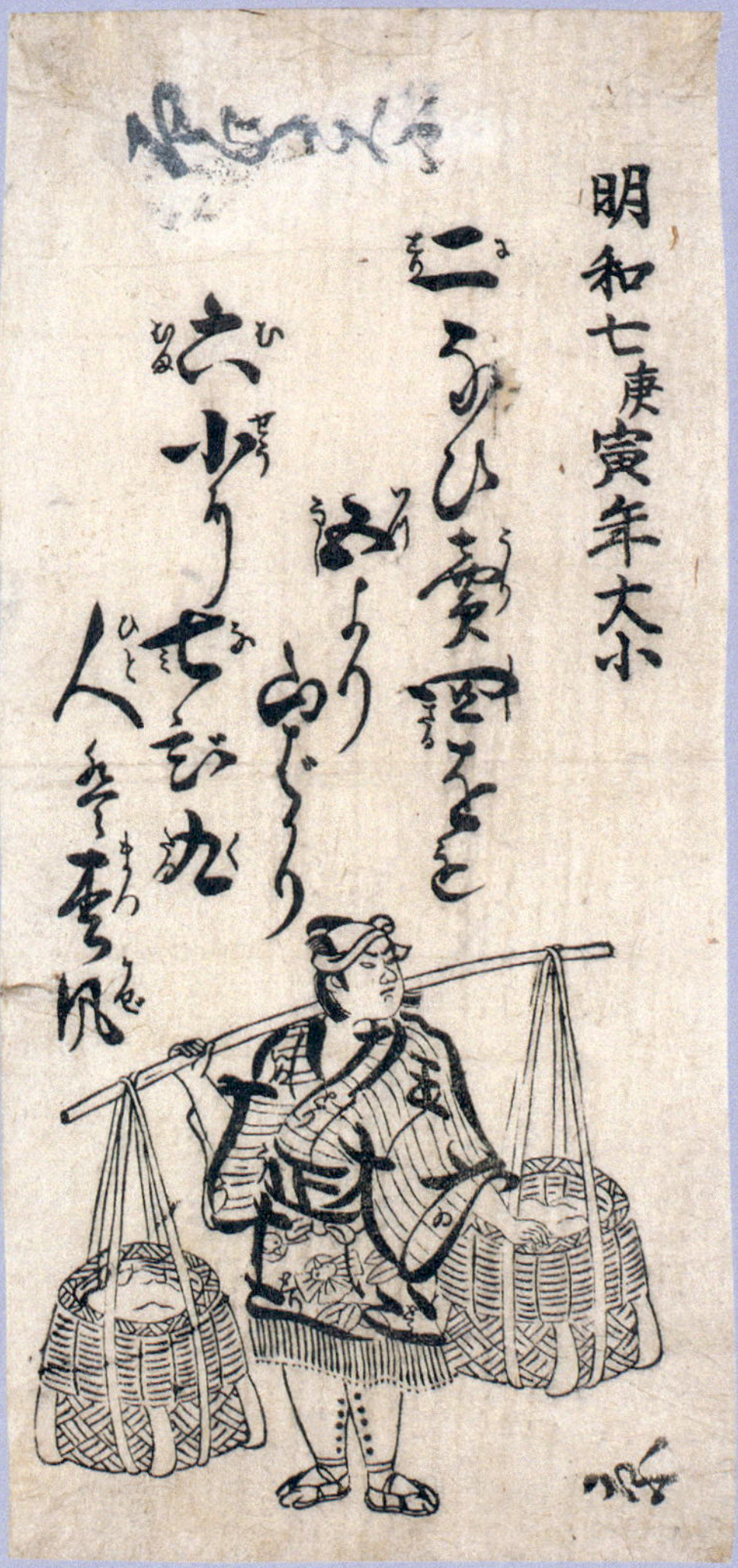

18

17

21

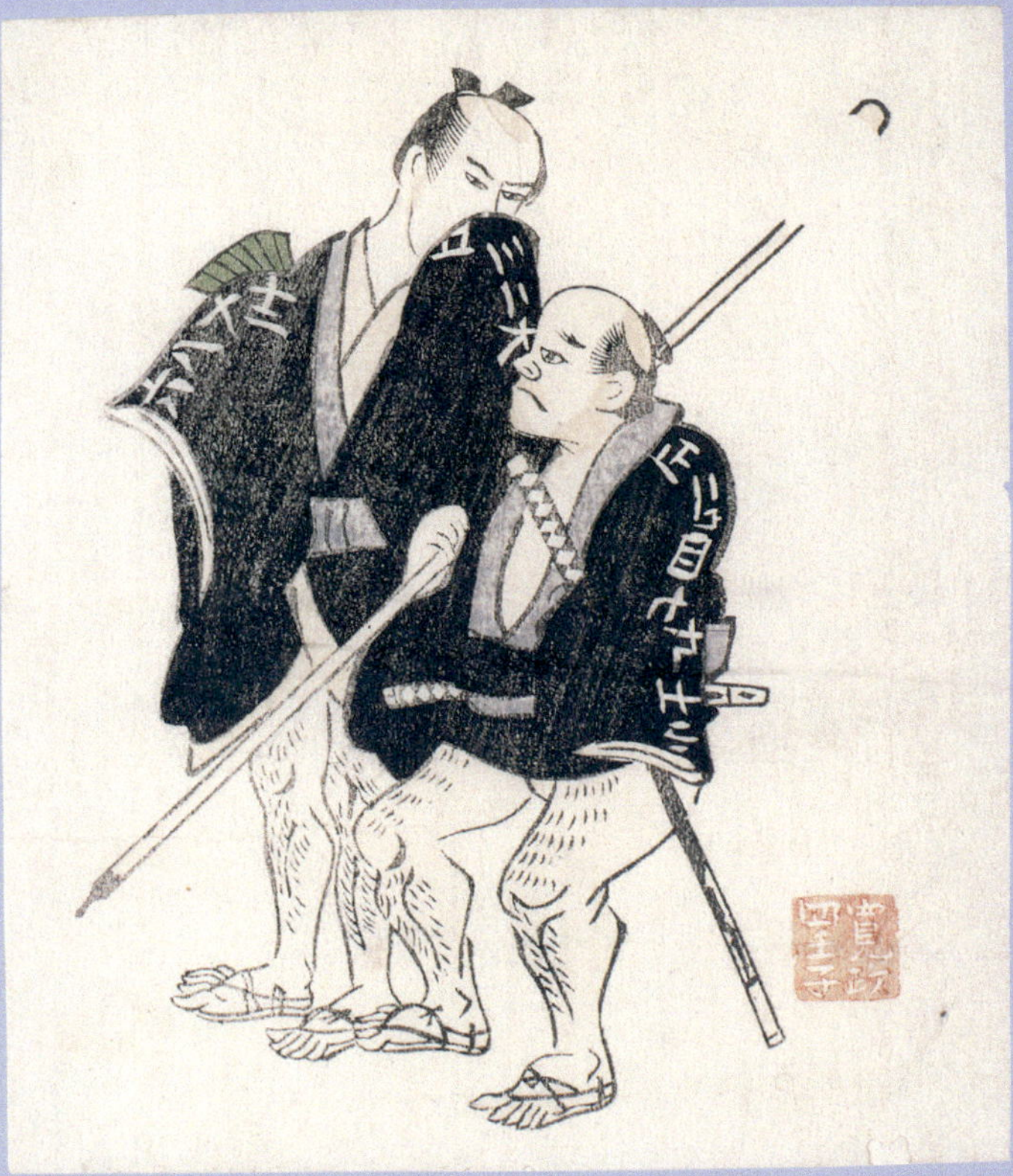

20

看板

22 桐油屋《とうゆや》

「とうゆ」といえば、今日では家庭用燃料として愛用されている燈油、つまり軽油のことであるが、ここでは油桐《あぶらぎり》の種から搾って取った油のことである。

『東海道中膝栗毛』の始めの方で道中の必需品を並べたてたくだりに、

「道中なさるおかたには、なくて叶はぬぜにと金、
　まだも杖笠簑桐油」

とある。まさか桐油を持って歩くわけではなく、これは桐油合羽《とうゆかっぱ》のことである。桐油合羽というのは、桐油を染み込ませた防水の油紙で作った合羽のことで、今風にいえばレインコートである。

桐油は乾性の植物油で、桐油紙のほかいろいろと用途があったようで、その桐油を売っている桐油屋の看板を模したのがこの絵暦である。

普通なら屋号の記号でも入れるところに「大」の字を入れ、「桐」の偏《へん》が六、旁《つくり》が五と二、「油」の偏が三で旁が十と八で出来ている。うまく作ったものである。これで「大　二・三・五・六・八・十」となる。

さらに「明和屋」という屋号に引っ掛けて年号を入れてあるが、「屋」の字をよく見ると「酉」と「乙」とから出来ていて、明和二年(一七六五)の干支を表わしている。明和二年の大小暦大流行の年には、こういった気の利いた大小暦が沢山作られたようである。

23 白　酒

「山川《やまかわ》」といえば白酒のことで、山間の川は白く濁ることからこの名があるという。白酒は雛祭りには付き物であり、白酒の店といえば神田鎌倉河岸の豊島屋が有名であった。

この大小暦はそのような白酒屋の看板を使ったものである。

上の山と川の絵には、「八」と「五」と「きのと」(乙)と「大」の字が入っている。下の「山川名酒」の山は「二」、川は「三」(横向き)、名は「六」、酒は「十」と「酉」。

これで明和二年乙酉(一七六五)の大の月、二・三・五・六・八・十が揃う。

この大小暦の作者は、あまり上戸の口ではなさそうである。

24 行燈形《あんどんがた》の立看板

「二六十八　三五大てんく」と書かれた行燈形の立看板である。

「二・三・五・六・八・十」が大の月なのは明和二年乙酉(一七六五)の大小の配列である。

したがって、行燈そのものは小の月で構成してい る。行燈の天辺が「正」、文字の書いてあるところは「九」で囲み、右の枠内には「十二」があり、文字の下が「七」、その下の台に当たるところが「四」、その隣の囲みが「十一」で、その中に「酉」、酉の中に明和二年の「二」が入っている。

一筆書きのように簡単で要を得ているところが、この大小暦の特色である。

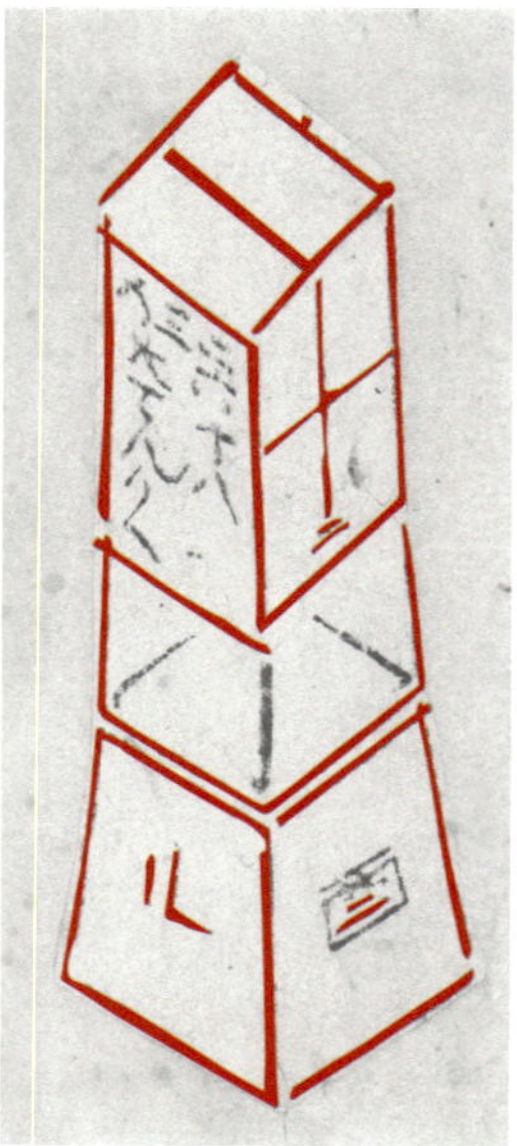

25 本屋

正月飾りの注連縄《しめなわ》の下に大きな本屋の看板が描かれている。四角な看板の右側には「本屋」とあり、左側には「書林」とある。

「本」の文字は七と九、「屋」は四・二・五とから成っていて、下の白丸内には「小」が朱書きされている。したがって、この年の小の月は「二・四・五・七・九月」となる。

「書林」の「書」の字は十一・十二・正、「林」は六・三・十・八とから成っている。したがって、大の月は、「正・三・六・八・十・十一・十二月」ということになる。

この大小の配列は、寛保二年壬戌(一七四二)と享和四年甲子(文化元年、一八〇四)と二年あるが、左に次の歌があるから、後者ということになる。

「先《(まず)》笑ふ本屋と書申し大小を
　そへて御慶に甲子のとし」

この大小の作者は本屋の主人なのであろうか。

26 煙管屋《きせるや》

江戸では煙管屋のことを「地張煙管《じばりきせる》」といって、大きな煙管を象《かたど》った看板を出した。この大小暦には、煙管の羅宇《らお》の部分に「地張」と書いてある。

そして、その地張の文字をよく見ると、「地」は偏《へん》が十一、旁《つくり》が四、「張」は偏が九で、旁が正、七、十二から成っている。「地」の字の右肩に丸に小とあるから、この年の小の月が「正・四・七・九・十一・十二月」ということになる。

この配列は元禄十六年癸未(一七〇三)と、明和二年乙酉(一七六五)の年に当たっているが、摺り色といい、趣向といい、後者に間違いない。

24

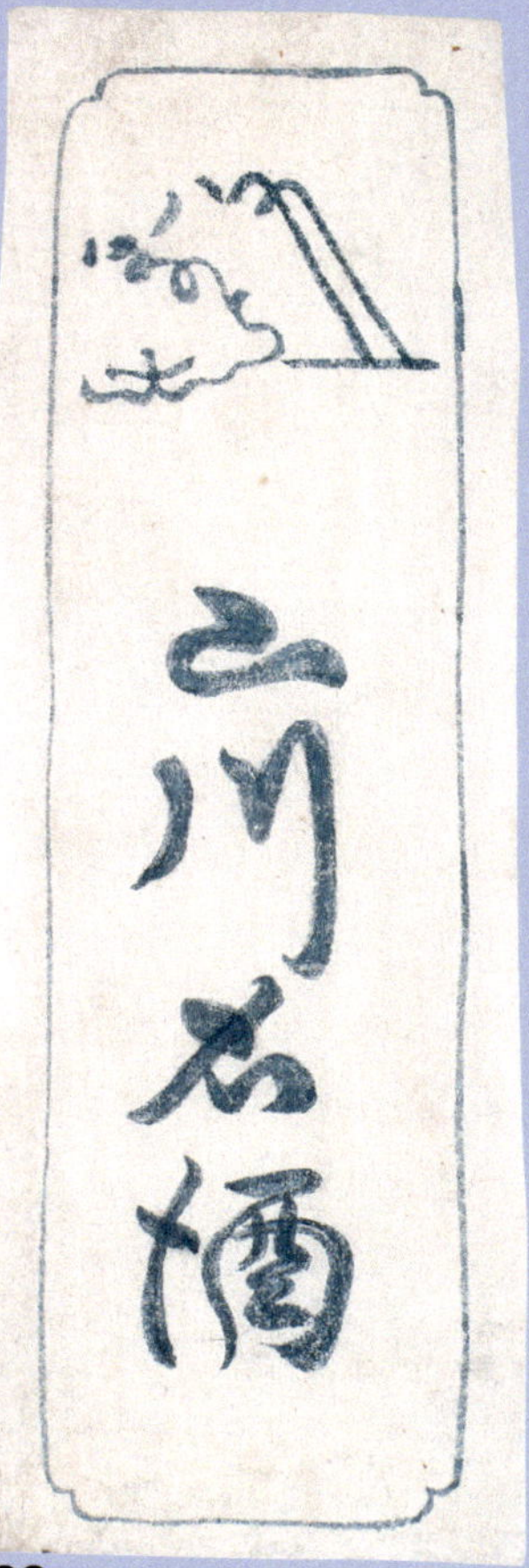

23

22

26

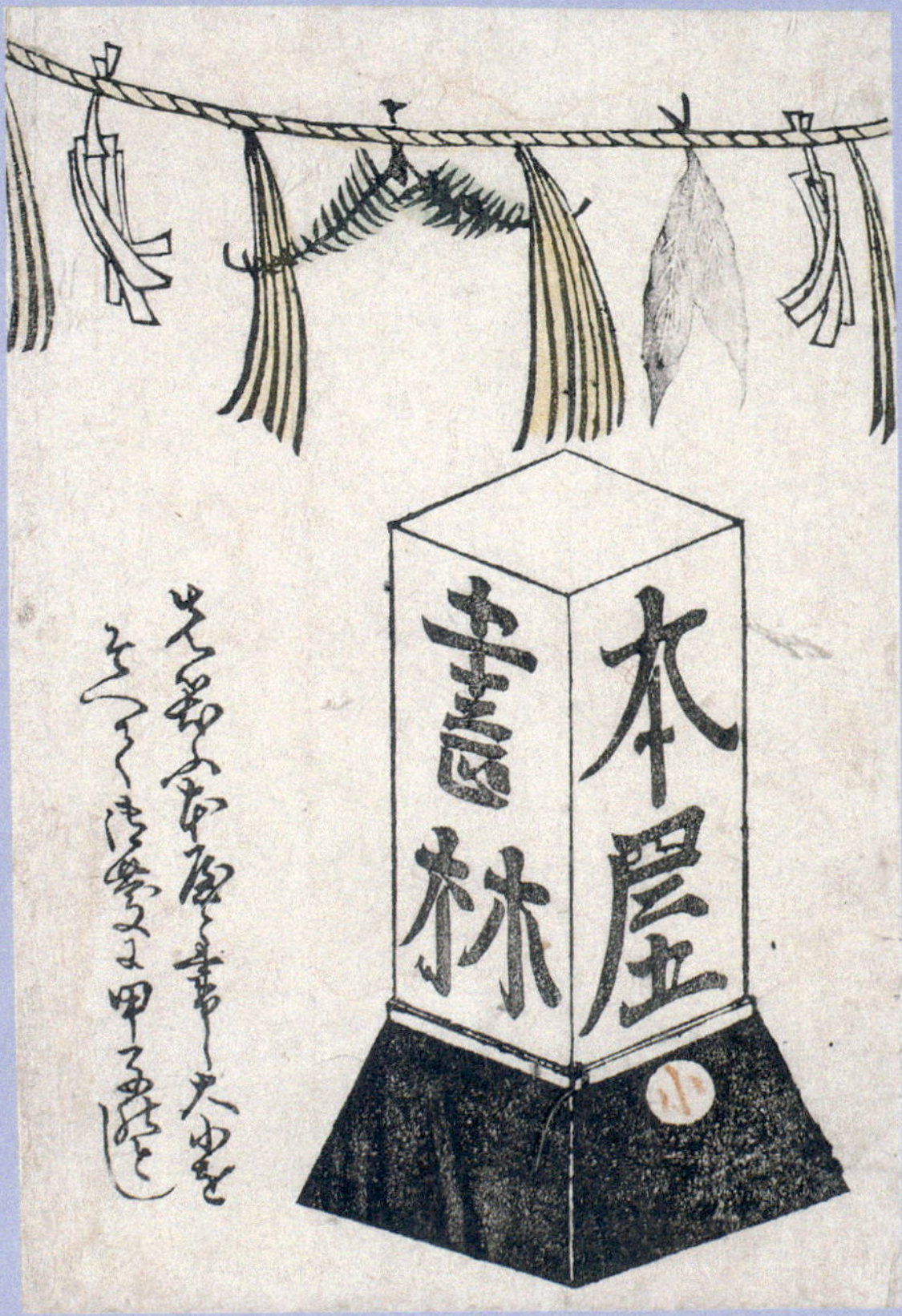

25

【コラム】

習いごと

1 三味のお稽古

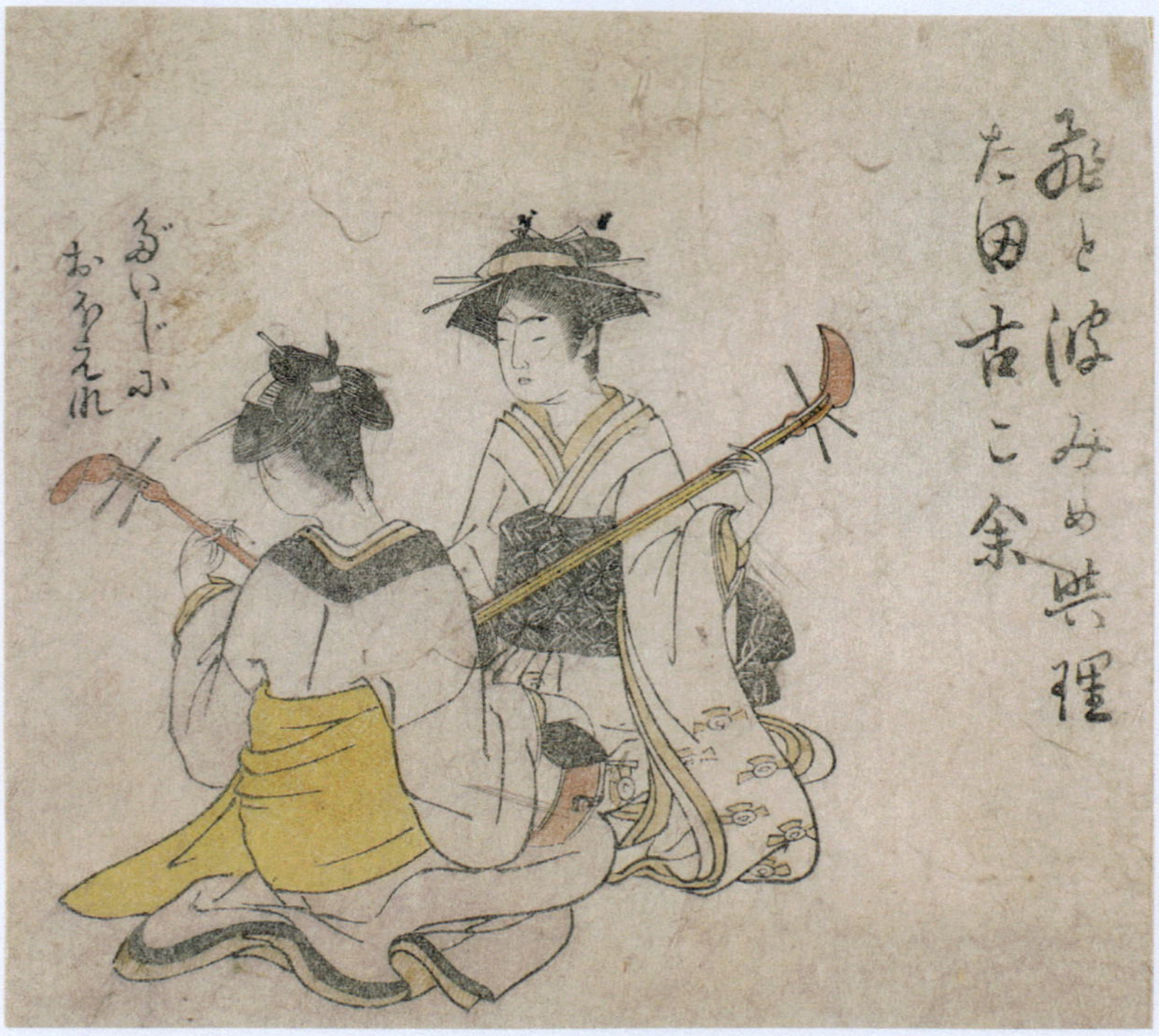

1

美女が向き合って三味線のお稽古。

「飛と波みめ與理た田古こ余」

漢字の部分が、実際には大きめな字で書いてある。左の方に「だいじにおほえれ」とある。手前が先輩でお師匠さん役。こちらを向いているのがお稽古を受けている芸子で、「人は見目(器量)より、まずは三味線の腕を上げることよ」と言われている。「大字で書いてあるのが大の月だから覚えろ」というわけである。したがって、この年の大の月は「正・三・六・七・九・十・十二月」となる。

このような年は、享保八年癸卯(一七二三)、寛延四年辛未(宝暦元年、一七五一)、天明五年乙巳(一七八五)、弘化四年丁未(一八四七)と、数が多い。絵柄や刷色から推定すると、天明五年が適当と思われる。

2 お内儀の生け花

2

竹筒の花立に生けた紅梅の一枝を眺めるお内儀。絞りの美しい着物と大きな帯が目を引く。着物の右肩から裾にかけて「己」と「巳」の文字が大きく記され、花立の脇の文箱に付けられた小片に「小 三 六 八 十 十二」と書いてある。己巳の年は元禄二年(一六八九)、寛延二年(一七四九)、文化六年(一八〇九)、明治二年(一八六九)と四回あるが、小の月がこの組合せになるのは文化六年だけである。ちなみに、この年の大小の配列は次の通りである。

正	二	三	四	五	六	七	八	九	十	十一	十二
大	大	小	大	大	小	大	小	大	小	大	小

北牛の落款がある。北牛は葛飾北斎の弟子で、後に戴賀と改名している。

V 歌舞伎と相撲

Kabuki to Sumou

け根が三　首が四　向かって右目の下が七　口の周囲から小鼻にかけて十二というように、大、二、三、四、七、十二となっている。しかし、この組合せではあと九が加わらないと、どの年の組合せであっても大小が成立しない。どうもはっきりと読み取れないが、口が九としておくと、苦しいが寛政十

一年己未（一七九九）の大小暦ということになる。

この顔は四代目のように見えるが、四代目は二十一年前の安永七年（一七七八）に死んでいる。あるいは五代目かもしれない。五代目は三年前に引退しているが、後に再勤《さいぎん》したように、人気は

今日と違って、見世物とかスポーツの種類の少なかった江戸時代には、芝居見物と相撲見物は人々の娯楽の最大のものであった。浮世絵師にとって、歌舞伎の役者絵と相撲絵は得意の分野であったから、大小暦にも日頃の技を活かした力作が多い。

団十郎①

1　四代目団十郎の横顔

無駄のない線描で、四代目団十郎の横顔を大小暦にまとめている。十二で眉と目、正で鷲鼻、七で口元から顎にかけて心憎いほど巧みに表現している。その他には頭から耳にかけてが九、首の後ろが十一、やや不鮮明だが鬢《びん》のあたりが四となっていて、これで明和二年乙酉（一七六五）の小の月（正・四・七・九・十一・十二）が揃うことになる。

頭に手拭いを巻いて、これから化粧をする役者の楽屋での様子を寸時にスケッチしたのであろうか。明和二年ならではの大小暦である。

2　四代目の「景清」

「景清」の浮世絵としては、明和四年（一七六七）の鳥居清満筆「牢破りの景清」が有名だが、この大小暦はそれに負けない力作といえよう。

悪七兵衛景清の「悪」の紋が酉と小とからなっていて、正（右の襟）、九（左の襟）、十一（右の肩）、四（紋の上）、七と十二（右腕の袖口）といった具合に上手く書き込んでいる。

酉年で、小の月が正・四・七・九・十一・十二となるのは明和二年乙酉（一七六五）である。

3　五代目団十郎の「暫《しばらく》」

明和七年（一七七〇）に団十郎を襲名し、寛政三年（一七九一）に市川蝦蔵《えびぞう》と改名した五代目は、江戸歌舞伎全盛時代の役者を代表する名優で、その上文人としても評判が高かった。

これは享和二年壬戌（一八〇二）の大小暦で、「暫」を演じる五代目を描く。

図の右の標題には、「三国第市川のまれ者御目にかけ升〔三升の紋〕」、中段に「みずのへ戌の歳」、その下に勘亭流風で、大、二、五、七、八、九、十一とこの年の大の月を書き、右側にはルビ風に朱で小、正、三、四、六、十、十二と小の月を書く。

図の上部には、

「於もふこと叶ふ　かのとの　顔見世に
第三立目は　江戸の花咲翁　徳若や笑顔
三ツ升美の春　鼻の鏡の天下　市川　」

と、団十郎ベタ褒めの言葉がある。

4　同じく「暫」

同じく「暫」を大小暦に取り上げているが、こちらはいかにも素人っぽい作品である。

大きく「市川」と書いて、下に「暫」のいでたち、横に「しはらく〜〜〜〜」とせりふを重ねる。墨一色のためか衣裳は「暫」だが、顔に化粧をしていない。やはり隈取《くまどり》をしていないと「暫」らしくない。

左上には「知らさらん　もの、あるへきや　花の春」の句がある。

さて絵解きだが、「市」は六と十、「川」は三、絵柄の烏帽子《えぼし》が大、髪が二、鬢《びん》が五、襟が八と、かなり苦しい。肝心要の顔の方があまり上出来でないのは残念というよりほかはない。

大が二、三、五、六、八、十月というのは元禄十六年癸未（一七〇三）と明和二年乙酉（一七六五）の大小の組合せだが、これはもちろん後者で、四代目の団十郎を描いたものである。

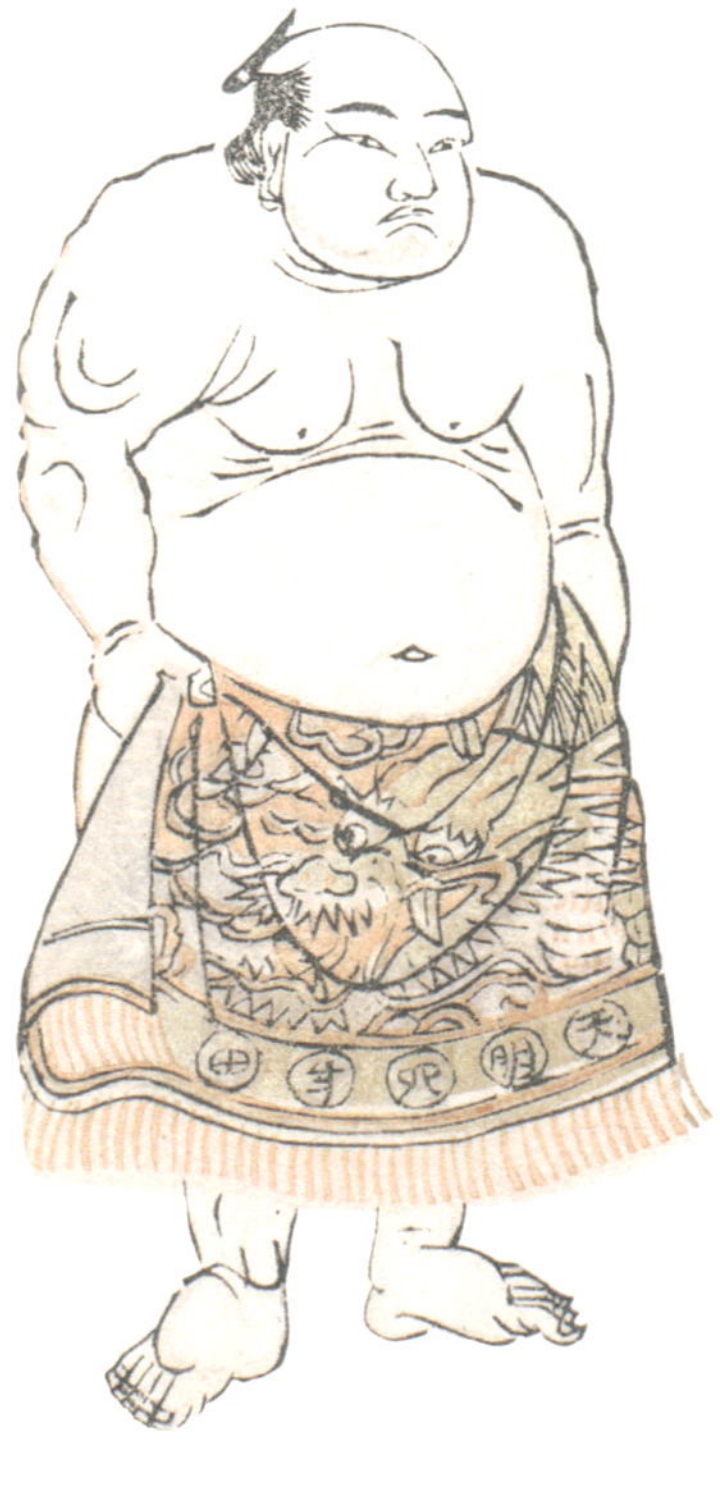

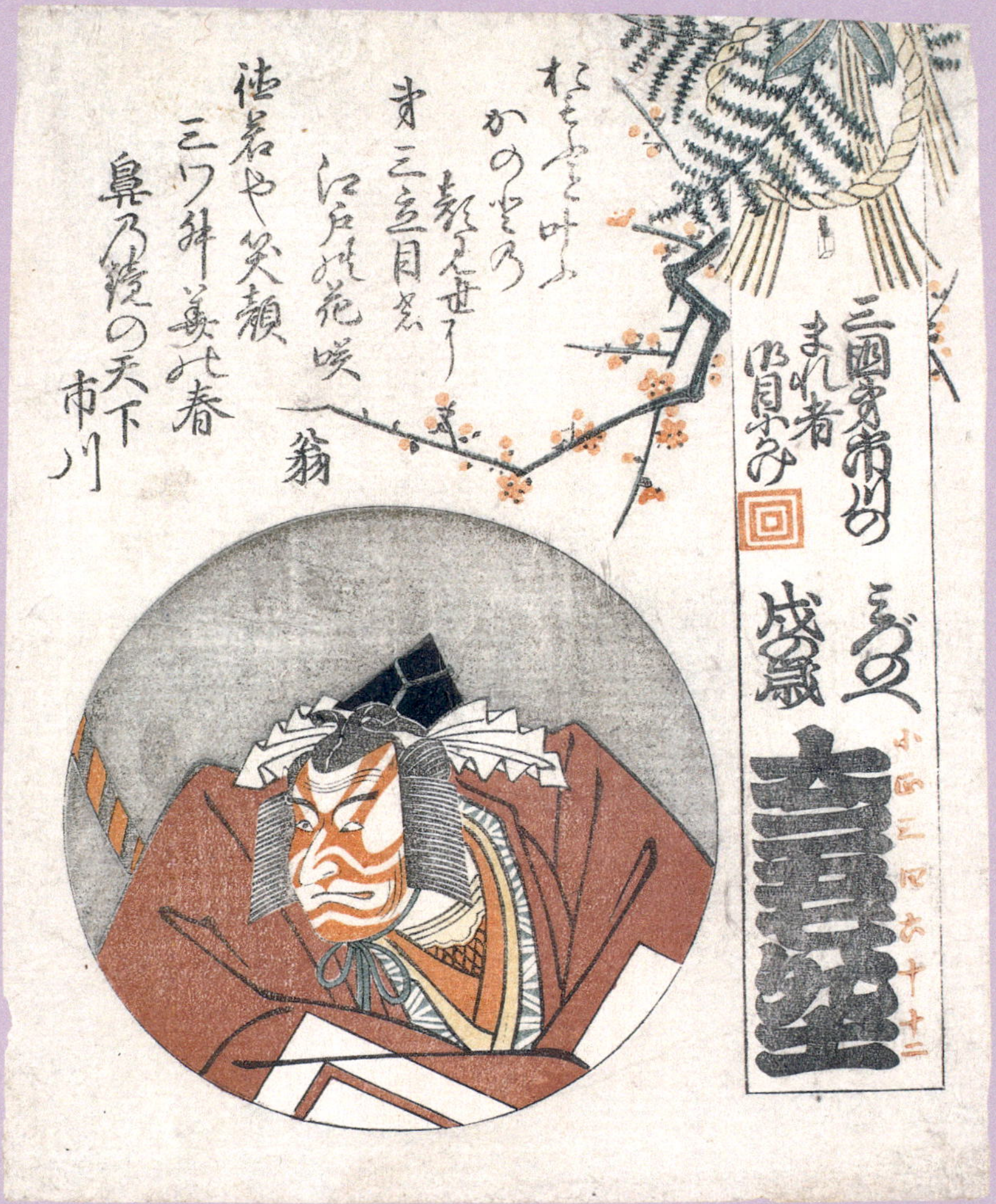

3

1

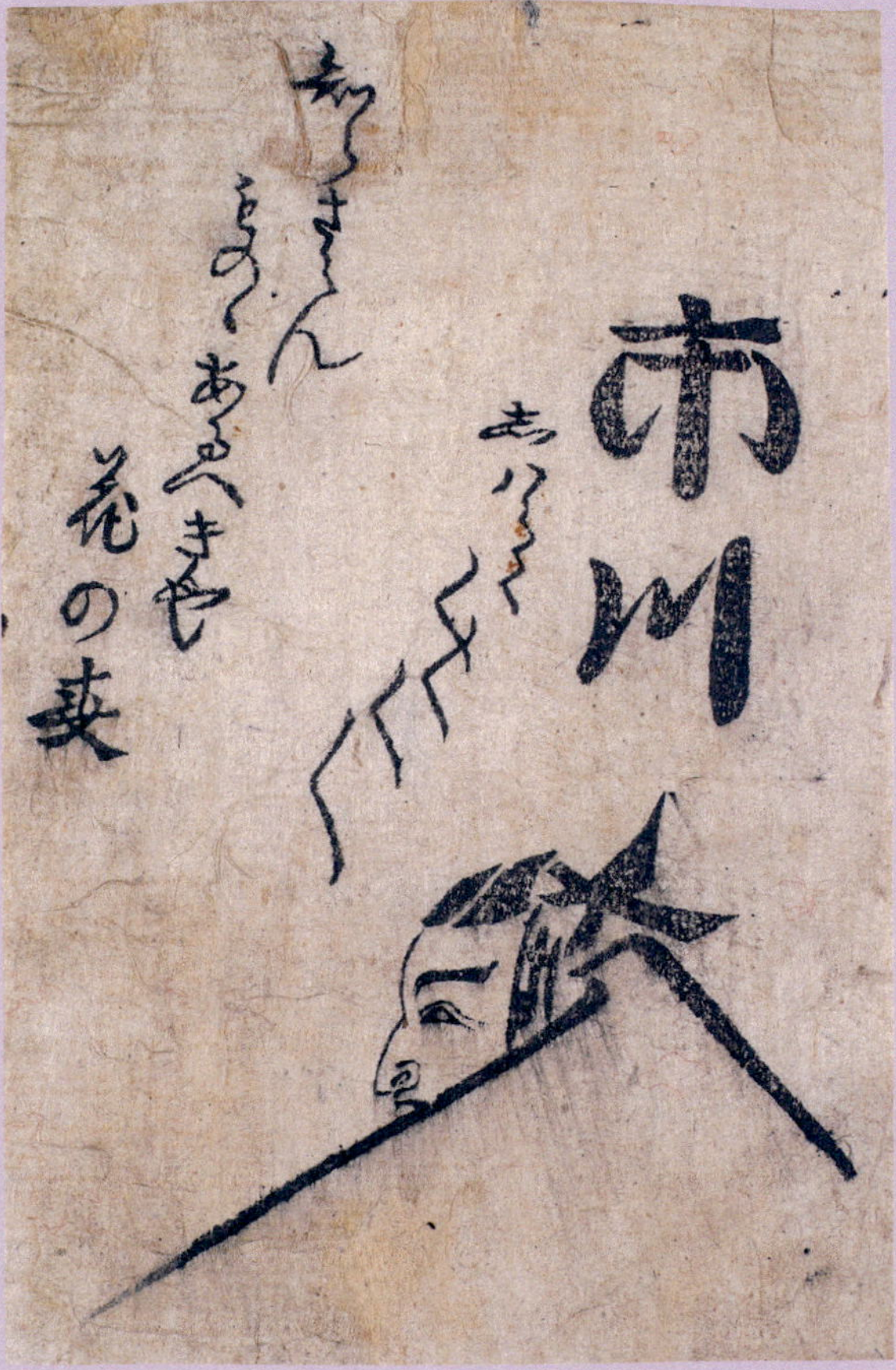

4

2

団十郎②

5 五代目の口上

名優として知られた五代目団十郎は、寛政八年(一七九六)十一月に、成田屋七左衛門と改名して本所・牛島の隠居所反故庵《ほごあん》に移り住んだ。

寛政十年の顔見世興業に、中村座の座主勘三郎のたっての懇望と養子である六代目団十郎の贔屓《ひいき》御願いのため、一か月間だけ毎日、口上のみの出演をして大評判となった。加えて毎回、自作の狂歌を披露したことも人気を呼んだ。そして、口上の姿もすぐに摺り物となった。

また、その口上は立川焉馬《たてかわえんば》の『歌舞伎年代記』に載っている。その中で、今回口上に出たのはどこまでも役者への復帰を意味するものではないと強調しているところがおもしろい。

「……一旦仕舞升《しまいます》ルと申上た詞《ことば》に偽《いつわり》ならぬ證拠は役者には成ませぬ。今日出ましても役者でムら《ござ》む證拠は。白粉を附ませず鬘《かつら》を懸《かけ》ず衣裳を着ませず。只兀天窓《はげあたま》に上《か》ミ下《し》モを引懸升《まし》て。成田屋七左衛門と申す親仁《おやじ》が、お開帳の取持に出ましたと思し召て下されませう。……」

この大小暦は『歌舞伎年代記』掲載の画とそっくりで、また口上にあるとおり、禿頭《はげあたま》に鬘も付けず、ただ裃《かみしも》を着けただけの姿である。

この暦の大小は、歌に詠み込まれている。

「口上《二》に《三》見る　久《四》しふり　しち《七》左衛門　をよそやく《九》しやの　極《十二》のおやたま」と、狂歌好きの五代目、そして口上で毎日自作の狂歌を詠み上げたことにもかこ付けている。これは役者の素顔を描いた珍しい大小暦である。

狂歌に詠み込まれた「二・三・四・七・九・十二」は、寛政十一年己未(一七九九)の大の月である。(右端に「午霜月出板　駒形永らく屋」とあり、前年の寛政十年戊午十一月に作られたことがわかる。)

6 白猿の再勤《さいぎん》

廻国巡礼の六部《ろくぶ》姿の団十郎、背中の笈《おい》に「寛政十三酉年大正三五七八十十二　凡三百五十五日」と答えが書いてあって、寛政十三年辛酉(享和元年、一八〇一)の大小暦としてこれといった仕掛けもない平凡な作品。

「北斎画」とあるが、「ああ、そうか」と合点するだけで終わりそうである。だが、観客が揃って三升《みます》の紋を染めた手拭いを被って目を伏せているのはどうしたわけであろうか。

五代目団十郎は、寛政三年(一七九一)に市川蝦蔵《えびぞう》と改名し、上記のように寛政八年には舞台を去って、成田屋七左衛門として向島に引退し、白猿の俳名で風雅を友としていた。六代目は五代目の養子で、寛政三年に十四歳で団十郎を継いだが、寛政十一年五月十三日に二十二歳の若さで他界した。

そこで、翌寛政十二年に五代目の孫が僅か十歳で七代目を襲名することになり、五月には中村座で六代目の一周忌追善狂言として、ういろう売りのせりふを演じて大評判であった。

七代目の襲名披露にあたっては、白猿こと五代目が孫のために、廻国の修行者覚善《かくぜん》、実は大友の山主として出演している。この再勤《さいぎん》顔見世は三十日間で、たいへんな評判であった。

寛政十年の顔見世には、あれほど役者としての再勤をしないことにこだわった五代目であったが、六代目の早世はよほど応えたのであろう。そして、団十郎の名跡を守るために七代目を継がせた孫への愛情が、再勤を実現させたものと思われる。時に白猿六十歳であった。

この大小暦に何か悲愴なものを感じるのは、このような事情があるからであろうか。

7 七代目のういろう売

ういろう売の姿での七代目団十郎。「國貞」の署名がある。「大中通宝」の銭型に、文化九年壬申(一八一二)大の月「二・五・七・九・十・十一」と小の月「正・三・四・六・八・十二」の文字が入っている。

ういろう売のせりふ「拙者親方と申すは、お江戸を立て二十里上方《かみがた》。相州小田原。一《いっ》しき町をおすぎなされて。……」を真似た文句で当年の略暦が述べられている。作者は当時、落語界の名人と謳われた朝寝房夢《あさねぼうむ》羅久《らく》(一七七七―一八三三)で、三升連《みますれん》にも名を連ねたほど熱心な団十郎ファンであった。

「　　　嘶そめ

扨われらおやかたと申は本所立川談洲楼私宅は両国柳橋御通りならば左りかはまづ文化九年壬申いねの間は万よし初午は二の三日にてひがんは二の六日と八の十五日入梅は五の朔日半夏は五の廿四日二百十日は七の廿七日土用は六の十一日寒の入は極の四日庚申は二の十七日甲子は二の廿日己巳は二の廿六日にて其後は一月おきの一日おくれくはしき事は暦を御覧あそばせと等うやまつて申

聞人　これでもおとし嘶しか　○イ、ヱ　おとし玉

相かはらす　あさね房　夢　羅　久

ひろはじめどてらて　年を鳥が啼

あづまおとこの　むねのひろ袖　」

8 芝居小屋のちょうちん

軒に下がったちょうちんに大小暦が仕組んである。

右端のちょうちんの「五良」は市川染五郎の五、左から二番目の「川八百蔵」は上部に「市」が隠れているだけで、「川」が三、「八百蔵」はいうまでもなく八。またこのちょうちんには「明和二年」の文字の左半分が見えている。左端のくつわ紋は大谷友右衛門の家紋だが、ここは単純に十。右から二つ目のちょうちんの紋は二、その次は鬘《かつら》のようだが、六と読める。

「大入」とあるから、「二・三・五・六・八・十」は大の月で、暦は明和二年乙酉(一七六五)のものである。

6

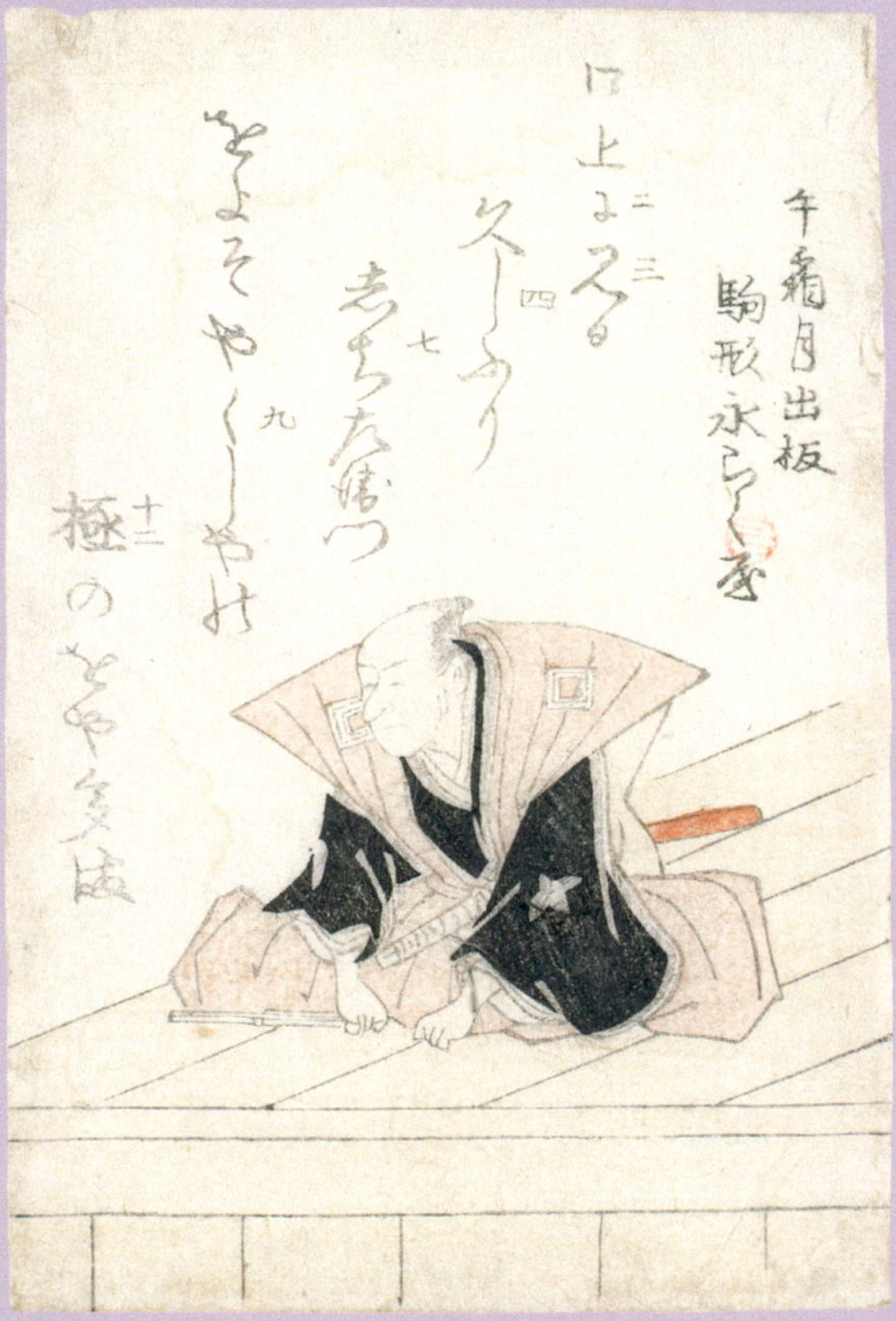

5

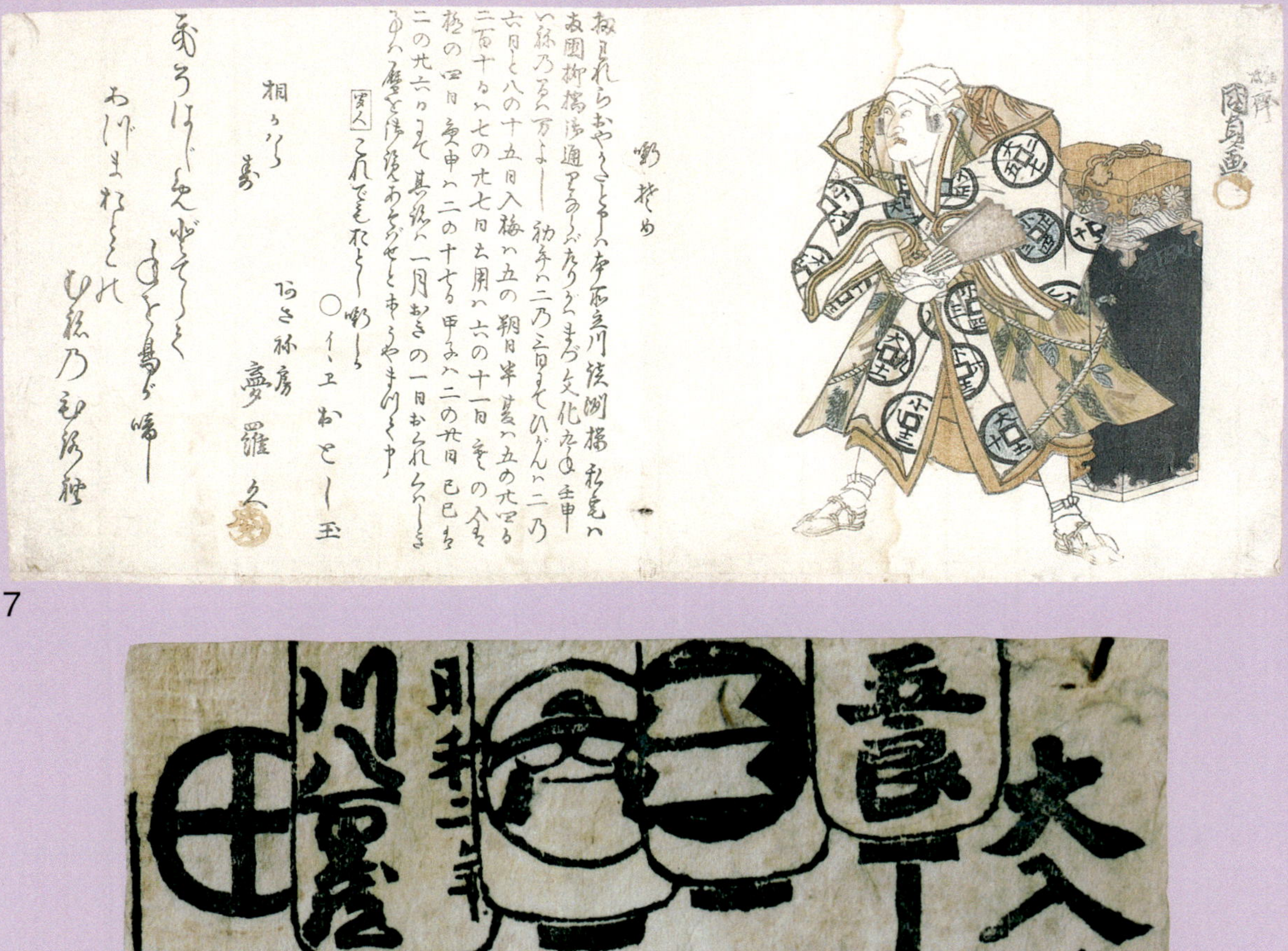

7

8

芝居の口上

9　壬曽我

あまり聞かない外題だと思ったが、これはどうやらこの年の十干の壬《みずのえ》に懸けたものらしい。「四時庵戯作」とある。四時庵《しいじあん》といえば『武玉川《むたまがわ》』の編者として有名な紀逸《きいつ》、椎名《しいな》土佐の別号だが、紀逸は宝暦十二年(一七六二)に六十八歳で没しているから、この大小暦の作者とは別人である。

「五つや三つの頃　霜より　コレ七九どう　いふまい　工藤いふ　まい寅さんや　此小〳〵が」という芝居の台詞《せりふ》もどきの中に小の月が入っている。

つまり、この年(壬)の小は三、五、七、九、霜(十一)月なので、大は正、二、四、六、八、十二月となり、これは天明二年壬寅(一七八二)の年となる。

天明元年には四月から市村座に「戯場花萬代曽我《かぶきのはなばんだいそが》」が上演されたが、翌年正月の配り物にするにはだいぶ時間が経過しすぎている。翌二年の春興業に中村座で「七種《ななくさ》粧《よそおい》曽我《そが》」が掛かって、中村仲蔵が工藤祐經《くどうすけつね》と満江《まんこう》夫人の二役を勤め、曽我十郎には沢村宗十郎、曽我五郎には市川門之助、大磯の虎に里好という顔ぶれであった。

この大小暦はたぶん、これを採ったものであろう。

10　口上

「大入」と染め上げた幕の前で、何やら書付を読み上げている図。

白抜きの「大」はもちろん大の月、「入」と読めそうな八、右側に墨文字で二と十と六、左側に五と三とあって、明和二年乙酉(一七六五)の大の月「二・三・五・六・八・十」が揃う。

紋に「小」の字が入っている人物は、小の月で構成されている。すなわち裃《かみしも》が十二、頭が四、袖が正、膝が九と七、一寸わかりにくいが右袖の下が十一で、整理すると「正・四・七・九・十一・十二」となる。

11　「仮名手本忠臣蔵」の口上

長々と「仮名手本忠臣蔵」上演の口上を述べ、その中に「二段目」「三段目」というように、七つの月の数字を入れている。二、三、五、六、八、十、十二月という組合せは小の月にはなく、大の月のみで、寛政四年壬子(一七九二)と天保六年乙未(一八三五)に同じ組合せがある。両年とも閏年であり、前者は閏二月が小、後者は閏七月が小となっているので、小の月が書いてあればどちらだかはっきりわかるのだが、大の月だけでは判断が難しい。ただ、幕の左の方に「乙」と読める部分があるので、一応、後者と考えられる。

ところで、「仮名手本忠臣蔵」は十一段構成であるから、見物人(客)から「とんだことをいうやつだ」と文句が出るわけである。口上の内容は次の通り。

「とうざい〳〵高ふハござり
ますれど是より申上ます
かな手ほん忠臣蔵二段め
三だんめ五だんめ六段め
八段目十段め十二だんめ
まて相つとめまする
ねんのため申上さやうに
かち〳〵
かち〳〵〳〵
けんぶつ
なに十二だんめだとんだ
事をいふやつたしかし
此くらいのこしづけは
ふしやうしてやろふ」

口上の中の「こしづけ」は「こじつけ」、「ふしやう」は不承不承《ふしょうぶしょう》の「不承」のことだろう。

12・13　歌川豊廣の「和藤内」二種

「国姓爺合戦《こくせんやかっせん》」の和藤内《わとうない》は大神宮のお祓《はら》い(お札)を捧持して虎を退治する。文化三年丙寅(一八〇六)は、当時当たり狂言であったところから、これを題材にした大小暦が作られた。

その一つ(12)は墨一色摺りのもので、大神宮のお祓いを頭上に戴いて猛虎と対峙する和藤内の雄姿を描く。上部に書かれた和歌は、「輪飾ににる　はち巻のしめかさり　今朝しも虎に　むかふ初春　寅孟陽下手工匠」とある。

和藤内の捧げた「大神宮」のお札の中に、この年の大の月が入っているのだが、「神」は偏が二と十一、旁が正と十、「宮」は四と八のはずなのだが、どうもはっきり読み取れない。

絵は「豊廣画」と署名があるから、歌川廣重の師である歌川豊廣の作ということになる。もう一枚(13)の署名の字体も似ているが、あまり出来が良いともいえない絵だ。もっとも一色摺りで摺りも良くないから、原画のせいではないかも知れない。

さて、そのもう一枚(13)は「文化三人《さんにん》で丙寅拳《ひのえとらけん》を打圖《うつづ》」と題したもので、これも豊廣の描く見事な和藤内である。文は櫻川甚幸である。

「大神宮《だいじんぐう》のお祓《はらひ》をさゝげて
正直《じき》のかうべに
八まきを四《し》めて
ぐいと二《に》らむいきほひ
さ霜《しも》の寅にも
まけぬものハ
此わ十《とう》ないサ
櫻川甚幸戯作」

櫻川甚幸(生没年未詳)は櫻川慈悲成《じひなり》(一七六一―一八三三)の弟子で、落語家、のち幇間として活躍した人物だけあって、和藤内の文章の内に上手く文化三人(年)丙寅(一八〇六)の大の月の正・二・四・八・十・十一月を組み込んでいる。

わざわざ丙寅拳というものを題にもし、絵にも描いているのはこの年の流行を採り入れたものであろうか。

10

9
十二曽我
五つやこつのに
霜をつコレ
七九どう
いさまい
ユ藤らふ
まい寅さんや
じふく～が
四時巻戯作

11
とうざんぐさきふくごちら
ちふきんもふさん忠は参二階め
三どんーぶ五ぶん六時め
八時目十時ー十二ぶんめ
こんきろおけーちにとさき
ぼんのちるはさらけ
ちよけーニぶんめざしくぶ
るとふるっす生ぢ
此ねのちーゆげぢち
ふーヤしてや次ふ

13
文化三人で丙寅拳打圖
大神宮のお萩とさげく
正坐のかぶく
八まさぎ四かく
ぐっとニつらむとさふい
さ霜の寅ふを
此且十台ぬサ
櫻川甚幸戯作
豊廣画

12
輪飾に似れ
さち巻の
今朝しも帰り
むふるき春
寅益坊
ひろ工通
豊廣画

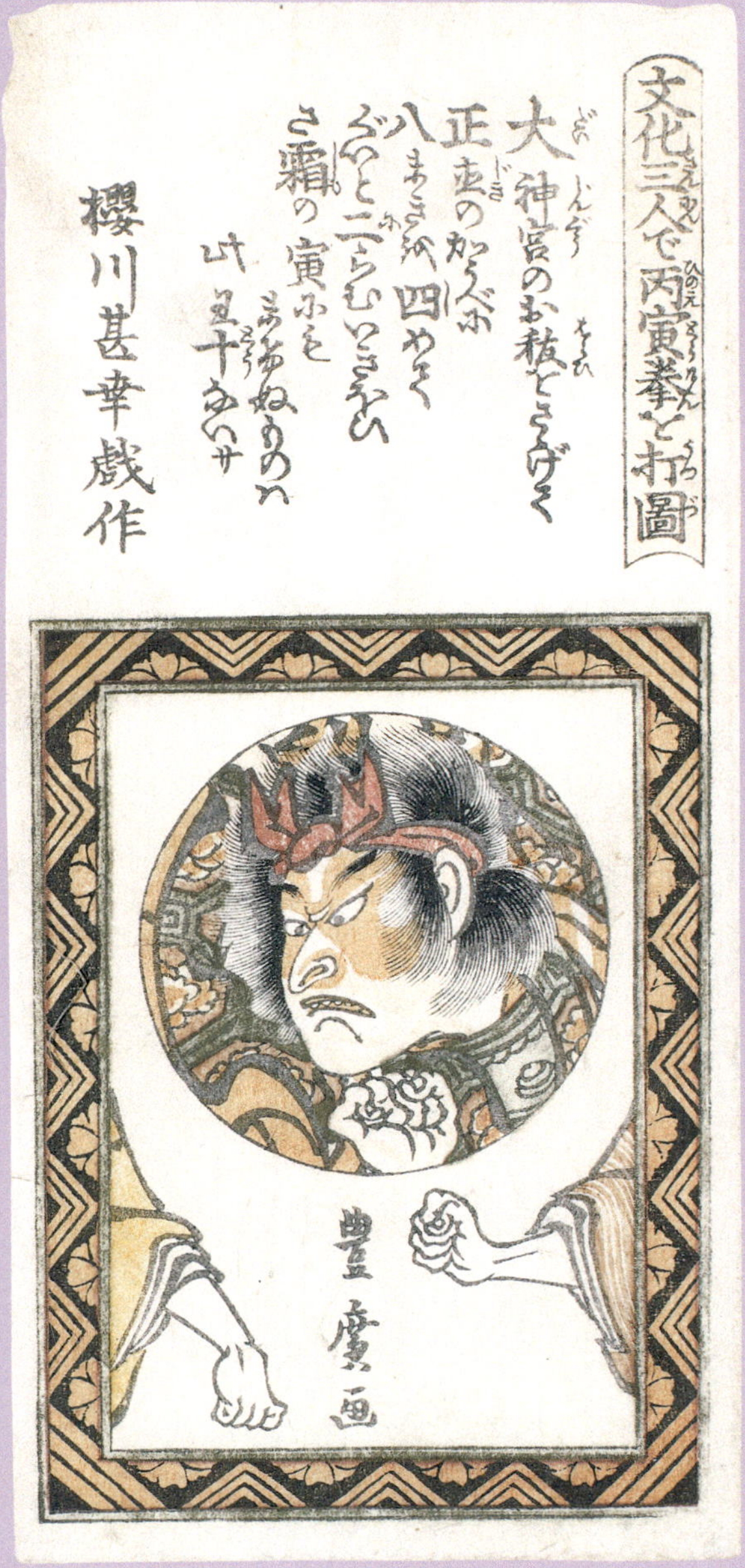

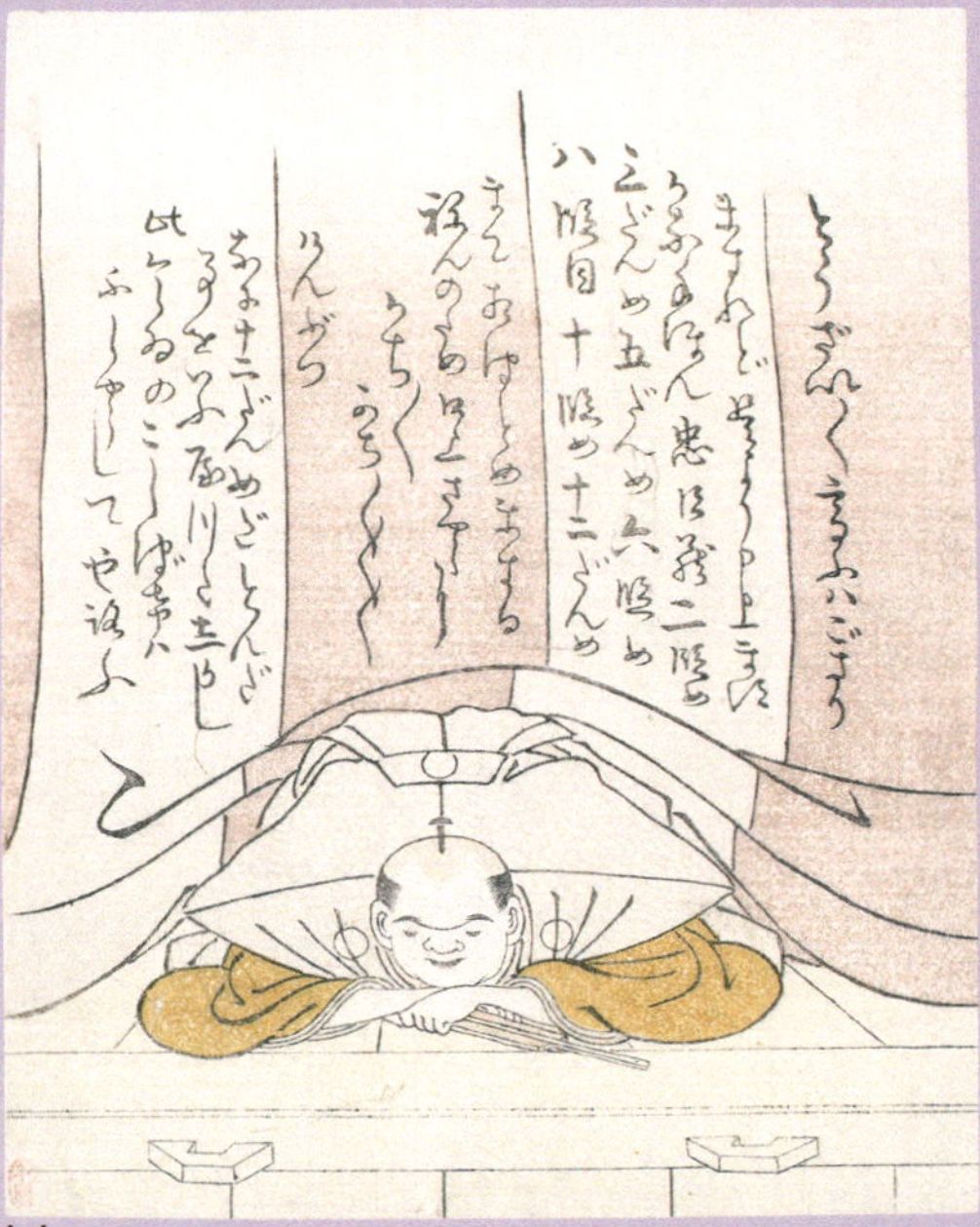

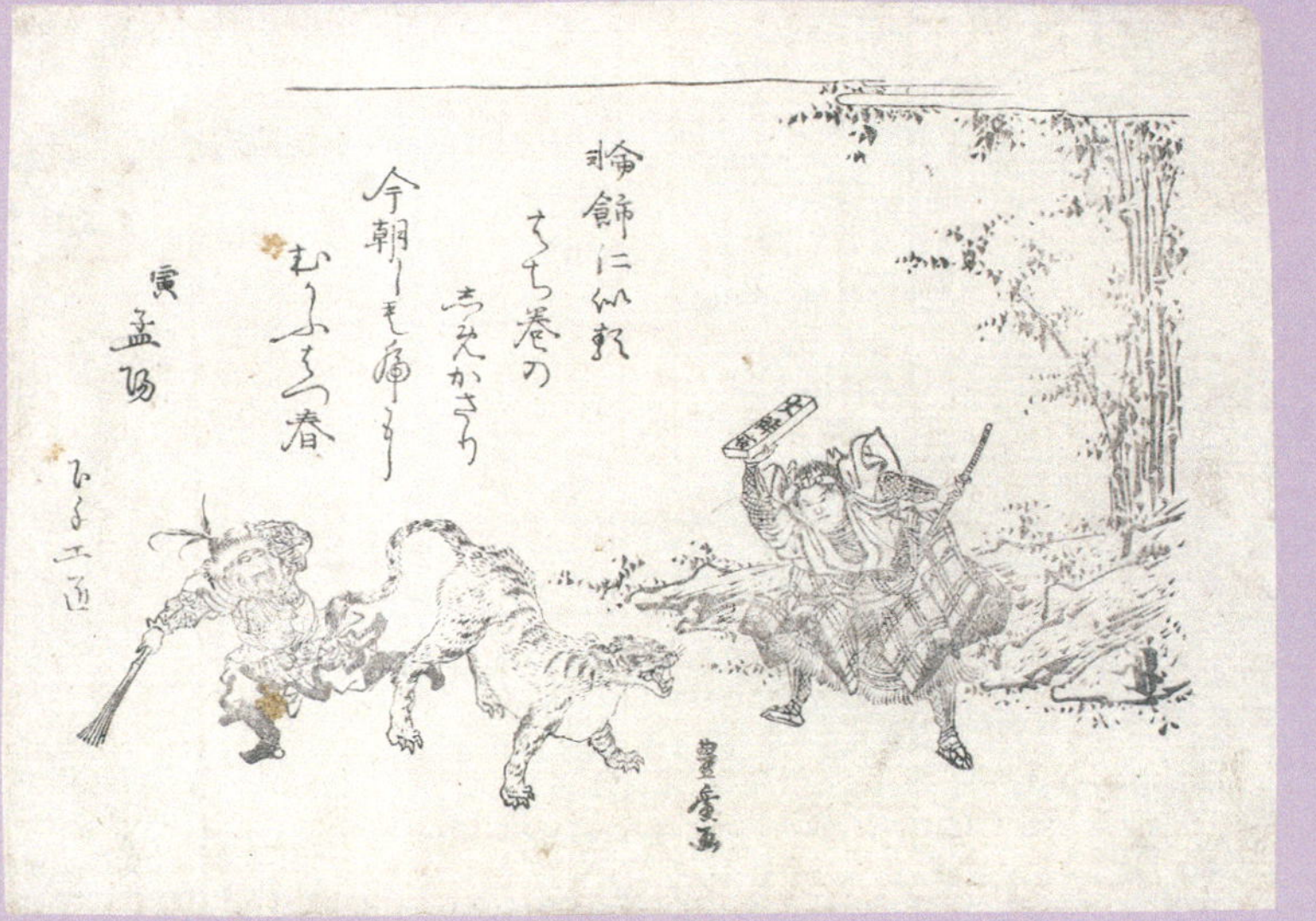

相撲①

14　鷲ヶ濱と宮城野

東大関鷲ヶ濱のまわしには、「正・二・四・六・七・九・十一」と大の月があり、西小結宮城野のまわしには、「壬正・三・五・八・十・十二」と小の月がある。この大小の組み合わせは、天明四年甲辰(一七八四)のものである。

大関と小結とで「大」と「小」としているのは、相撲ならではの好取組である。ちなみにこの年の大小の配列は次の通りである。

正　閏　二　三　四　五　六　七　八　九　十　十一　十二
大　小　大　小　大　大　小　大　大　小　大　小

なお、両者がこの番付になっているのは、次の場所である。

天明二年二月	浅草御蔵前八幡宮境内
同　十月	深川八幡宮境内
天明四年三月	本所回向院院内
同　十一月	同右
天明七年五月	浅草御蔵前八幡宮境内

天明四年の大小暦だから、前年の天明三年の三月か十一月の番付のはずだが、前者だと、宮城野は前頭筆頭だし、後者だと鷲ヶ濱が関脇になっている。どっちもぴったりと合わない。したがって、一応天明四年三月場所の番付によるとしか考えようがない。

この頃は西大関谷風の全盛時代で、天明四年三月場所では四回連続して第十六回目の優勝を果たしており、以後は小野川、雷電の台頭で連続優勝こそ見られなくなったが、優勝回数は二十一回に及んだ。

ここに描かれている鷲ヶ濱音右衛門は新潟の出身で、身長が一・九メートルもあり、当時は巨人として名を轟かした。

片方の宮城野錦之助は、立ち合いで「待った」をしなかった力士として有名であった。

15　大関谷風

大相撲を興隆させた功績の第一人者と謳われ、古今十傑にも数えられる名力士谷風梶之助の大関時代の雄姿を描くもので、相撲絵としても立派なものである。

当然、「大関谷風」の四文字がこの年の大の月によって構成されている。「大」は大、「関」は四と六、「谷」は十一・二・七、「風」は九と正である。この組合せは、上述の「14鷲ヶ濱と宮城野」と同じ天明四年甲辰(一七八四)のものである。

化粧まわしの竜は辰年を表わし、その下に「天明四年」と「田」とある。どうもこの「田」は「甲」の縦棒が短くなったのではないかと思われる。この年の干支が「甲辰」だからである。

関取の右下に「鬼頂工」と、落款風に「閏正小」が見える。この年は閏正月がある閏年なので、わざわざ閏正月の文字を入れたものであろう。

谷風はこの五年後の寛政元年(一七八九)に、好敵手小野川喜三郎とともに横綱免許を受けている。

16　小野川と谷風

相撲小屋の一部と思われる竹矢来の上に、天明・寛政期のライバル同士である小野川才助と谷風梶之助の取組を書いた紙が貼ってある。

「小野川」の三文字は、小と、「野」は閏正、「川」は三、「谷風」は「谷」が八・十・五、「風」は十二。両方でこの年、天明四年甲辰(一七八四)の小の月を表わしている。

両力士の立ち合い姿を見られないのが残念である。

17　関取の土俵入り

化粧まわしを着けて十二人の関取が土俵入りをしている。中程に裃《かみしも》を着て畏まっているのは行司である。

「角觝《すもう》する　うしのはじめの　唐錦　ならふうちにも　大小はあり」とあるから、関取の大柄小柄が大小になっていることがわかる。また、「うしのはじめ」で丑年であることもわかる。その上、「唐錦《からにしき》」と詠まれた化粧まわしには各月の朔日(一日)の十二支が入っているので、いっそうわかりやすい。

向かって右から数えるわけだが、九番目の行事の裃に「閏」の字があるから、閏八月ということになる。また、その袖に「巳」とあるから、朔日は巳の日である。これは文化二年乙丑(一八〇五)のものだが、果たして居並ぶ関取たちが当時の力士たちの顔や体格を模したものなのかどうかはわからない。

この年の大小の配列と朔日の十二《え》支《と》は、次の通りである。

正	二	三	四	五	六	七	八	閏八	九	十	十一	十二
小	大	小	大	小	小	小	大	小	大	大	大	小
戊	卯	酉	寅	申	丑	午	亥	巳	戌	辰	戌	辰

四本柱が紅白だんだらで、御幣《ごへい》や弓が結び付けられている。

18　蹲踞《そんきょ》する力士

筋肉隆々とした力士の後ろ姿。まわしに、右から小・九・二・四・七・五と見えている。赤柱の下の方に「甲子」とあるから、享和四年甲子(文化元年、一八〇四)のものである。それにしても、ずいぶん派手な色のまわしである。

この年の大小の配列は次の通りである。

大　正　三　六　八　十　十一　十二
小　二　四　五　七　九

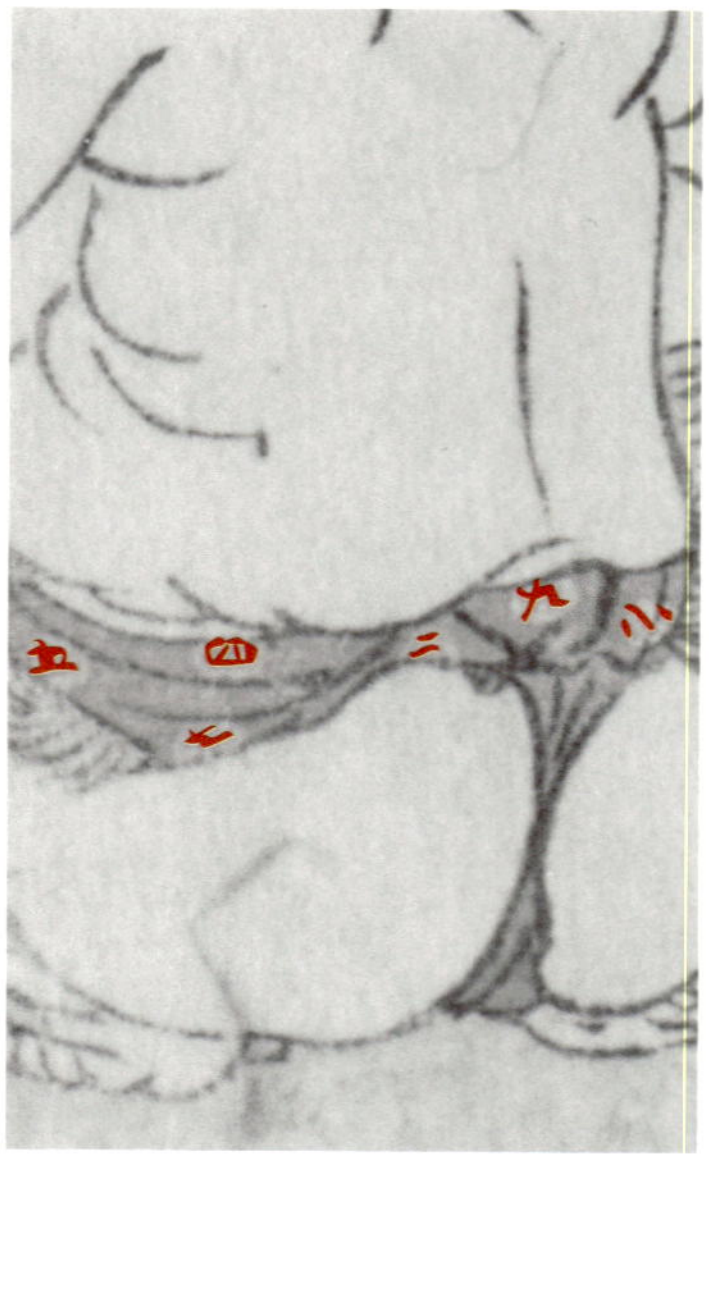

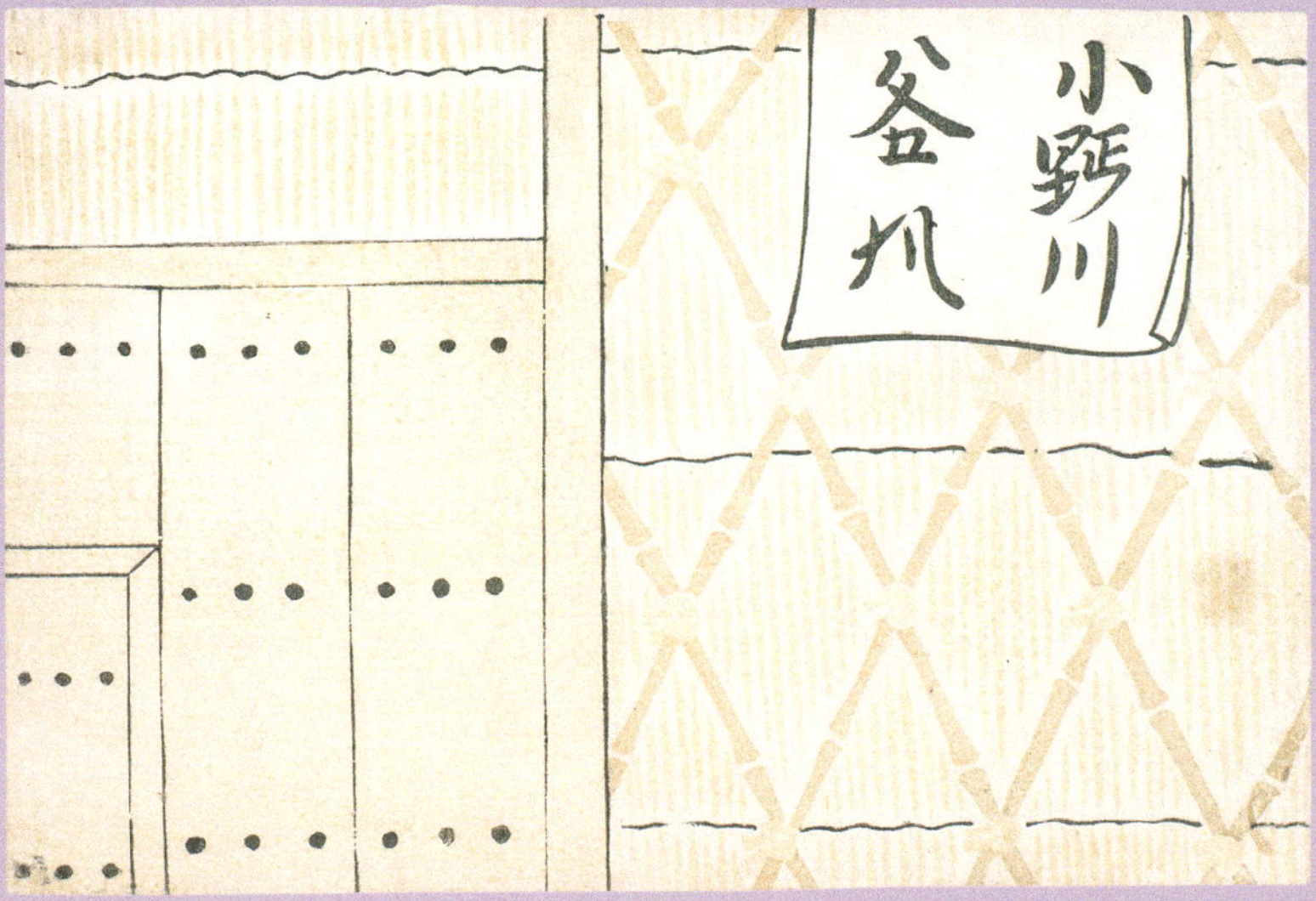

16

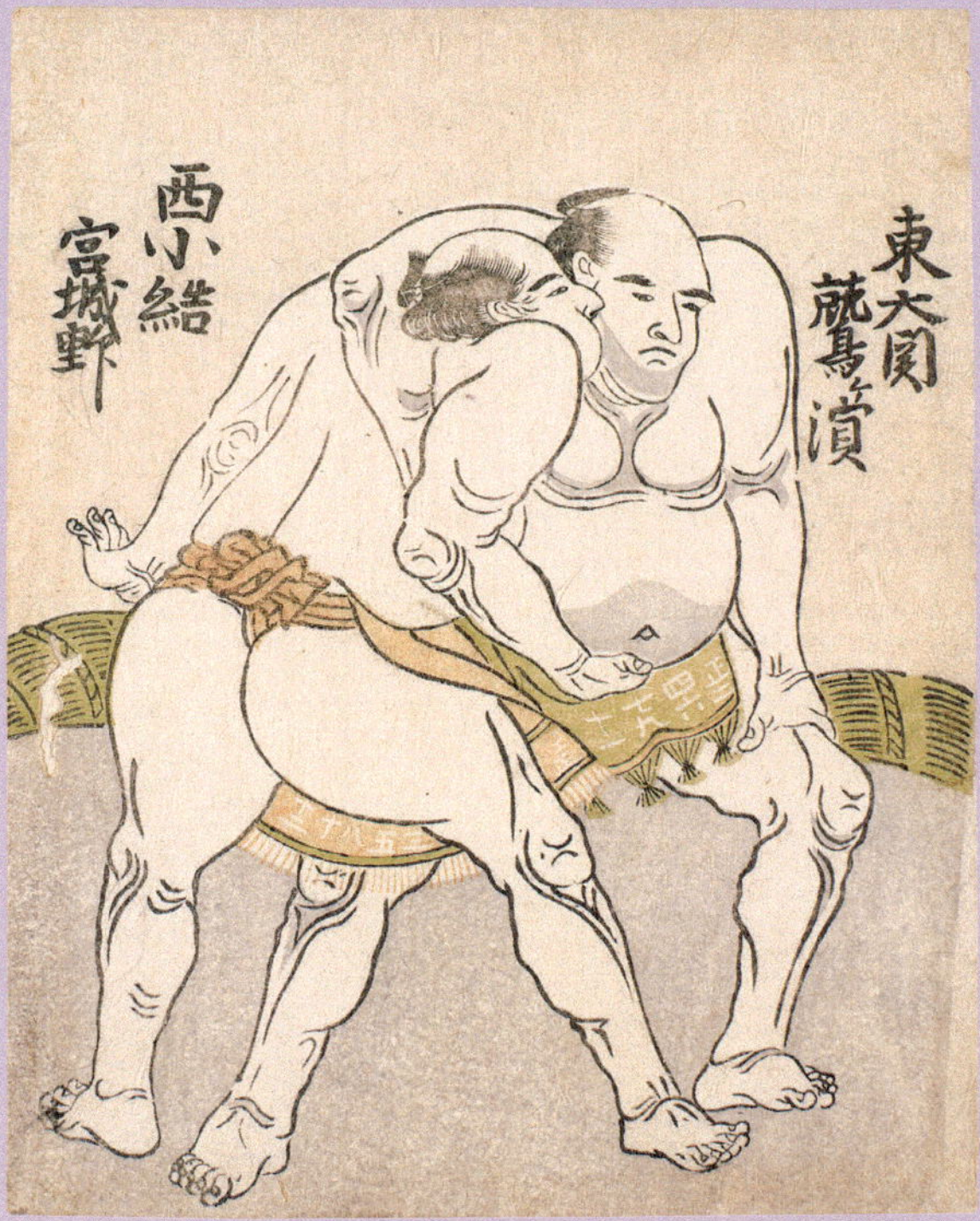

14

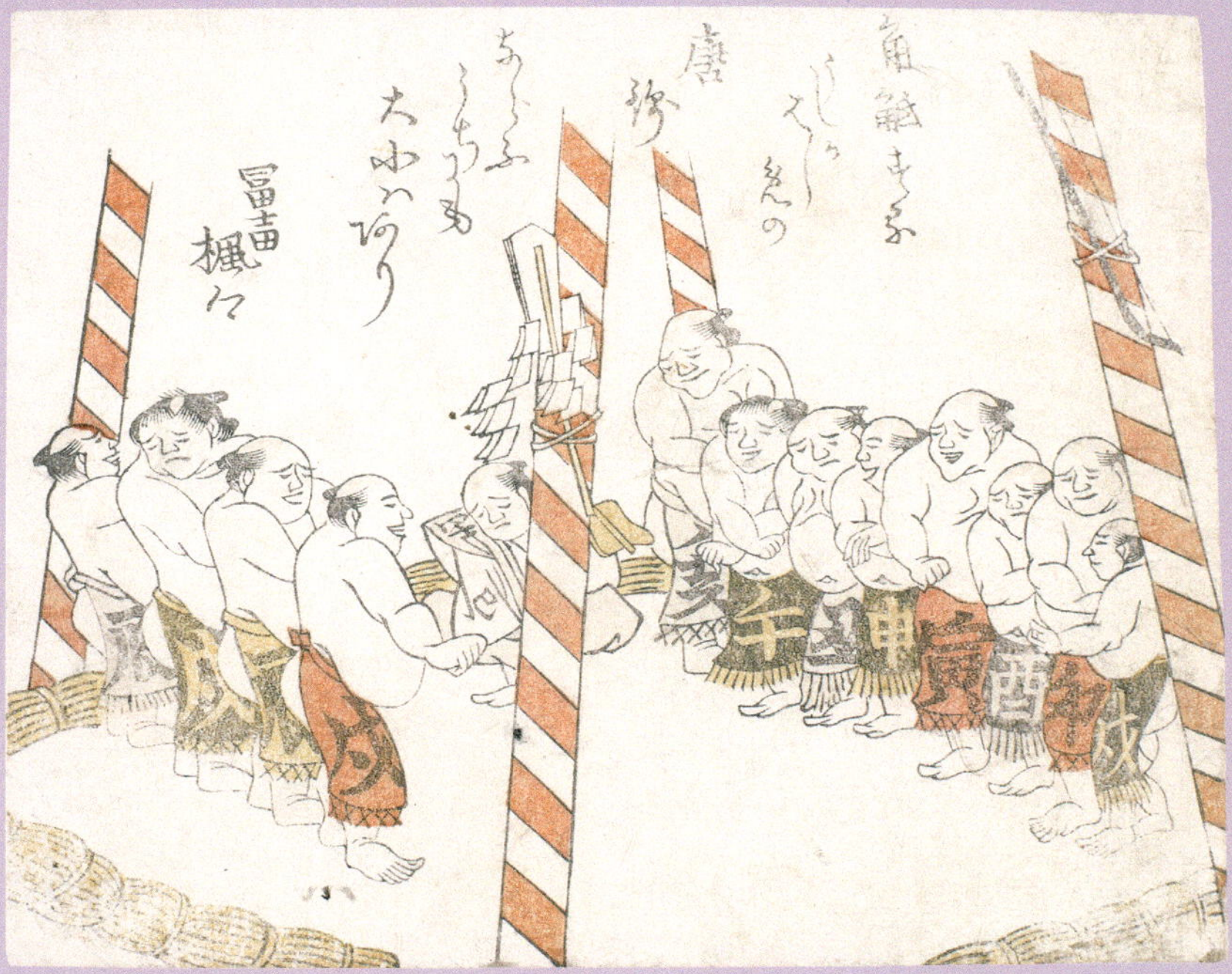

17

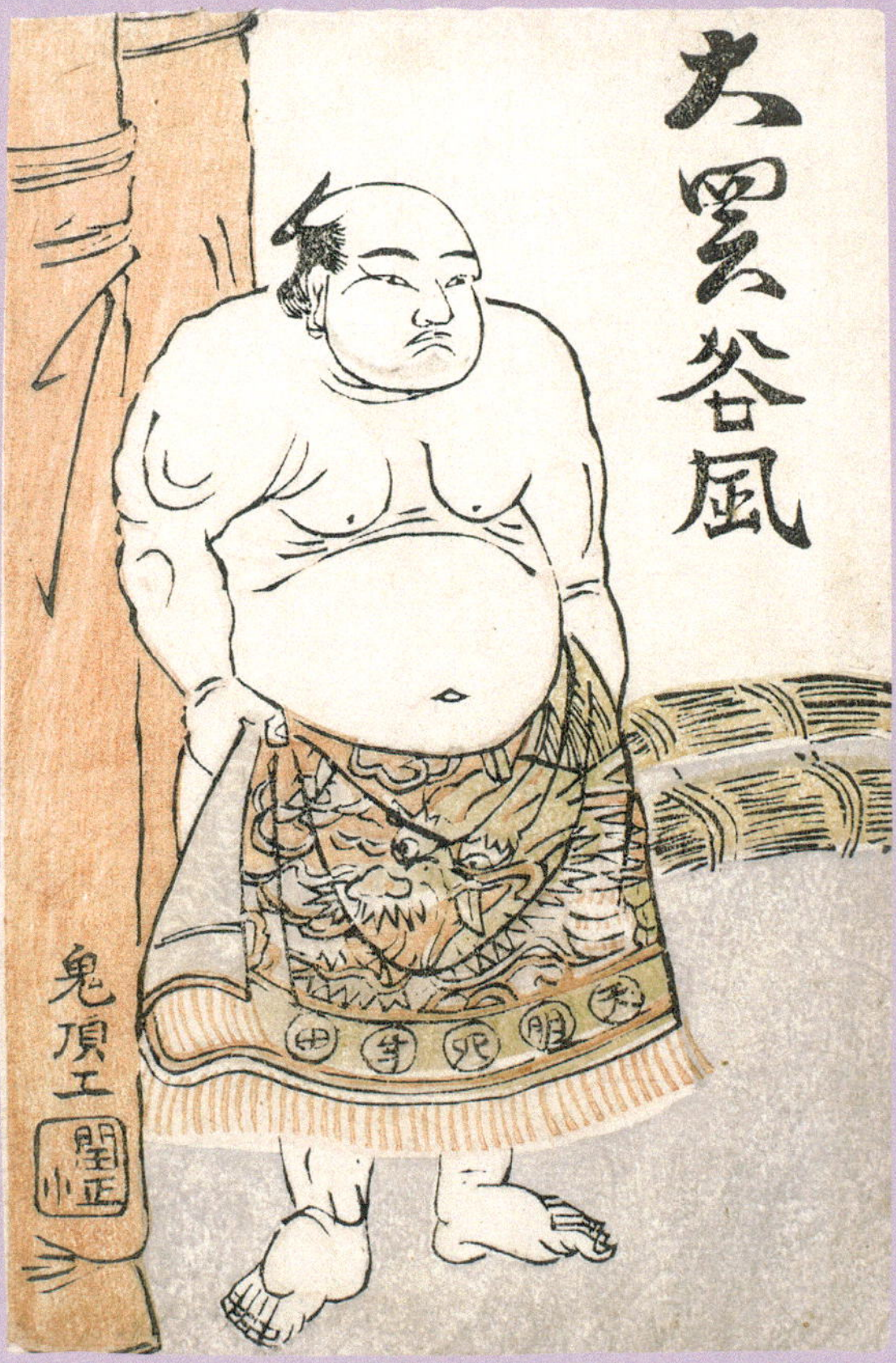

15

18

19 大角力

化粧まわしには十二支のウサギ(卯)が描かれ、また裾には「明和八辛卯」の文字が見えるので、明和八年(一七七一)辛卯の大小暦である。

美男で強そうな力士だが、誰を描いたものであろうか。大角力の力士名を貼り出したものに、「壬申　二郎、辛未　四郎、庚午　六郎、戊戌　九郎」と、あまり強そうもない名前が書いてある。

力士の左上には、「大　二郎　四郎　六郎　九ろふすて」とあり、力士の右には、「霜に師走そ　角力にそ出す」という下の句があって、この年の大の月が「二・四・六・九・十一(霜)・十二(師走)」であることがわかる。

どういうわけか最初の四ヶ月にだけ、「壬申・辛未・庚午・戊戌」とそれぞれの朔日の干支が書いてある。

ちなみに、この年の各月の大小と朔日の干支は次のようになっている。

正	二	三	四	五	六	七	八	九	十	十一	十二
小	大	小	大	小	大	小	小	大	小	大	大
癸	壬	壬	辛	辛	庚	庚	己	戊	戊	丁	丁
卯	申	寅	未	丑	午	子	巳	戌	辰	酉	卯

20 番付

「かん酒に酔て　かへりの梅見連　舟よふ聲も　さんやとそ　きく　月弓」の歌の下に、春場所の番付が広げてある。

大関　巳　明の春　前頭　キ　二月六日
大　関脇　タツ　汐干　同　ノ　四月六日
小結　ウシ　一葉　同　ヱ　六月九日
の　前頭　子　菊合　同　子　九月一日
前頭　ムマ　時雨　同　十一月一日
方　前頭　子　酉市　同　入　十二月一日
前頭　亥　□□　同　梅　五月十二

としとく
拳　相撲　あきの方
ミうま万よし
大関　亥　朧月　前頭　カ　二
小　関脇　イヌ　白重　同　ノ
小結　卯　水馬　同　ヱ
の　前頭　サル　竹婦人　同　サ
前頭　ヒツシ　月の鳥　同　ル
方　前頭　ムマ　後□
閏年　一年　三百□

あまり関取のしこならしからぬ名が並んでいるが、これは月の異称というか、その月の行事をもって月名に充てたもので、いくらなんでも時雨だとか竹婦人などは力士向きではない。

よく見ると、番付の中央に「拳相撲《けんずもう》」とあるから、酒席の遊びの拳相撲の力士の番付のようである。

これを月順に並べてみると、次のようになる。

明《あけ》の春《はる》　正月　大　朔日　巳
朧月《おぼろづき》　二月　小　〃　亥
汐干《しおひ》　三月　大　〃　辰
白重《しらがさね》　四月　小　〃　戌
水馬《すいば》　五月　小　〃　卯
竹婦人《ちくふじん》　六月　小　〃　申
一葉《いちよう》　七月　大　〃　丑
月の鳥　八月　小　〃　未
菊合《きくあわせ》　九月　大　〃　子
時雨《しぐれ》　十月　大　〃　午
酉市《とりのいち》　十一月　大　〃　子
後□　小　〃　午
□□　大　〃　亥

十一月の後に閏十一月か閏十二月が入ることになるが、この部分は摺りが悪くて読み取れない。これを除外して該当する年を求めると、文化十年癸酉(一八一三)が得られる。文化十年は閏十一月となっているので、年末の部分は「閏十一月　小、十二月　大」ということになる。

21 夫婦の大相撲

大きな角を生やした女房殿が、浮気亭主の胸倉を掴んで組み敷いている。女房殿の手には亭主の浮気相手から来た恋文が握られている。襖《ふすま》に「惺々狂斎」とある通り、いかにも河鍋狂斎(暁斎)らしい大袈裟な表現で愉快である。

恋文には「大正四　壬五七　八十十二」と、この年の大の月が書かれており、小の月の方は、上半分の狂歌の中に読み込まれている。

「小《こ》イぶ　三二《みに》　九六五《くろい》　角文字《つのもじ》　暮《くれ》てから
丑《うし》のとしまの　りんき　するとき」

「小イぶ三二」(恋文に)とあるから、小の月が二、三、五、六、九、十二(暮)となる。この大小の配列は元治二年乙丑(慶応元年、一八六五)である。

「角文字」は、『徒然草』の「二つもじ」(こ)、牛の角文字」(い)、すぐな文字(し)」から来たものであろう。『徒然草』のは「こひし」と可愛いが、この大小暦では女房殿の角となっている。

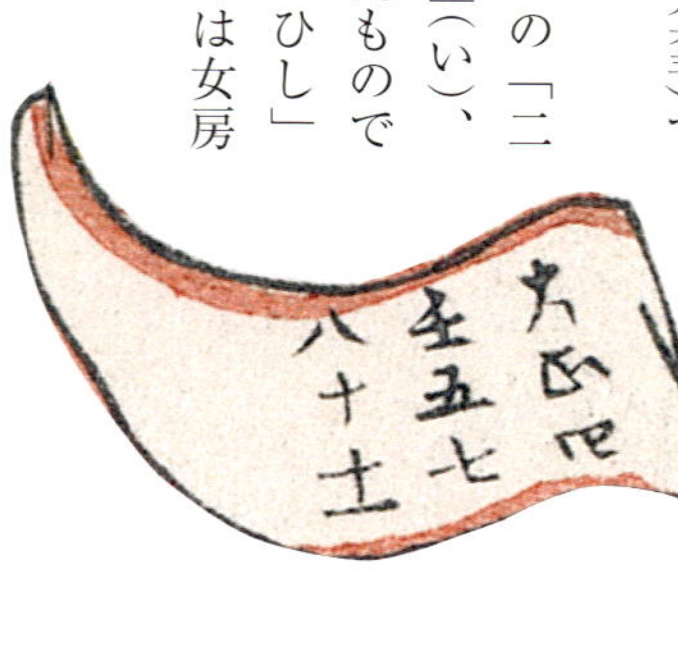

22 娘の手を取る関取

屋形船から船着場に下りようとする美人の手を取っている関取の図。そのやさしい目付きと、体の割に小さい手のしぐさが印象的である。

土手の影に鳥居が見え、桜が今や満開の花を咲かせている。のどかな春のひと時である。それにしても、関取は昔も若い女性にもてたようだ。

大の月が関取(大男)の着物の裾に書いてある。向かって右には六と七、左には正、九、十一、五、三とあるのだが、いささか読み取りにくい。

これは弘化三年丙午(一八四六)のものである。

21

22

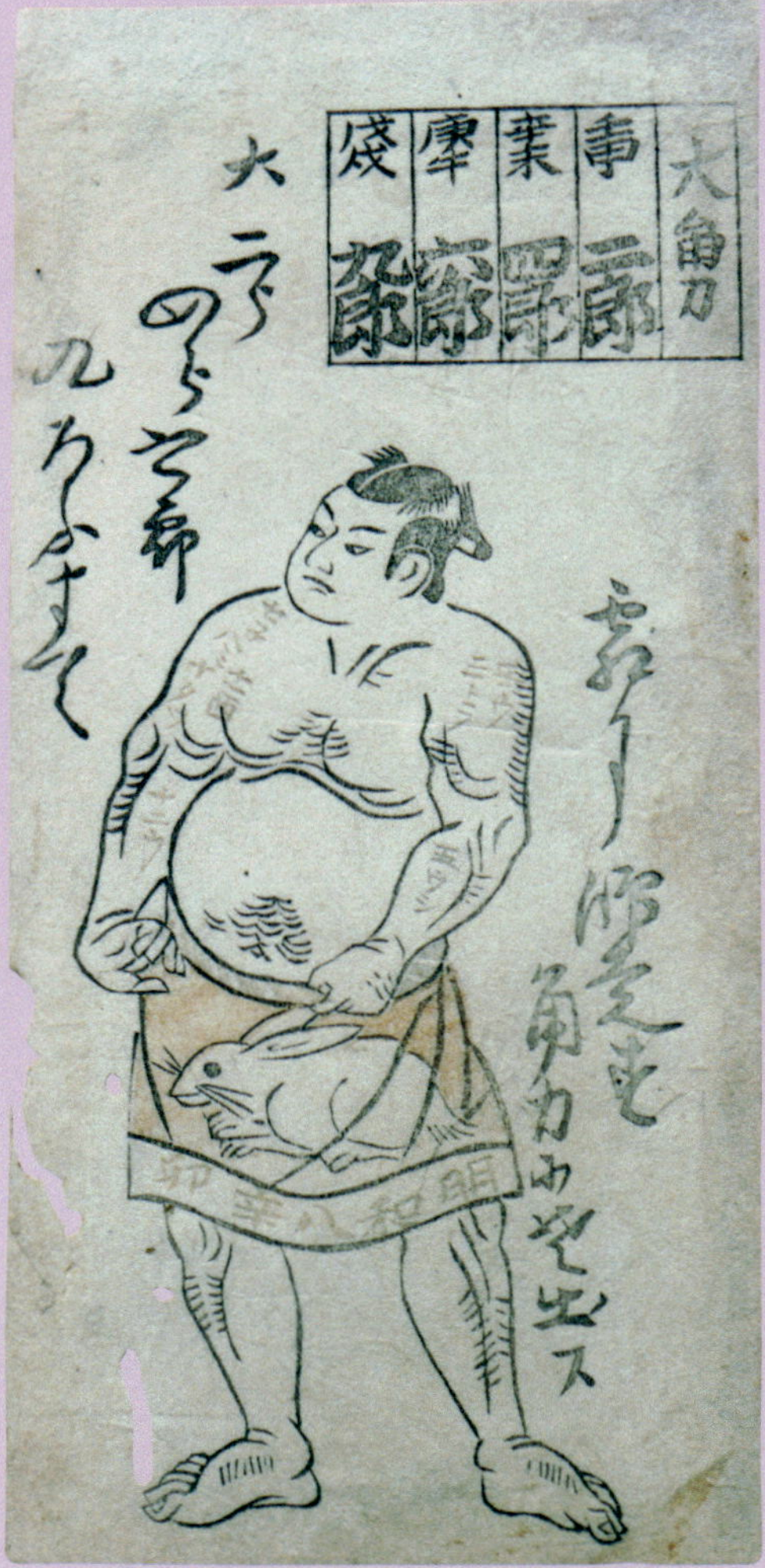
19

20

【コラム】

団十郎尽くめの焉馬《えんば》の大小暦

立川焉馬《たてかわえんば》（一七四三—一八二二）は熱烈な団十郎贔屓《びいき》で、四代目の頃からその許に通い、五代目とは義兄弟となり、七代目の後ろ盾となって市川家を盛り立てた。自分の居室を談洲楼《だんじゅうろう》と名づけ、三升連《みますれん》という贔屓団体を結成して七部もの狂歌俳諧集を刊行したほどである。

焉馬は三升連を結成した翌年の天明七年（一七八七）から、毎年団十郎を浮世絵師に描かせた大小暦を作って配っている。

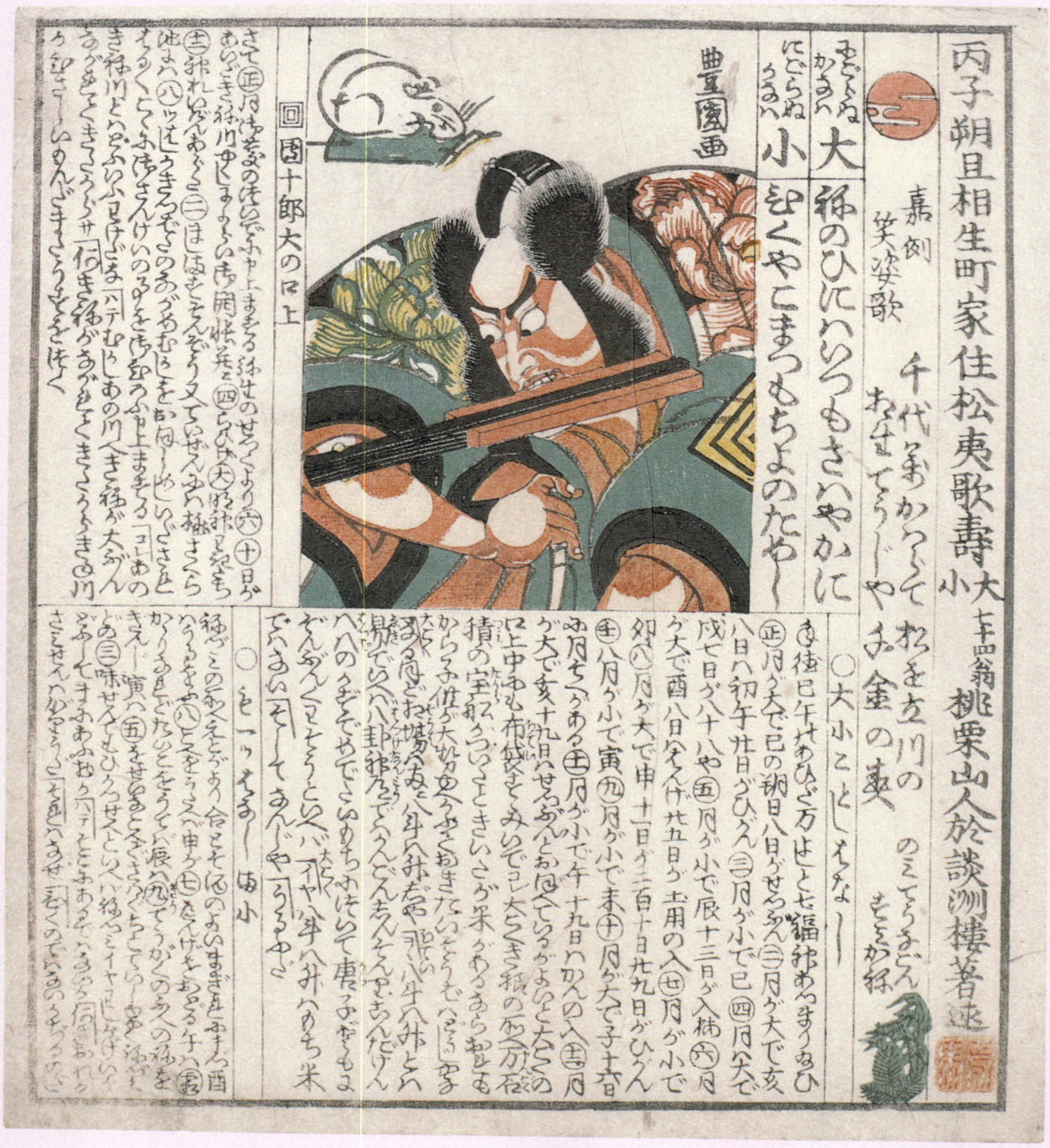

ここにあるのは、焉馬七十四歳の文化十三年丙子（一八一六）のもの。焉馬の大小暦は毎年この様式で、団十郎の絵姿と大小を詠み込んだ口上、大小の入った小咄《こばなし》、幾種類かの大小暦を小さい摺り物の中に所狭しと並べ立てている。

まず題として、「丙子朔旦相生町家住松夷歌壽大小　七十四翁桃栗山人於談洲樓著述」とある。相生《あいおい》町は焉馬の住んでいた江戸本所相生町（現在の墨田区両国・緑町）、桃栗山人《ももくりさんじん》は柿発斎《かきはつさい》とともに焉馬の戯号。

次の行には「嘉例笑姿歌」と題して、「千代閑かはらて松を立川の　相生てうじや千金の春」と、地名の立川（自分の名前でもある）や相生町を詠み込んでいる。その下の「のみてうなごんすみかね」は鑿《のみちょう》釿　言墨金《なごんすみかね》で、焉馬の家業が大工の棟梁であったところからの戯号である。

その次に大小暦が登場する。まず最初の行は「にごらぬかなは大」とあるので、その下の「ね《正》の《二》に《四》い《六》も《八》や《十》に《十二》」が大ということになるが、この年は閏八月があるため、大の月は「正・二・四・六・八・十・十二月」となる。

その隣は「にごらぬかなは小」とあって、前とは逆になる。つまり、「ひくやこまつもちよのためし」の「や《三》ま《五》も《七》よ《閏八》の《九》め《十一》」が小となる。したがって「三・五・七・閏八・九・十一月」が小の月である。

この大小暦の眼目は、何といっても団十郎の浮世絵であり、当時、一世を風靡した初代豊国の筆、七代目団十郎はこの年二十六歳、仁木弾正《にっきだんじょう》役の若さ溢れる名優の姿を活写している。

左上に、この年の十二支《えと》にちなんで跳《は》ね鼠《ねずみ》の玩具の大小暦が描かれている。口の辺りに小、髭が三、首が閏、背が八、脚が十一、首の下が九、竹の台の部分に五と七と、小の月があしらわれている。

ところで、跳ね鼠はこの年の十二支だけでなく、「伽羅先代萩《めいぼくせんだいはぎ》」の国崩しの実悪 仁木弾正が化けて、連判状を奪い返す鼠を示している。

絵の左には三升の紋と「団十郎大の口上」として、大の月を使った口上を述べている。絵の右下には「大小ことしはなし」として、今年の大小を使って落し噺《ばなし》が書き込まれ、さらに続いて「も一ツはなしま小」と、今度は小の月を使って小咄を書き加えている。

いささかサービス精神が多すぎて、毎年正月が来ると読みくたびれる人も多かったことであろう。

Ⅵ

暮らし

Kurashi

櫓《やぐら》時計

時計は、大小暦の題材として人気のあるものの一つである。江戸時代に作られた、いわゆる和時計の特色は、次の六点である。

一、太い「時針」一本のみである

二、一日に一回転しかしない

三、一日は十二辰刻に分割されている。

四、不定時法に合うような工夫が加えられている

五、時刻を知らせる鐘(鈴《りん》)が付いている

六、すべて手造りで、一個一個個性を持っている

とにかく和時計は高価な貴重品で、現代ならさしずめ高級外車にでも匹敵するシロモノだったから、それにふさわしい装飾が加えられ、風格を持ったものが多い。したがって、時計を大小暦に描くとき、作者は多少自慢げにこれに取り組んだであろう。

和時計は形がやや複雑なうえ、文字盤もあるので大小暦に利用しやすい性格を持っている。和時計には櫓《やぐら》時計、枕時計、尺時計、懐中時計などの種類があるが、櫓時計が最も普及しており、大小暦に描かれた時計も櫓時計が大半を占めている。

鐘の頂上の止め金を大ぶりに描いて、鐘全体で大、天府が六、鐘打が十、時計の右側が十一、左側が十二、右側の上下に止め金風に正と三、左側壬の横に八がある。台に「明和七庚寅年」(一七七〇)が白抜きで書かれている。

この年の大の月は、正、三、六、八、十、十一、十二の七か月。いっぽう、針の場所に小の字があり、文字盤に二、四、五、壬六、七、九が記されている。したがって、この年の小の月は、二、四、五、閏六、七、九の六か月となる。

台にこの年が銘文風に明示されているため、年次捜しの楽しみはないが、メリハリの効いたしっかりした構図は小気味よい。右上に「不許賣買」の印、右下に「海本」と考案者の署名、左下に「□政」の印がある。

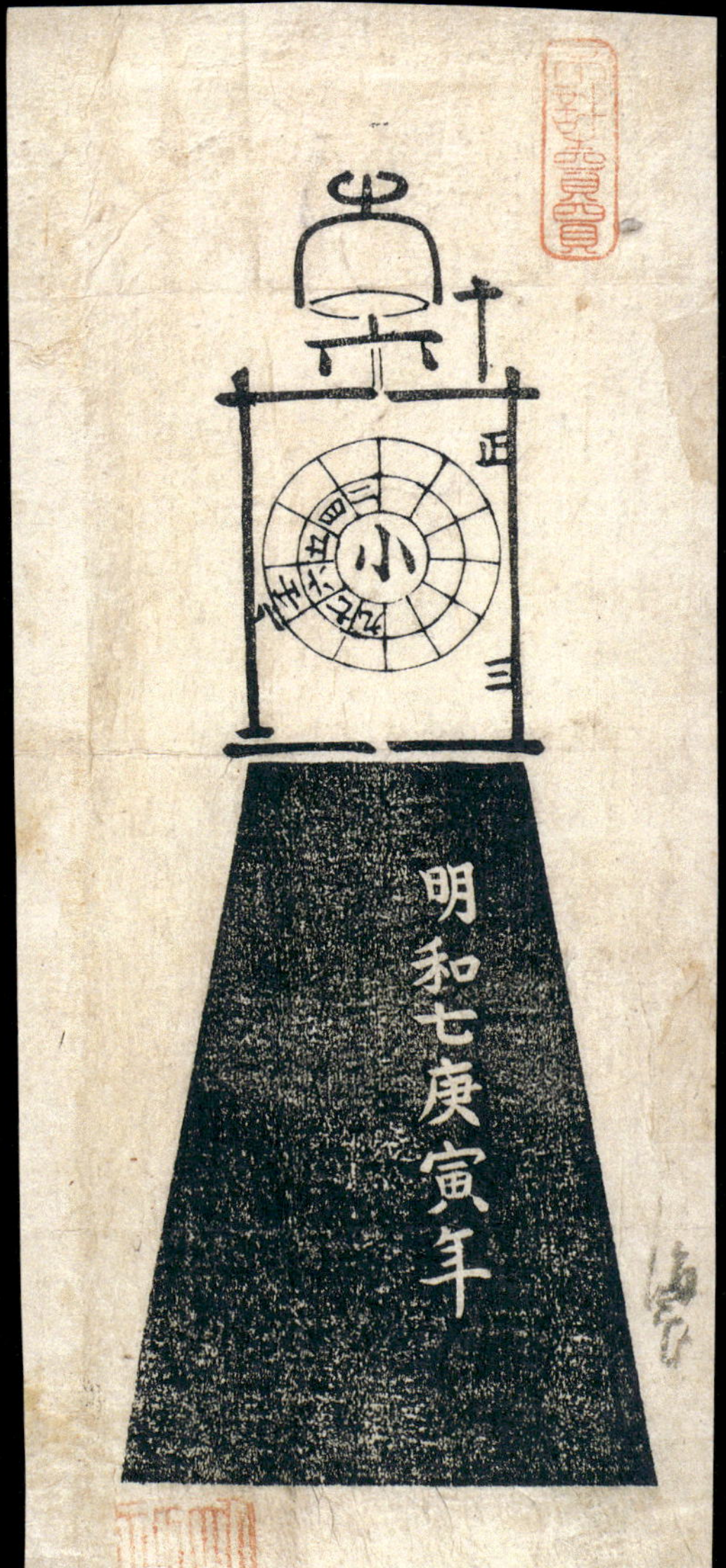

日々の生活に大きな役割を果たす品物は、大小暦の絶好の題材になっている。それを眺めるだけで、ちょっとした江戸学事始になる。

時計

1　明和二年櫓時計

少々出来栄えは雑で、おまけに手書きだが、ちゃんと時計の大小暦になっている。

鐘の上端の止め金に小の字があり、鐘が四、天府の軸が十二、重錘《おもり》にこの年の干支の乙と酉、時計の箱の上の二辺と右の一辺と下の二辺で正、箱の上辺左側が十一、左側の取っ手が七、さらに櫓《やぐら》が九となっている。

大は文字盤にまとめられており、針の所に大の字、その周囲に時計の針と逆回りで二、三、五、六、八、十と配されている。

これは明和二年乙酉（一七六五）のものである。

2　掛け時計

掛け時計だけを大きく描くもので、余計なものは一切記されていないから、ただの時計図かと思っても不思議ではない。

文字盤には正（月）から時計回りに十二（月）までの数字が記され、各月の朔日の十二支が配されている。文字盤の上方に大の字が、中央の「時針」の円盤上には小の字が白地の上に薄紅色で書かれている。

これが大小のヒントで、薄紅色で示された月は小の月で、墨で書かれた月が大の月となる。

大の月が「二・四・六・九・十一・十二」で、小の月が「正・三・五・七・八・十」となる組合せは明和八年辛卯（一七七一）のものである。なお、念のため各月朔日の十二支を同年の暦と照合したところ、すべて一致している（相撲②「大角力」の項を参照）

文字盤の八のところにある白い丸は何であろうか。もっと小さく数個あれば、目覚ましの仕掛けのピンを差す穴なのだが、こんな大きなものではない。

3　懐中時計

懐中時計は、オランダ商館を通じて輸入したものの文字盤を変えただけのもので、国産は難しかったようである。

したがって、櫓《やぐら》時計に比べて懐中時計はゼンマイを動力とするもので高価であり、珍しいものであった。そのせいか、懐中時計の大小暦は比較的少ない。

この懐中時計は当時のものとしては薄型であり、西洋でも新型のものであろう。文字盤は西洋式のものではなく、日本式のもので駒詰《こまづめ》型のように見えるが、実際には駒詰型では文字盤が厚くなるので、この絵のようにスマートにはならない。

指針は時針と分針の二本が描かれており、何か仕掛け（隠し文字）があるのかも知れないが、絵が小さいためにはっきりしない。指針の右に「つちのとミ」、左に「小の方」とある。

指針の左横にあるのはゼンマイ巻用の穴かと思われる。指針の右側には正、二、四、五、七、九、十一（月）と大の月の数字。左側には三、六、八、十、十二と小の月の数字が並んでいる。この大小の配列は文化六年己巳（一八〇九）のものである。

時計の紐の端にゼンマイを巻く鍵が付いている。この時代の懐中時計は龍頭《りゅうず》ではなく、鍵を差し込んでゼンマイを巻く様式で、時計に鍵は必ず付いていた。

「江南写」の署名があるので、文化から天保年間にかけて活躍した江南亭歌川国広の作と思われる。

4　官女と掛け時計

十二単《じゅうにひとえ》の貴族の女性が檜扇《ひおうぎ》を翳して初日を眺めている。御殿の外には小松が霞の間に見え隠れしていて、いかにも新春らしい風景だが、柱には重錘《おもり》の位置が時刻を示す掛け時計が懸けてある。

掛け時計の文字盤には「未大　二三四七九重二」とある。これは寛政十一年己未（一七九九）の大の月である。

この大小暦には、次の和歌が書かれている。

「氷《(こおり)》さへ　けさは　とけいの　りんに似て
　春のしかけに　ちゃんと　なりぬる」

これは七十二候立春初候の「春風解凍」（はるかぜこおりをとく）を踏んでのものである。「とけい」は時計と解けるとの両方に懸けている。「ちゃんとなりぬる」は氷が解ける時に出す音からの連想であろうか。

ところでこの和歌は、新年だから「春風解凍」なのだ、という月並みな発想ではないところに面白さがある。というのは、この年の正月元日はちょうど立春と重なっていた。これは、安永九年（一七八〇）から二十年ぶりのことであった。その立春だからこそ「春風解凍」は一段と活きてくるわけである。

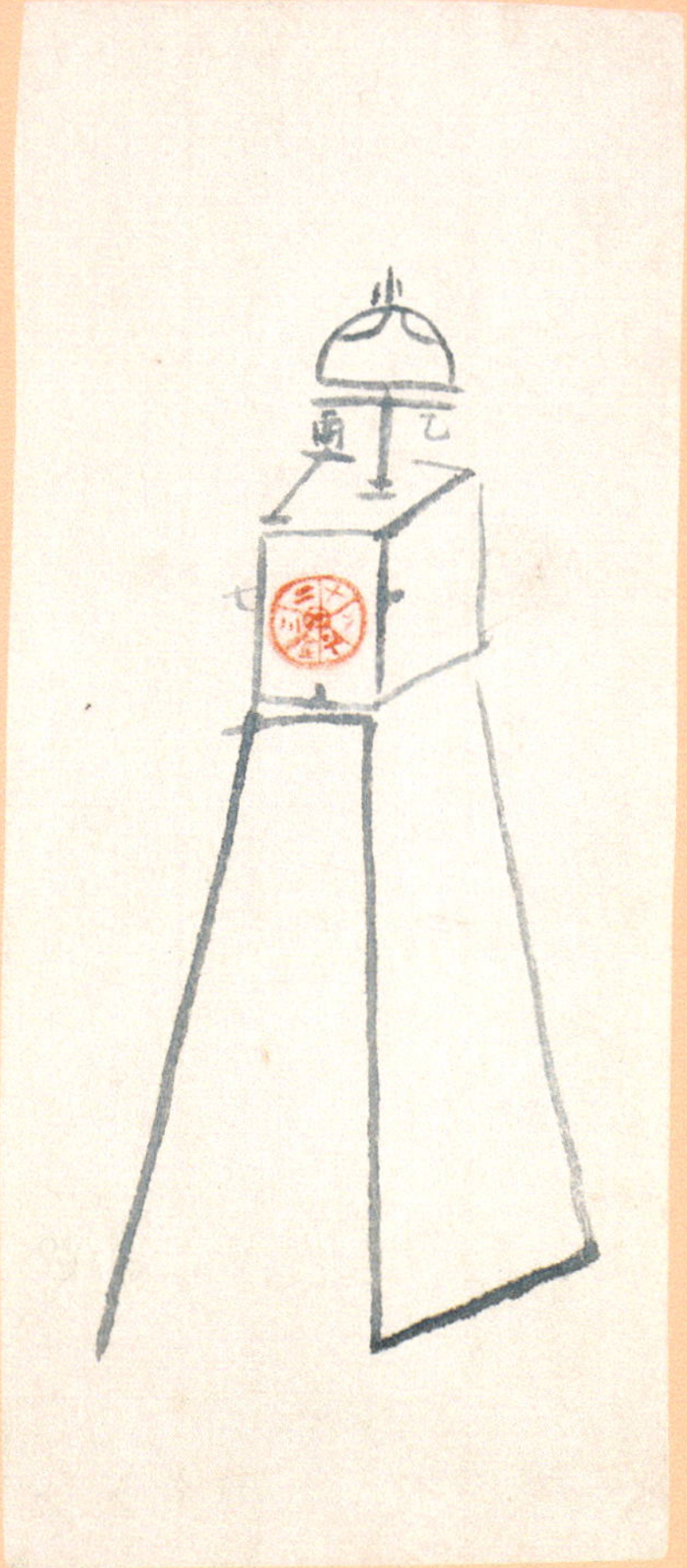

1

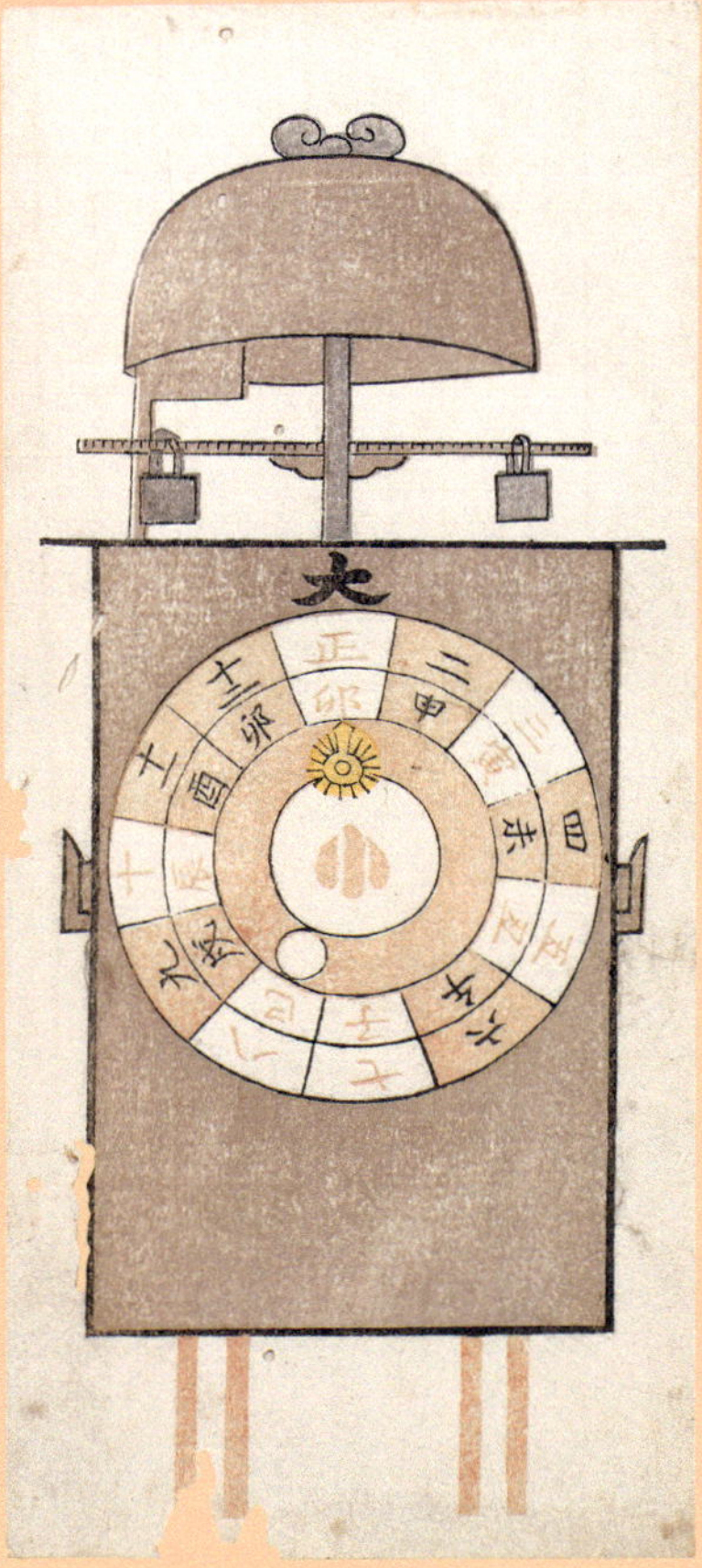

2

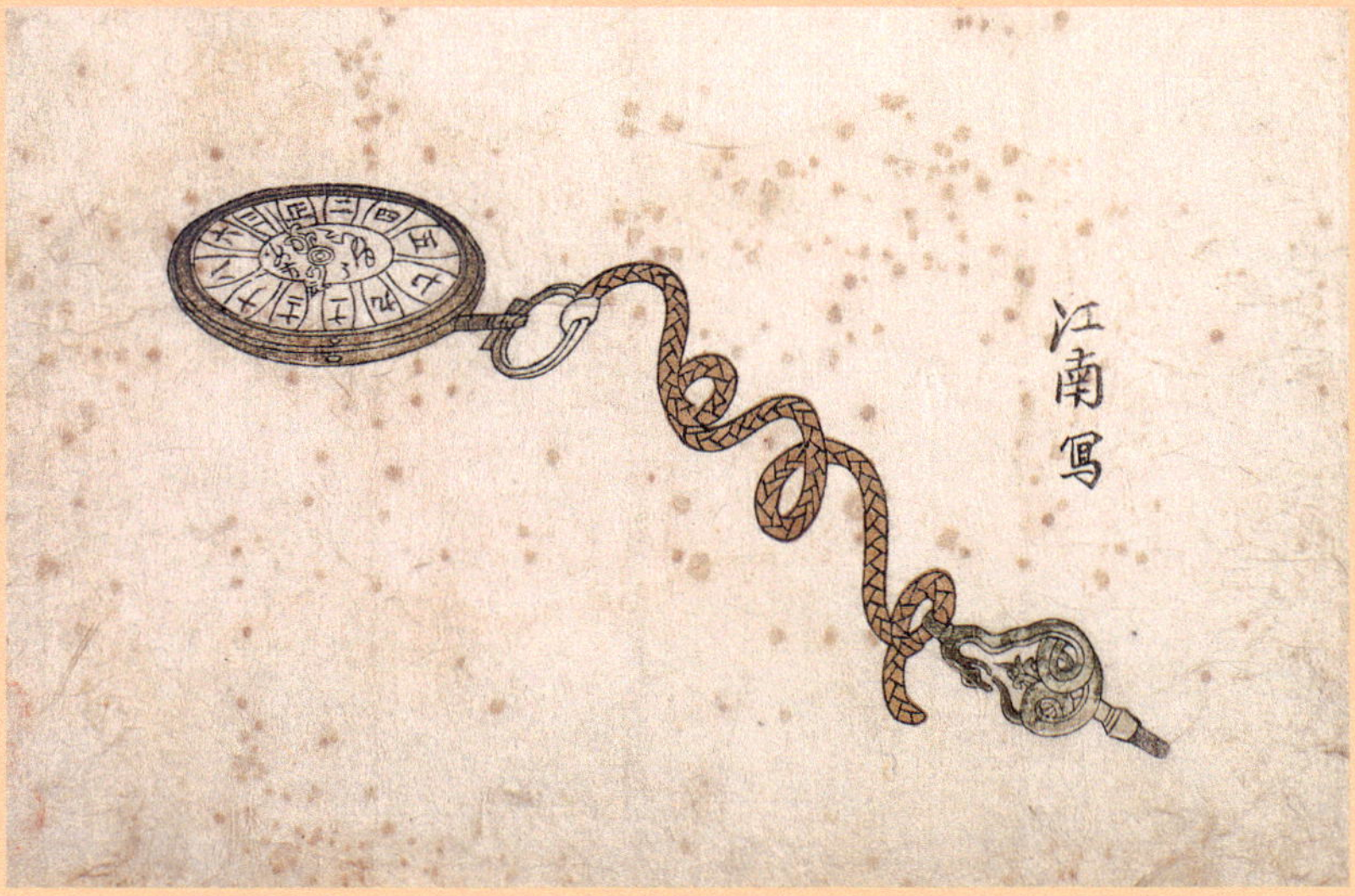

3

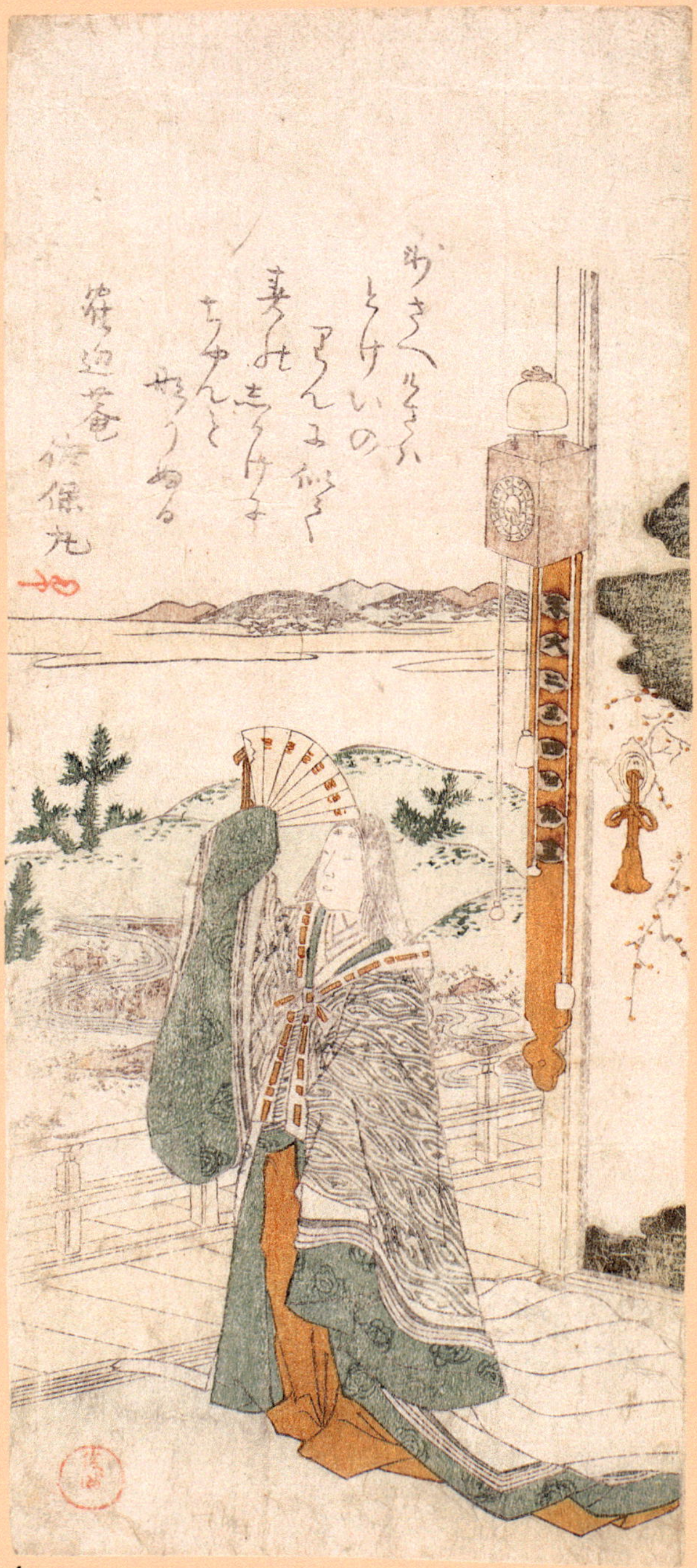

4

お札《ふだ》

5 戊寅山《ぼいんさん》宝暦院

お札型の紙に、中央は大字で、左右は小字で有難そうな文字が並んでいる。

「為大者無片　戊寅山
奉轉讀大般若經延命守護處
為小者有片　寶暦院」

右行は「大は無片(偏)と為す」、左行は「小は有片と為す」とあるから、漢字の有偏無偏の大小である。この場合、中央の十二の漢字の内、偏の無い字は大の月、偏の有る字は小の月とする、というわけである。したがって次のようになる。

大小小大小大大大大小大
奉轉讀大般若經延命守護處

この大小の配列は宝暦八年戊寅(一七五八)のものである。少なくとも「戊寅山」と明記しているのだからそうなるのだが、八月に当たる「延」の字は無偏大としてよいものだろうか。つまり、えんにょう(えんにゅう)は偏ではないのだろうか。辞書類で調べてみると、えんにょうやしんにょうは「にょう」であって、偏ではない。

したがって、ここで「延」は無偏ということが確認され、大の月ということになり、この年の大の月は、正・四・六・八・九・十・十二月でよいわけである。

6 大神宮のお祓い箱

伊勢神宮のお札を納めたお祓《はら》い箱と植物の葉を描く。やや無造作な筆使いなため、芭蕉なのか蘇鉄《そてつ》なのか、あるいはシダ類の葉なのかはっきりしない。お正月ということならば、うらじろか何かお飾りに使う葉なのだろう。しかし、そうなるとお札の箱と大きさのバランスがとれなくなる。

まずこの葉は左上から正・四・十一・九、右上から十二、七、小となっているから、この年の小の月が、正・四・七・九・十一・十二ということになる。

「大神宮」と書かれた箱の蓋の文字をよく見ると、神の字は二と三が偏《へん》で、十と八とが旁《つくり》になっている。宮は冠が六でその下の五は少し紙が切れて読みにくくなっている。これでこの年の大の月二・三・五・六・八・十が全部入っている。

この大小の組合せは元禄十六年癸未(一七〇三)と明和二年乙酉(一七六五)の両年に存在するが、このような絵文字のものは大小暦の大流行した明和二年のものと考えてよいであろう。

7 両大師

両大師とは東叡山寛永寺の慈眼《じげん》堂に合祀された慈眼大師すなわち南光坊天海と、慈恵大師すなわち元三《がんざん》大師のことである。両大師は毎月朔日の夕刻七つに、上野三十六坊を順次遷座するという習慣であった。

この遷座の時は、提灯をさげた行列を見るために大勢の善男善女で賑わった。ことに十月は二日が天海の忌日に当たっており、必ず本坊遷座と決まっていた。この際に練供養《ねりくよう》があり、上野全山が人であふれた。

この大小暦には、「両大師」の立札と元三大師の俗にいう角大師《つのだいし》のお札《ふだ》が描かれている。これは慈恵大師が自らを悪鬼の姿に変えて悪鬼を退治したという伝えによるもので、正月三日に参詣してこのお札をいただき、門口に貼っておくと疫病を防ぐといわれた。

この角大師像は、文政十年丁亥(一八二七)の大の月によって組み立てられている。すなわち、上から正・八・三・四・七・六、さらに向かって右の腕の途中の僅かな切れ目と、手先およびその下の膝から下の部分とで十一となっている。

この大小暦の左半分には、次のように当年毎月の両大師の宿坊と暦記事が記されている。また、月数字の黒字は大の月、白字は小の月となっている。

正(大) 寒松院	二(小) 観成院
一日丑 中堂ノ西	未　がくりやう うしろ
十日 せつぶん	廿一日 ひがん
子　下寺	辰　しなの坂
三(大) 修善院	七(大) 福聚院
あきの方	十三日 二百十日
亥子の間	戌　ふくろ谷
午　山門東	八(大) 観善院
四(大) 本覺院	一日 ひがん
九日 八十八夜	辰　谷中入口
十六日 月そく	九(小) 明王院
子　谷中門	十四日 月そく
五(小) 林光院	酉　中堂うしろ
十七日 入梅	十(小) 御本坊
巳　下寺	十日 玄猪
六(大) 壽昌院	寅　下寺
十日 半夏	十一(大) 一乗院
亥　下てら	五日 冬至
閏(小) 顕性院	申　しみづ門
金神	十二(小) 養寿院
寅卯戌亥	六日 大かん
	廿日 せつぶん

文政十丁亥年大師御宿坊
并大(黒字)小(白字)　御慶呈上
不許賣買

「不許賣買」と敢て書くほど人気だったようである。

8 ダルマ

ずいぶんとトボケた顔の達磨さんだが、無精鬚の生えた達磨。どうも鬚が気になるのでよく見ると、「キノトトリ(乙酉)」と書いてある。そこで、顔全体を丁寧に眺めてみると、額の皺は六、左右の眉毛が二と十、口髭は八、唇が三となる。あと五があれば明和二年乙酉(一七六五)の大の月の二、三、五、六、八、十となるのだが、なかなか五が見付からない。しかし、ハッと気がついたら、達磨の衣の皺の数が五本であった。

この達磨さんのふんわりした顔や形と、やわらかい色合いは、いかにも明和二年の大小暦のものである。

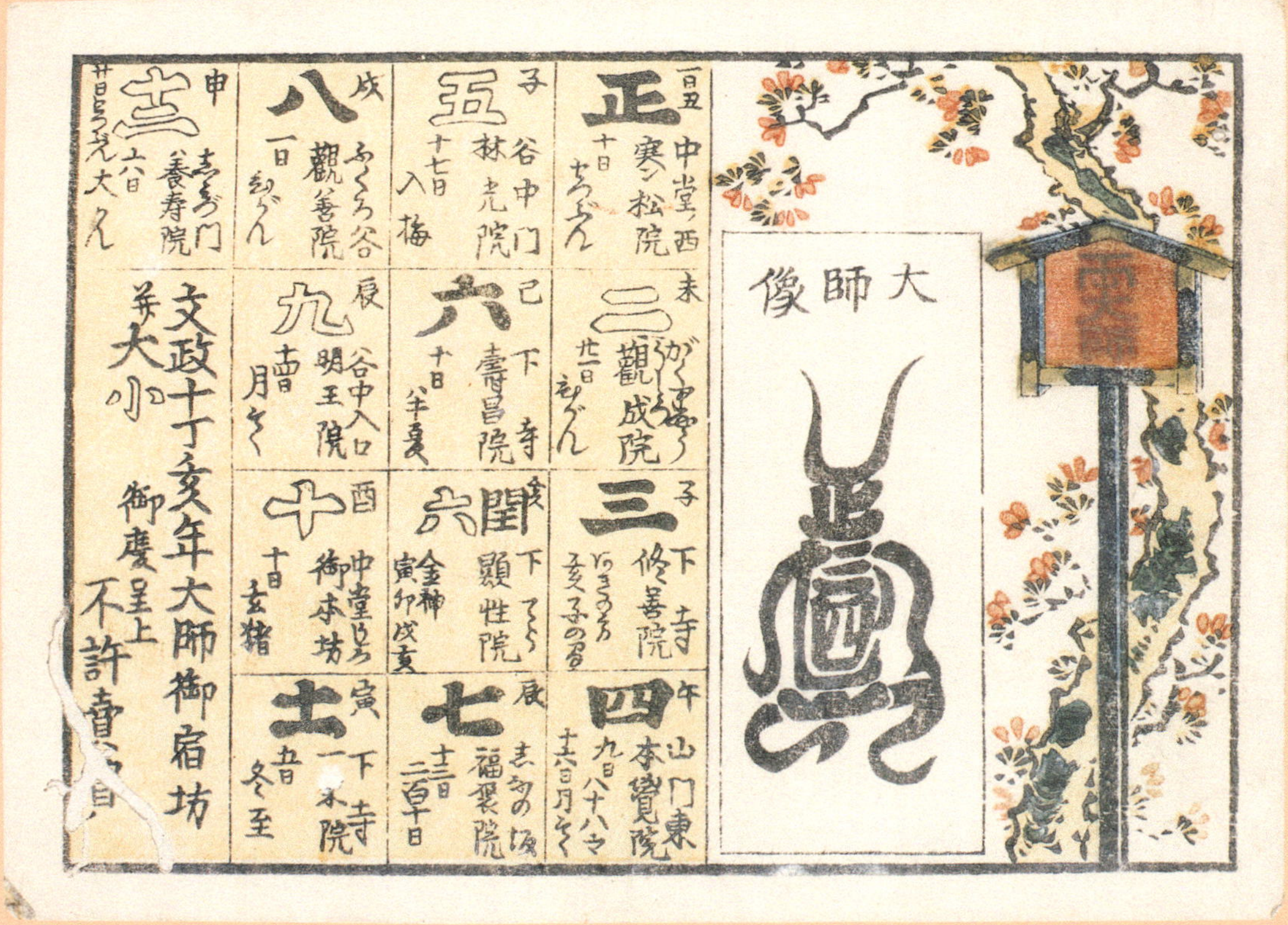

7

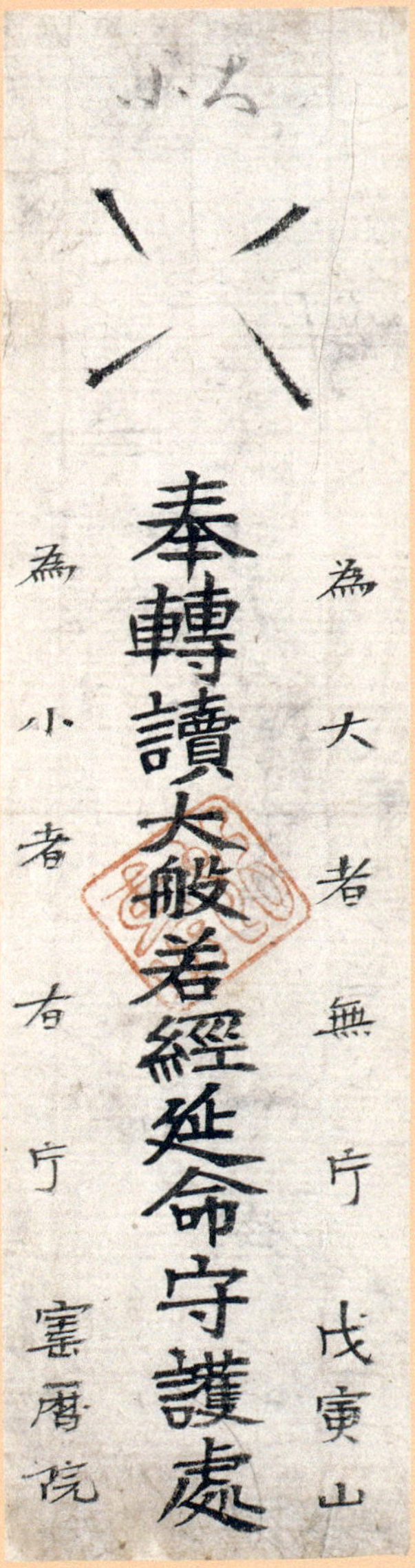

5

8

6

お金①

9 大判

十両の大判というのは、通常の流通貨幣ではなく、将軍家からの御褒美か御祝儀に頂戴するものらしく、めったに見られるものではなかったようである。それゆえ、新春の贈答用の大小暦の画題にはふさわしいわけである。

享保から天保までの大判は慶長大判に復し、縦が五寸、横が三寸、金六八〇・九対銀二八二・八、重さは四十四匁七分で、実に堂々とした世界最大の金貨であった。

大判には「拾両」と「後藤」の文字と花押が墨書され、五三の桐の極印が打ってある。

この大小暦では、実物大を思わせる大きさで描かれ、「拾」は大と二、「両」は五と六、「後」は三と八と十、「藤」はキのと(乙)、花押は酉トシから組み合わされている。

ところで、「拾」の手偏に当たる部分は「年」であろうか。

いずれにしても、乙酉の年で、大の月が「二・三・五・六・八・十」の配列になるのは、明和二年(一七六五)のものである。

10 小判の裏

小判というと、壱両と書かれた表側の方が見慣れているが、これは裏側の極印を使って大小暦に仕立てたもの。表と違ってズンベラボウなのだが、大小数種の極印があるので、それをうまく利用している。

これは元文改鋳の小判で、真字体の「文」が使われている、いわゆる真文小判を模したもの。「元」とも見えるのは二と八、中央の金座の花押の部分は六と三、左上に大、左下に十と五、これで明和二年乙酉(一七六五)の大小とは推測できるが、右下に小さく乙と酉の二文字があって、さらにそれを確認させてくれる。

11 銭貨いろいろ

「大治元宝」に始まって、大小さまざまな銭貨が十四枚並んでいる。数から見て、右上の「大治元宝」と左上の「小字寛永通宝」は大小を示すと考えられる。

右端第一列、二番目の狐の絵銭は稲荷神社、初午で二月、その次の寛永波線は四文銭なので四月、一番下の寛永通宝の裏に「文」とあるのは寛文年間(一六六一―一六七三)の江戸亀戸製のものだが、ここでは文月を表わすものとして七月、二列目の一番目はホシが九つで九月、次は大型で「十　一両」とあるのは渡来銭の裏側だが、ここでは十一月、三番目の十二支の絵銭は十二月と見てよいであろう。

小の月を示す「小字寛永通宝」は江戸小梅製のもので、寛永文銭と同じく実在する貨幣である。その下の第三列目は上から「正□元宝」はどこの国のものかははっきりしないが、とにかく正月を表わしている。次の「三韓通宝」は朝鮮の貨幣で三月。最下段の「五銖」銭は、中国で漢の時代から使われた歴史の古い貨幣である。もちろん、五月を示している。左端の列の上は動物の絵銭で、動物は象である。象はいったい何月を表わすのだろうか。その下は荷を着けた馬のようだが、これもすぐにはわからない。最後は恵比寿《えびす》と鯛のようである。恵比寿講なら十月だから、これは十月でよい。

整理すると、大の月が二、四、七、九、十一、十二月で、小の月で判明したものが正、三、五、十月だから、左端の列の二枚は残りの六、八月ということになる。だが、図柄からなぜそうなるのかが分からない。

この大小の組合せでは、寛政八年丙辰(一七九六)のものだということになる。この大小暦の左端に「寛政丙辰春　耕書堂主人喜多川柯理」の記名があるから、年については疑問はない。耕書堂とは、狂歌の作者であり書肆の主人公としても著名な蔦屋重三郎(一七五〇―一七九七)のこと。さすがに蔦重の考案だけに、虚実こもごもの銭比べの大小暦はおもしろい趣向である。

12 豆板銀

江戸時代、銀は秤量貨幣で、切り餅型の丁銀を目方によって使っていたが、それでは不便なので明和二年(一七六五)に目方五匁の豆板銀(文銀)が作られた。

さっそくこの新コインを描き、このコインの重量を使った大小暦が登場した。

豆板銀の図の左に、「文銀五匁三厘ン」、右下に「ン小也」とある。つまり、「ブンギンゴモンメサンリン」が十二か月を示し、そのうちの「ン」は小の月であるのだから、二、四、七、十、十二月が小ということになる。

したがって、この年の大小の組合せは次の通りである。

正	二	三	四	五	六	七	八	九	十	十一	十二
大	小	大	小	大	大	小	大	大	小	大	小

これは明和三年丙戌(一七六六)のものとなる。もっとも、同じ大小の組合せは元禄十七年甲申(宝永元年、一七〇四)にも見られるが、五匁の豆板銀が発行された明和二年以後という条件に合うのは、この明和三年だけである。

12

10

9

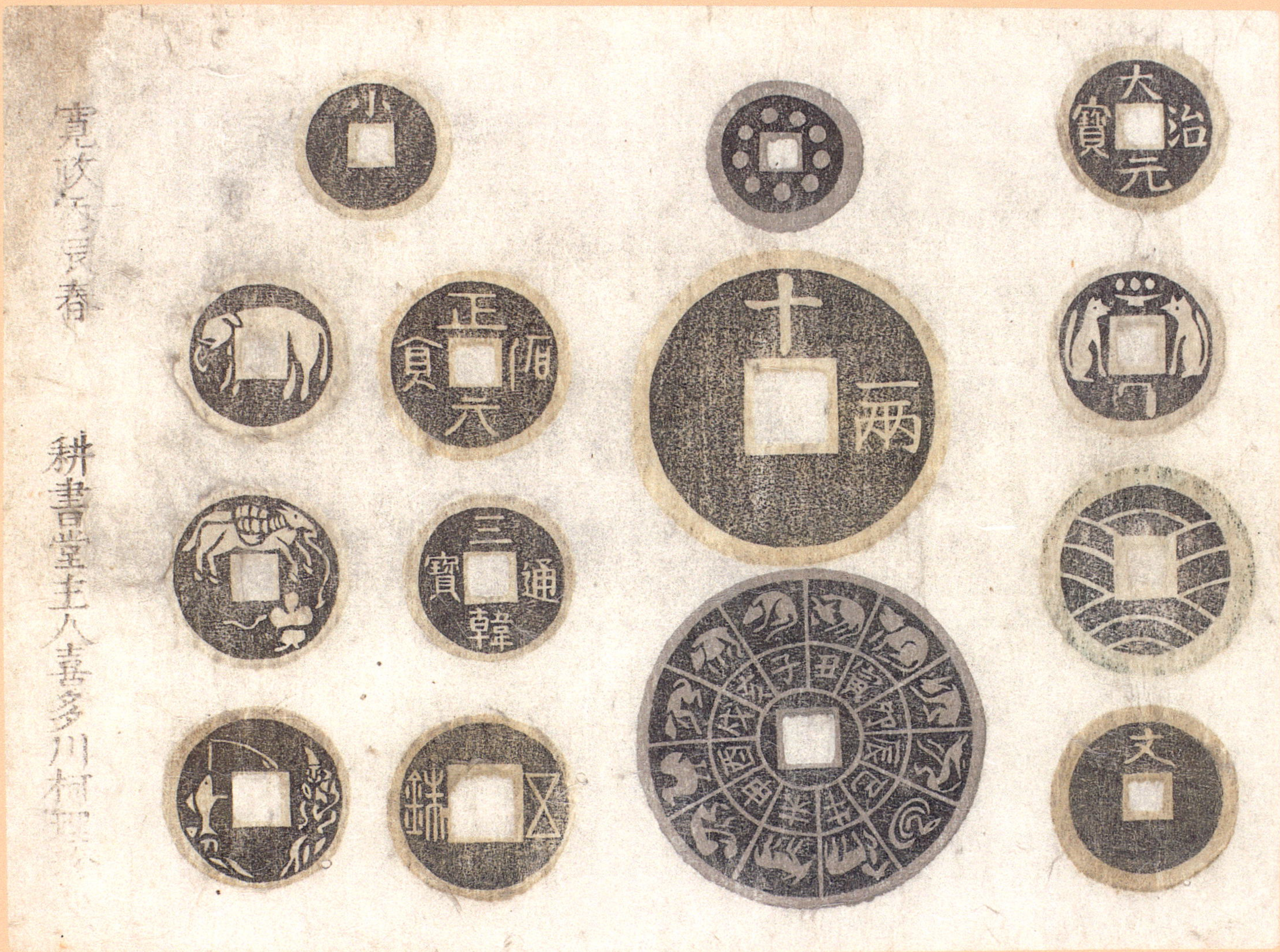

11

13 天保通宝

天保六年(一八三五)に「天保通宝」が発行されたのにあやかって、さっそく新貨幣を題材にした大小暦が作られた。貨幣の上部には、

「天保七申の　宝咲くももの花
　ひらくや日々に　春の通宝」

とある。

貨幣の表面の「通」は、五、四、二、十一、「寶(宝)」は丙、七、九、月、大から成っているが、やや苦しい。裏側は「當百《とうびゃく》」と金座の花押が書かれている。「當」は小、八、正、六、十二の文字からなるが、かなり無理をしていてほとんど「當」とは読めない。「百」は十と三、花押は丙と「さる」とから出来ている。整理すると次のような配列になる。

正　二　三　四　五　六　七　八　九　十　十一　十二
小　大　小　大　大　小　大　小　大　小　大　小

これはまさしく天保七年丙申(一八三六)のものである。

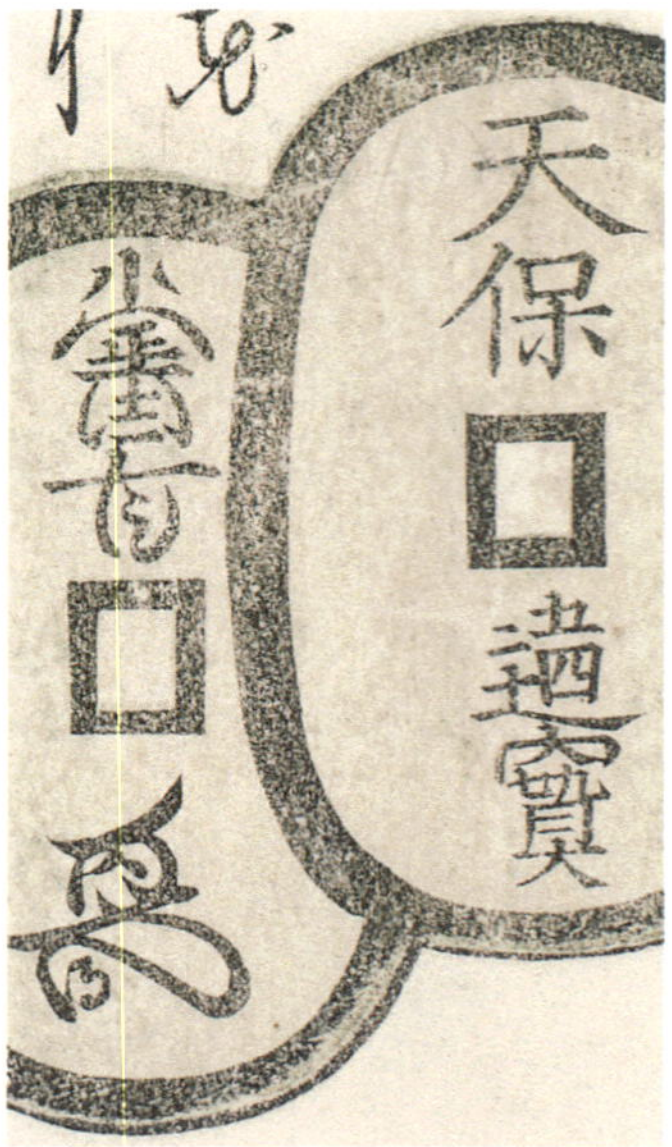

14 四角の銭

江戸時代に四角い銭といえば「仙台通宝」という鉄銭があった。これは仙台藩領内だけに通用した地方銭だが、この大小暦はそれを模したもののようである。

一見、「伝大通宝」と読めるが、これはもちろん「仙台通宝」のもじりであり、かつ寄せ字である。「伝」は

七と六、「大」はそのまま大、「通」は九、十、十二、「宝」は正と三。

つまり、この年の大は正、三、六、七、九、十、十二月ということになり、この組合せは享保八年癸卯(一七二三)、寛延四年辛未(宝暦元年、一七五一)、天明五年乙巳(一七八五)、弘化四年丁未(一八四七)と四回にわたって起きている。仙台通宝は天明四年に鋳造されたから、大小暦に登場するとなれば、それより前ではなく翌年の天明五年と考えるのが妥当であろう。

15 四文銭

寛永通宝でも波の紋様のあるものは四文銭で、通常「波銭」と呼ばれている。最初は波の数が二十一あったが、明和六年(一七六九)には十一波に改められた。この大小暦は二十一波を念頭にしたものであろう。

「志《し》もんせ二」(四文銭《しもんぜに》)と大きく書いているのは、上からこの年の大の月の十二、五、八、十、十一と二月のもじりで、波型の模様は右回りに小の月の六、七、四、三、正、九で構成されている。下に少し見えている銭の表側は、「寛永通宝」とあるうちの「永」の字に似せた「小」と、「通」の字に似せたこの年の干支の「己丑」である。

暦の右側には落款風に「明和六」、その下の瓢箪《ひょうたん》の中に「トシトク」、そして印には「刁《とら》卯間」(寅卯の間)と白文が彫られてある。

年号と大小の月の謎は最初から答えてあって、謎解きのおもしろさではなく、上手く四文銭の文字と銭の模様の中にこの年の大小の数字を宛てている技を見せるものである。

16 大判・小判と豆板銀

開港は、日本の経済に大きな影響を及ぼした。中でも、金と銀との比率が国際的にはだいたい金一対銀一五であったのに対し、わが国では銀の値打ちがその三倍以上も高かったために、日本に銀貨を持ち込んで金貨(小判)を交換することが多くなり、猛烈な勢いで金が海外に流出した。

あわてた幕府は、万延元年(一八六〇)に金の値段を三倍に分増《ぶま》し(値増し)をし、大判・小判や銀貨の改鋳を行なった。

この大小暦は、このような情勢を背景として作られたもので、「萬延大判」を模した大判には、上部の「大小」、中央部左の「万吉」の文字と、金座の後藤の署名風にこの年の大の月である二・三・五、七・九、極(十二月)が書かれている。小の月は、極印の形で小さく正・四・六・八・十・十一の字が上から左下へ並んでいる。この大小の配列は、万延二年辛酉(文久元年、一八六一)の大小暦である。

三首ある狂歌の最初は、

「千金《せんきん》の價《あたへ》も　去年《こぞ》の　分増《ぶま》しより
　けふひきかへて　萬延の春《はる》」

と、前年の金貨の「分増し」を詠んでいる。

狂歌の二番目は、お金の形を使って詠み込んでいておもしろい。

「とも□《かく》も　○《まる》く◎《なみ》よく　通用をするこそ
　人の宝なりけり」

「かく」は豆板銀、「まる」は小判、「なみ」は寛永通宝の波銭(四文銭)の形で表わしている。

三番目は、

「大小の　つばめる　銭《ぜに》を　さすがにも
　江戸《えど》の　目貫《めぬき》は　金《きん》のりやう替《がへ》」

と刀の大小と大判小判、刀の目貫と町の目抜き通りとを懸けて、両替商の繁盛振りを謳歌している。

なお、作者の万亭應賀(一八一九―一八九〇)は幕末から明治にかけて活躍した狂歌師・戯作者である。

下部の羽子板状のものは、豆板銀を並べて数える道具の銭枡《ぜにます》で、細かくて見にくいが、正月から十二月までの毎月の朔日の十二支や庚申・甲子・己巳・十方暮・八専・天一天上・入梅・半夏生・社日などを記載した略暦になっている。

いかにも江戸は蔵前の両替商が配りそうな大小暦である。

15

志ほんせ三

明和六

13

天保も申れ
家咲もしのも
引くし甲らり
天乃屋宝

古
芳玉堂

14

16

赤絵
浮世楳
万亭々人

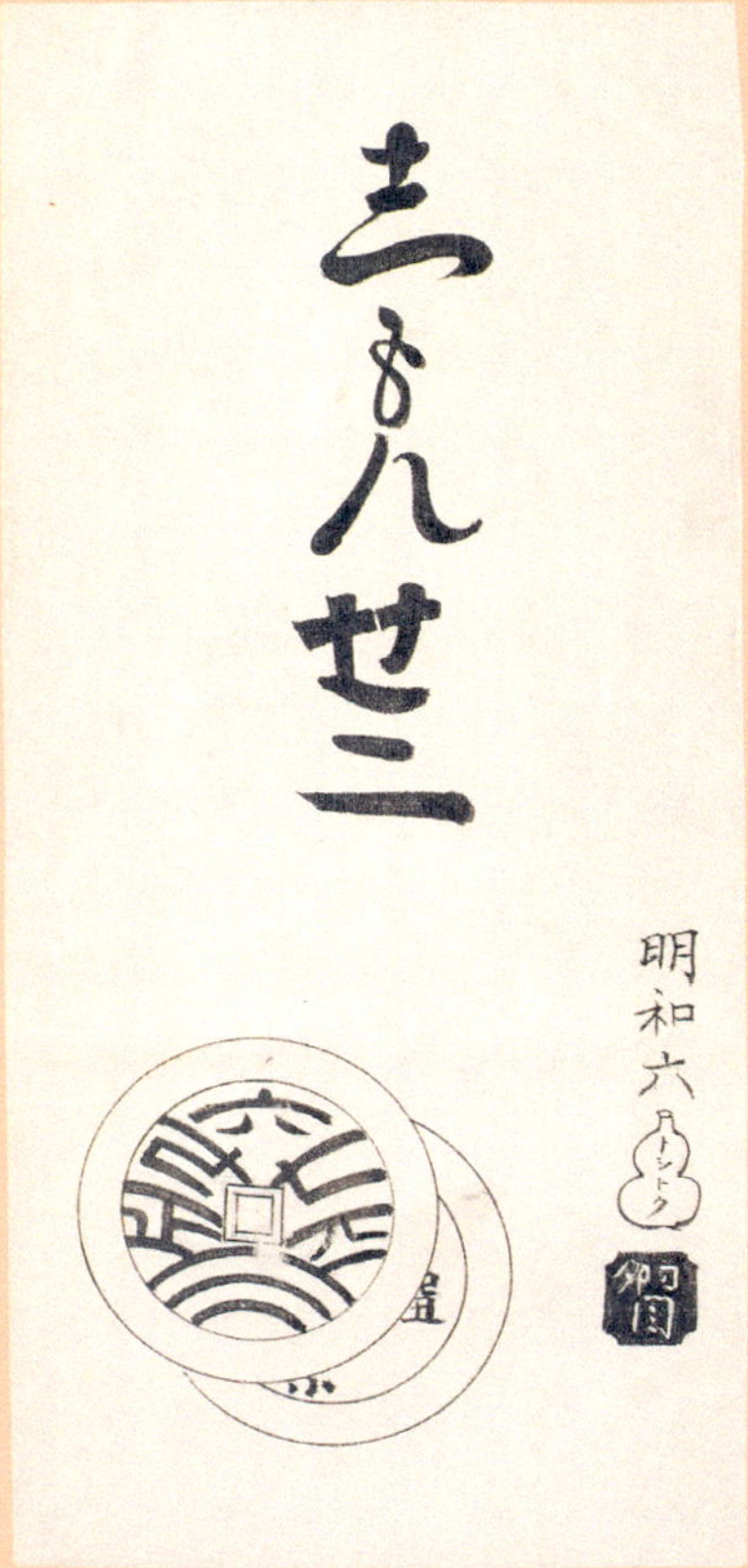

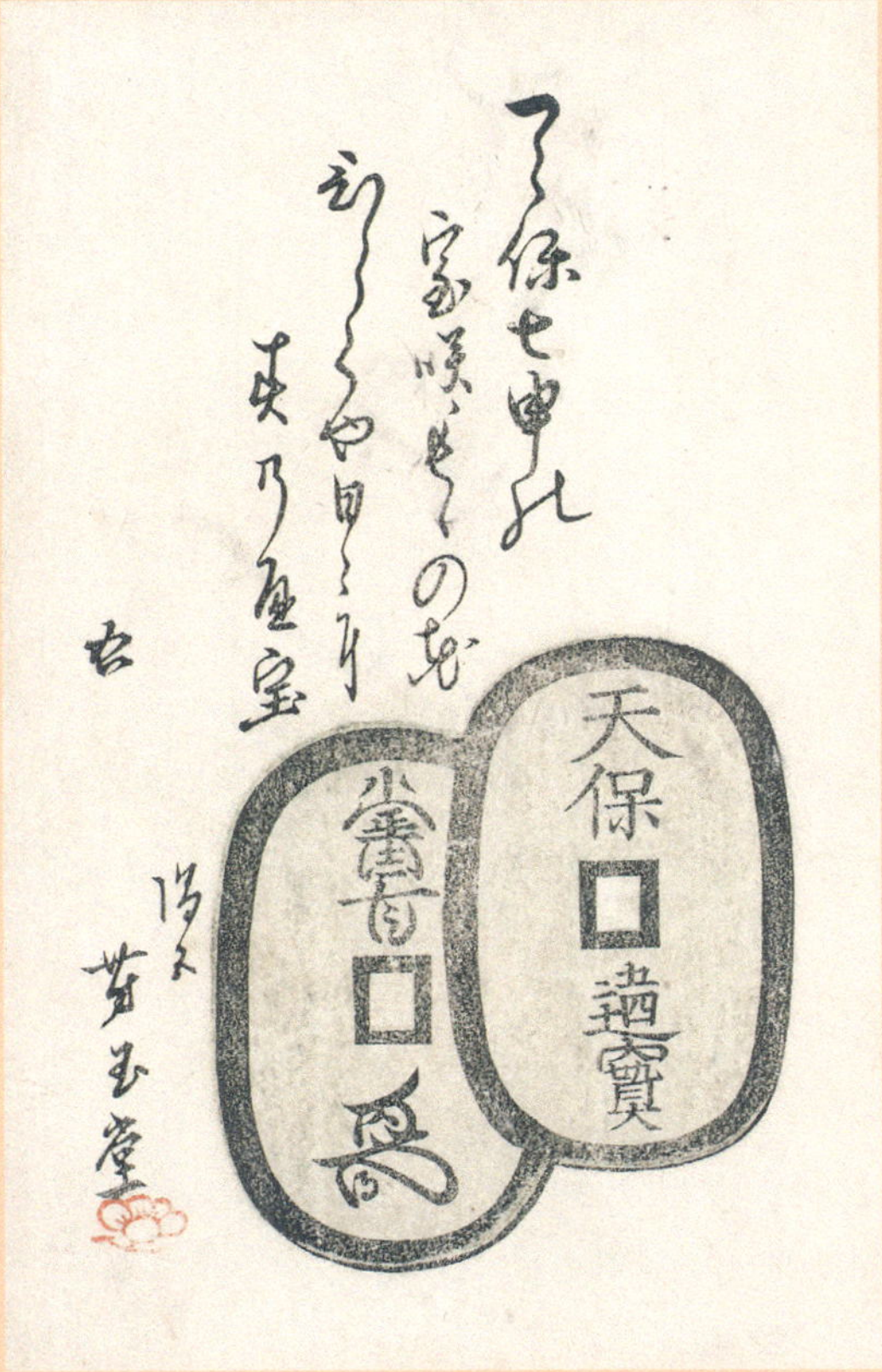

囲碁・将棋

17 囲碁

囲碁の大小暦は将棋のそれに比べてぐんと少ない。その理由は、将棋の場合は駒の文字に数字を隠したり、寄せたりと工夫が出来るのに対して、囲碁の方はそういうことが出来ない。ただ白黒の碁石を使うだけとなるから、大小暦を作りにくいのである。

その上、本当の囲碁のようにするには、十二か月か十三か月に大小とか年号、干支などを全部入れても二十石までいかないから、盤面を構成しにくいという事情がある。

この図では黒石に大、白石に小とあるので、整理すると次の通りとなる。

大の月　二　三　五　六　八　十月
小の月　正　四　七　九　十一　十二月

この配列は、元禄十六年癸未(一七〇三)と明和二年乙酉(一七六五)の二回あるが、様式といい、乙・酉の碁石があることからも、間違いなく明和二年の大小暦である。

なお、右側に「年徳あきの方申酉の間 万《よろず》よし」とある。明和二年は乙《きのと》の年であるから、歳徳神の方位は庚《かのえ》(申酉の間)の方で合っている。

18 将棋(一)

「ツメ方小シ手アリ」と但し書きが付いていて、ツメ方の駒は「小シ」とあるから小の月ということがわかる。したがって、飛車と桂馬が小の月、金と王将と歩が大の月ということになる。

まず、「飛」の字は正、九、四とから構成されている。「桂」は十一、七、十二から成るので、この年の小の月は正・四・七・九・十一・十二月というわけである。

大の月はというと、「金」が八と三、「王」が五、「歩」が二、六、十とから出来ているので、この年の大の月は二・三・五・六・八・十月となる。

この配列は「17 囲碁」と同じく、元禄十六年癸未(一七〇三)と明和二年乙酉(一七六五)と二回あるが、内容的に大小暦の大流行した後者のものと考えてよいであろう。

将棋の大小暦は囲碁の場合と違い、わずか数枚の駒で大小暦を構成できるので作りやすいわけである。

19 将棋(二)

圧倒的に詰め方が有利に見える盤面。その上、持駒に金と角とがある。

盤の左側には、

「天明四
甲辰
歳徳
寅卯ノ間」
大字ノ小歩

とあるから、天明四年甲辰(一七八四)の大小暦とわかる。

この年の大小の配分は、次のようになっている。

大の月　正　二　四　六　七　九　十一月
小の月　閏　三　五　八　十　十二月

そして、「大字ノ小歩」とあるから、歩が小の月で、それ以外は大の月ということになる。

一行目の王の横に「正」とあるから、ここから読み始めよということが分かる。その下の歩の横には「壬(閏)」とあるから、閏正月である。大字は大、歩は小であるから、以下、桂(二月)、銀(四月)、香(六月)、金(七月)、成り飛車(九月)、飛車(十一月)が大の月、残りの歩は全部小の月となる。十月の成り歩の「と」はちょっと迷うが、やはり歩と同じ小の月である。

20 双六盤

古風な双六盤《すごろくばん》を描いた大小暦。簡単なようで、意外と謎解きに手こずる。

まず、黒が大なのか、白が大なのか。敵陣から始めるのか、味方から始めるのか。縦に読んで行くのか、横へ数えるのか、などなど。

幾通りか試行錯誤を繰り返して、結局得た結果は、黒を大の月、白を小の月として、右端の列より、ただ上から下へ数えて行く方法しか大小暦として成り立たないことがわかった。

右端の列より、

一列目　大・小・大
二列目　小・大
三列目　閏小(小さい点を閏月の印と考える)・大
四列目　大・小
五列目　大・小
六列目　大・小

以上によって、この年の大小の順は次のようになる。

正　二　三　四　五　閏　六　七　八　九　十　十一　十二
大　小　大　小　大　小　大　大　小　大　小　大　小

この組合せは弘化三年丙午(一八四六)以外にはないので、この大小暦はこの年のものということになる。

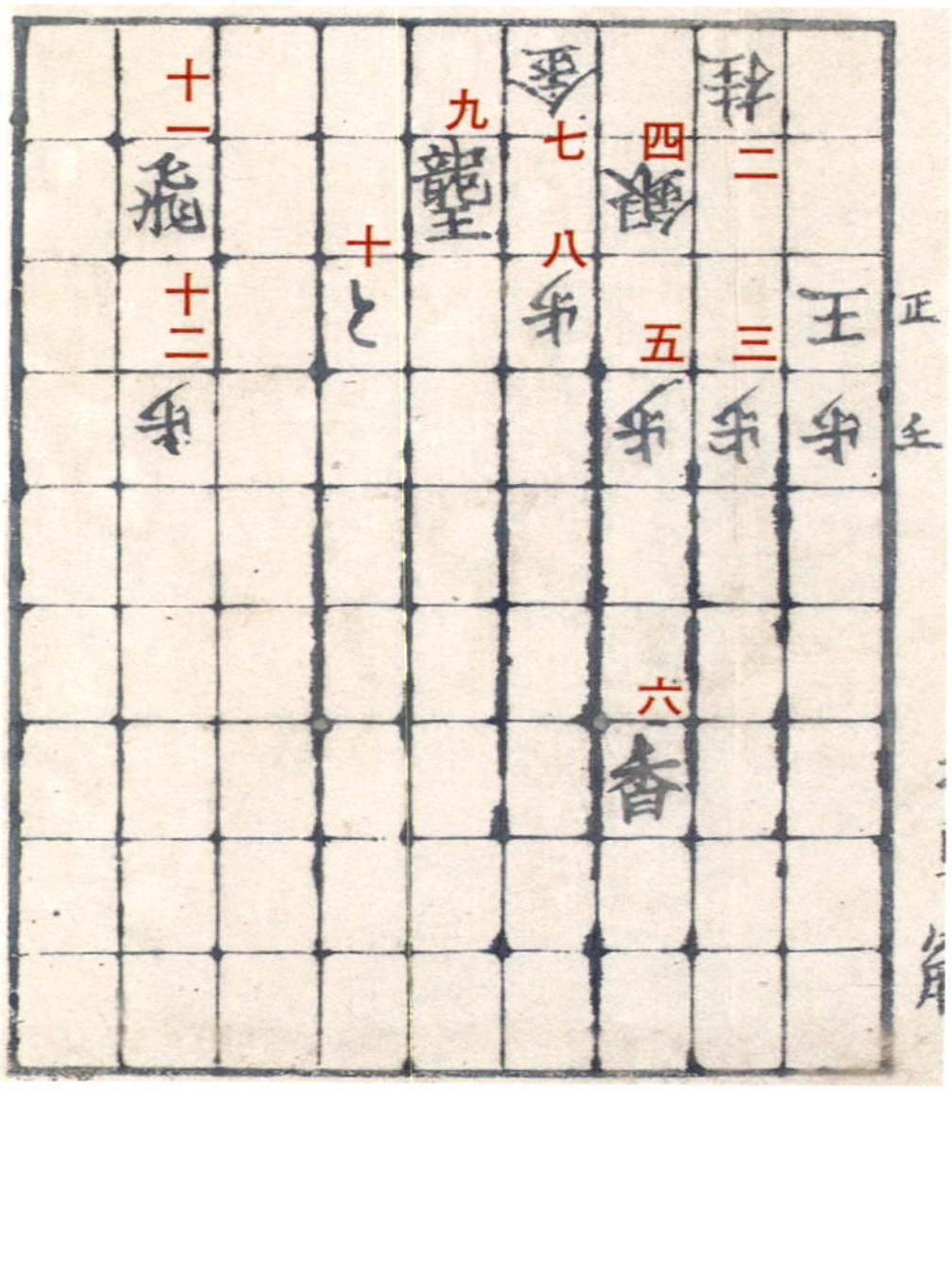

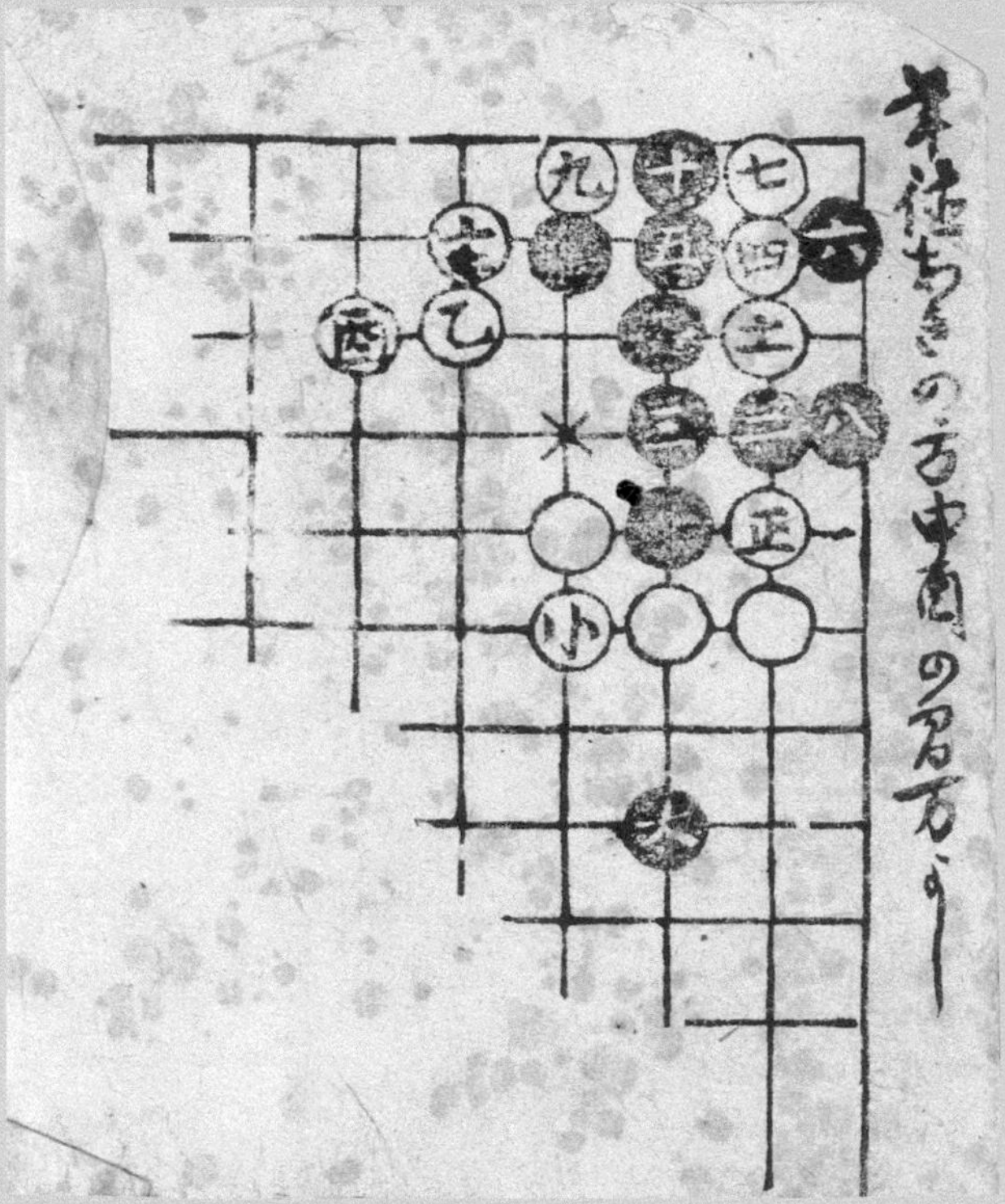

17

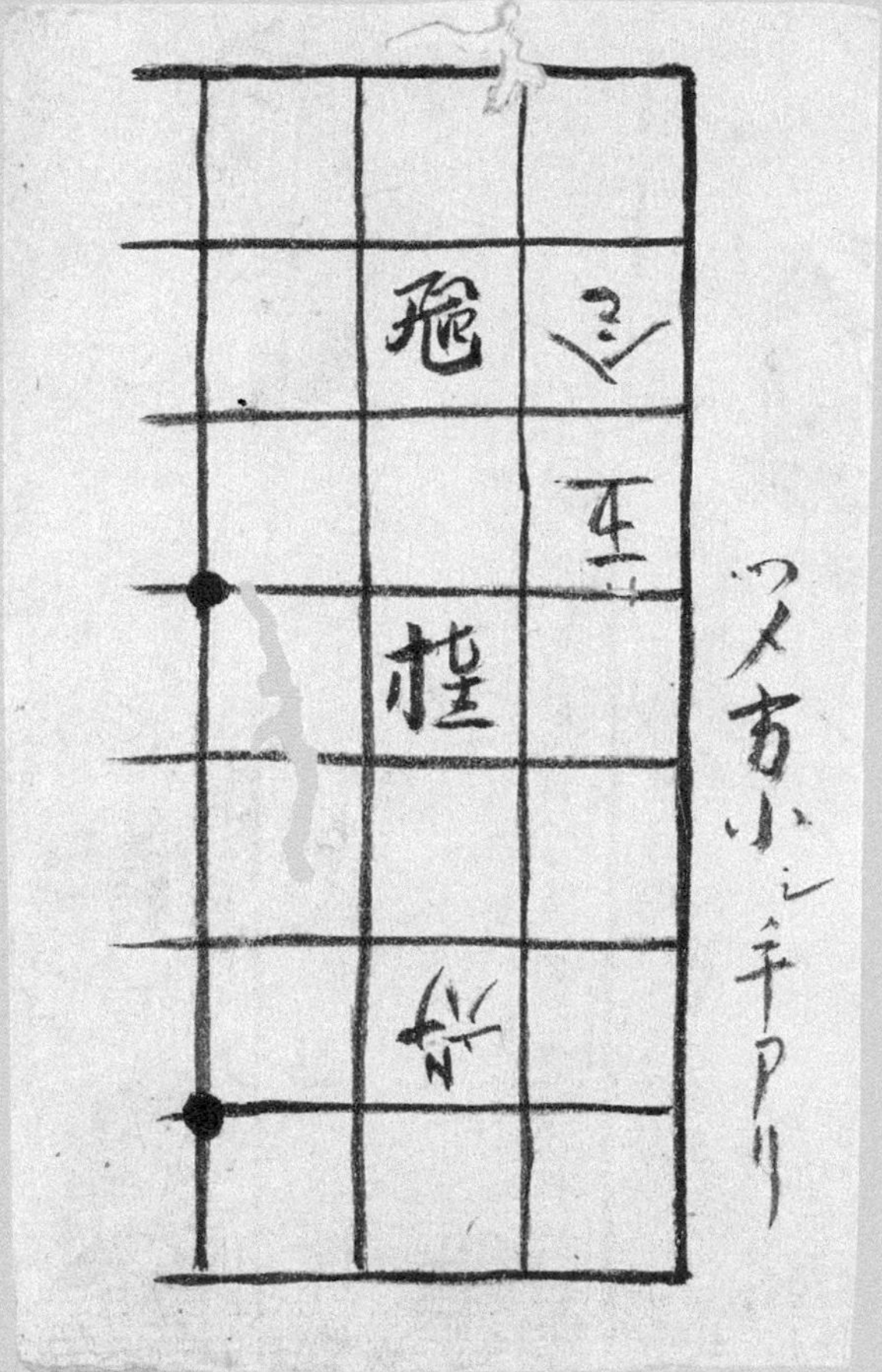

18

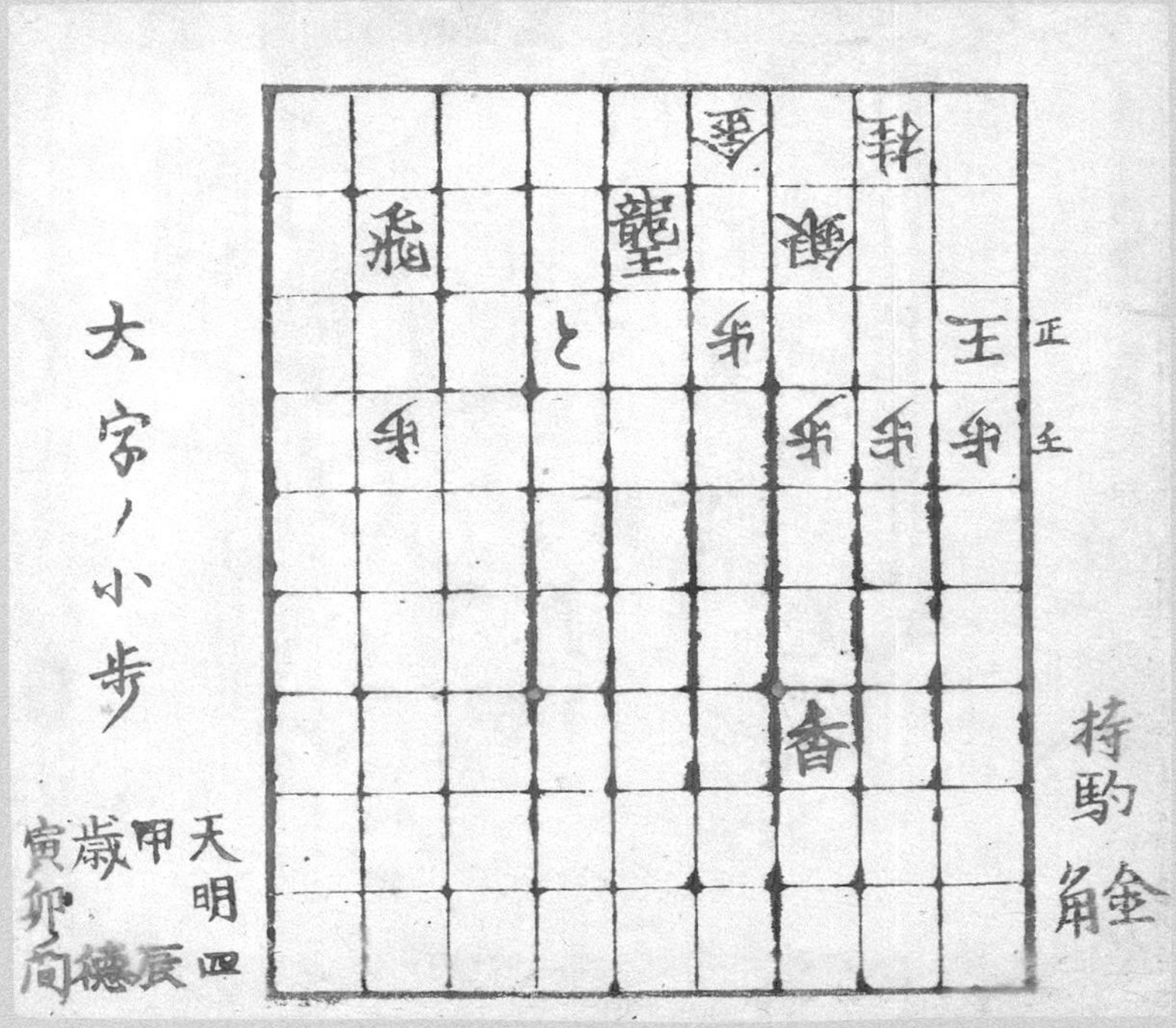

19

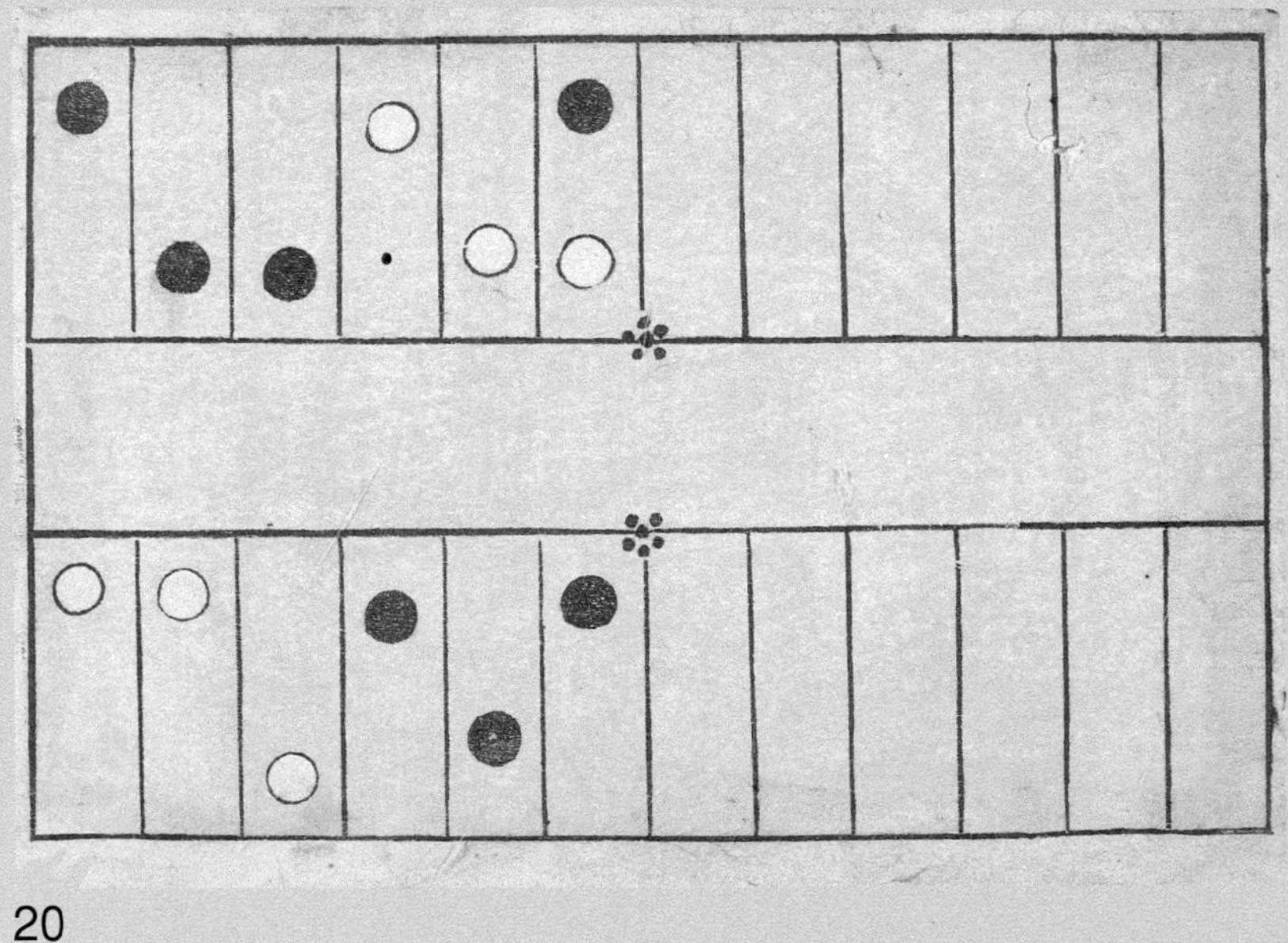

20

21 操《あやつ》り人形(一)

三番叟《さんばそう》の操り人形に、次の口上を言わせている。

「正月の五しうき
　舞ておりそえん
小供みやけ二
　年の三八霜　」

文化八年辛未(一八一一)の小の月は、正・二・三・五・八・十一(霜)月で、この口上にこれを上手に入れてある。末尾の「三八霜」は三番叟と読ませているところがミソである。

この年の大小の配列は次の通りである。

正	二	閏二	三	四	五	六	七	八	九	十	十一	十二
小	小	大	小	大	小	大	大	小	大	大	小	大

22 操り人形(二)

操り人形の看板を描いた大小暦。額の上半分に、

「　東都春日野道草
万々歳のかそへつきせぬ
御座敷にとりちらし
たる様引ける
　美濃今渡橋白躬
明らけき四方に霞の
引く道々に梅かかふ
きや春の木戸口　」

とあり、中程に右横書きで「寛政十二歳」とあって、その下に太々と勘亭流で何やら書いてあるが、摺りがよくないために読み取れない。

その右側には、「あやつりの土佐そうになり上戸には」、左側には、「おもふつほやのみせの読うり」とあって、その下に大きく「山陽堂」とある。

寛政十二年庚申(一八〇〇)の大小暦というわけだが、その「寛政十二」の文字が大の月で成っている。すなわち、「寛」は五・七・四・九で構成されており、「政」は正と三、「十」は十一、「二」は実は大の字で、この年の大の月が正・三・四・五・七・九・十一月であることを示している。

23 影絵

鏡餅や餅花に飾られた神棚の図の下には、

「おもしろや　七ふく神の　影ゑにて　きのえ子と
しの　大小をしる」

とある。右半分に七福神の絵、左半分に影絵を表わしている。七福神はそれぞれの影が数字に見えるように苦心惨憺しているが、それがいかにも滑稽な姿になっている。

まず「大」は注連縄《しめなわ》、「正」は恵比須《えびす》で鯛を差し上げている。「五」は大黒天《だいこくてん》、俵を両足で高々と差し上げている。ずいぶんと力持ちな大黒天である。「六」は鹿にもたれかかった寿老人《じゅろうじん》。「八」は男に支えられた福禄寿《ふくろくじゅ》。「十」は両手を真っ直ぐに伸ばした弁財天《べんざいてん》。「十一」は百足《むかで》に乗った毘沙門天《びしゃもんてん》。「十二」は座って両手を広げた布袋和尚《ほていおしょう》と横に寝かせた杖。いずれもヨガでもしているように無理な格好をしている。中でも痩せ細った布袋さんは気の毒とも何ともいいようがない。

それにしても、『北斎漫画』でも見ているような、意外性十分な楽しい大小暦である。

ところで、大が正・三・六・八・十・十一・十二月という配列は、寛保二年壬戌(一七四二)と明和七年庚寅(一七七〇)と享和四年甲子(文化元年、一八〇四)の三回あるが、右下に「享和四」の朱印があるので迷わないですむ。

影絵の部分をよく見直してみると、障子に影が写っている形式になっていて、芸の細かいところを見せている。

24 綾取り

若い女性が綾取りに興じている。座敷には煙管《きせる》・火鉢・百人一首の本などが置いてある。袋戸棚に鶏が描いてあるから酉年の大小暦と見当が付く。大小の文字は右側の女性の裾裏に、「小・三・五」「六・壬・七・十一」と書き込んである。

ところで、小の月がこのような配列になっている年は存在しない。似たようなものは天明九年己酉(寛政元年、一七八九)の小の月で、「小・三・五・閏六・七・九・十一」というのがある。

いささか強引で邪道だが、「六・壬」とあるのを「閏六」とし、「九」は脱落したものとすると、これに合う。袋戸棚の鶏も生きてくるわけである。絵柄や色具合からも天明九年なら合う。

25 江戸時代の前衛生け花

「見立生花大寄」と題して、大の月を表わす生花を並べた大小暦である。ところが、この生花は普通のものとはかなり違った趣向のものである。

まず正月は、銚子に屠蘇散《とそさん》の三角の薬包が活けてある。三月の立雛《たちびな》は、菱餅の上に乗っており、桃の花をあしらった笄《こうがい》を胸元に差し込んでいる。六月は川開きで、七月は七夕の短冊を結んだ竹が扇子に差してある。九月は重陽、菊の節句で、菊酒の盃が花の代わりに活けてある。十月は、夷講《えびすこう》にちなんで恵比寿《えびす》様の持っている釣り道具が冠から顔を出している。十二月は臼に杵と餅花が添えてある。

以上で、大の月は「正・三・六・七・九・十・十二月」となる。平年ならば「二・四・五・八・十一月」が小の月となり、年間の大小の配列は次のようになる。

正	二	三	四	五	六	七	八	九	十	十一	十二
大	小	大	小	小	大	小	小	大	大	小	大

この組み合わせの年は、享保八年癸卯(一七二三)、天明五年乙巳(一七八五)、弘化四年丁未(一八四七)と三年ある。また、閏年の可能性を考えてみると、閏六月があった寛延四年辛未(宝暦元年、一七五一)も候補に上る。

享保・寛延はちょっと時代が古すぎるし、弘化では下りすぎる。やはり作柄から天明五年が妥当なところである。残るところは、会主の亀文と名乗る人物の年代である。

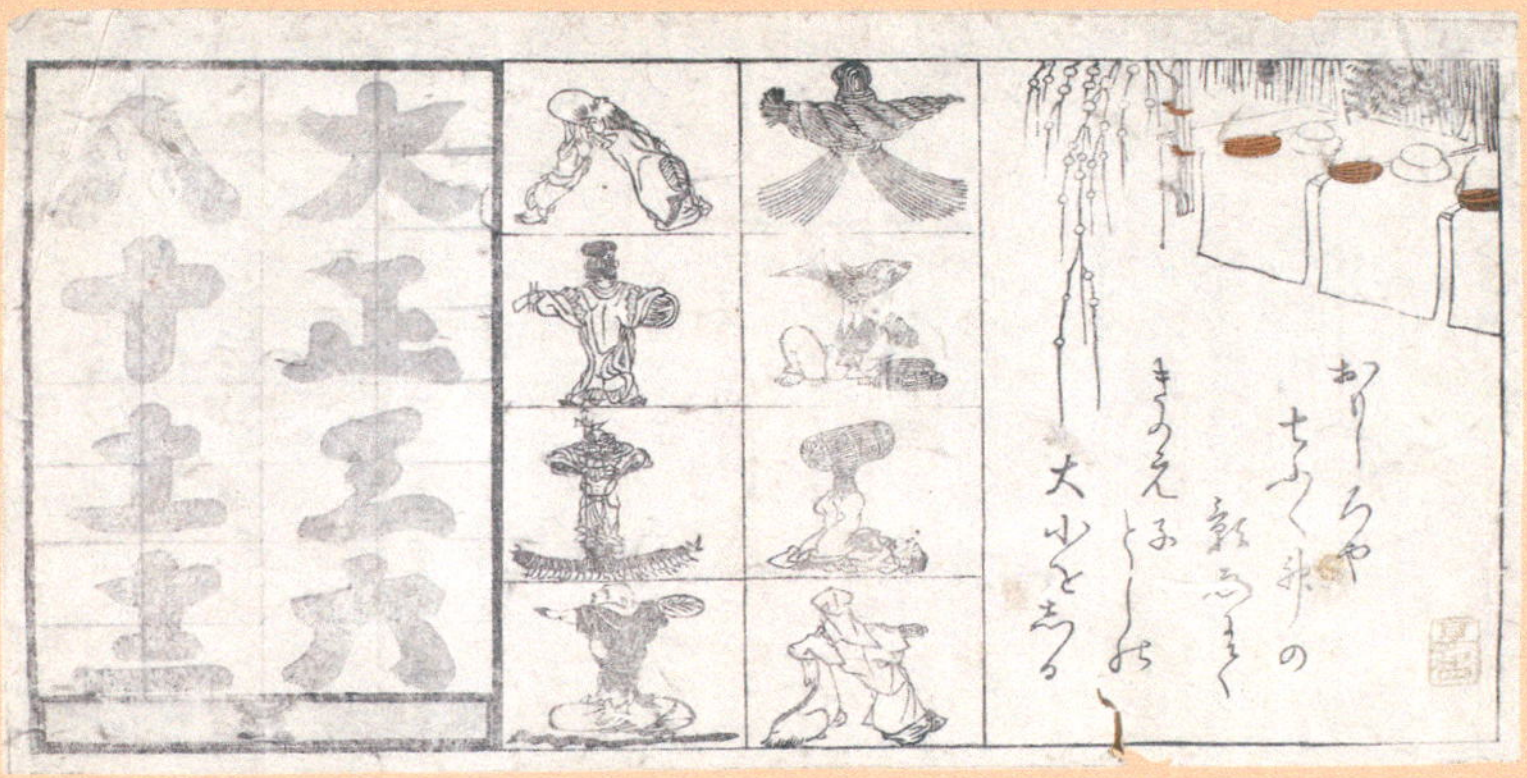

23

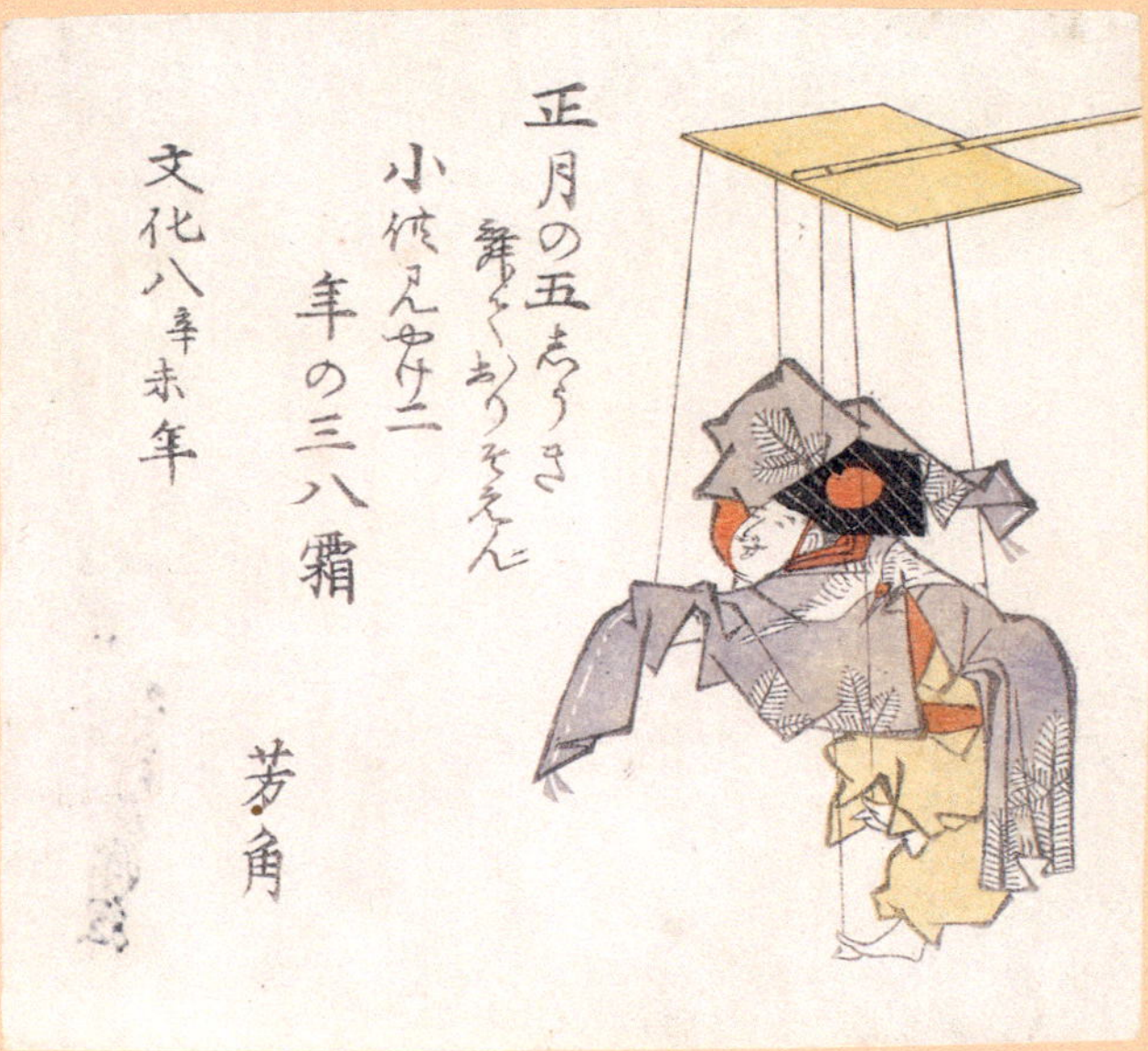

21

24

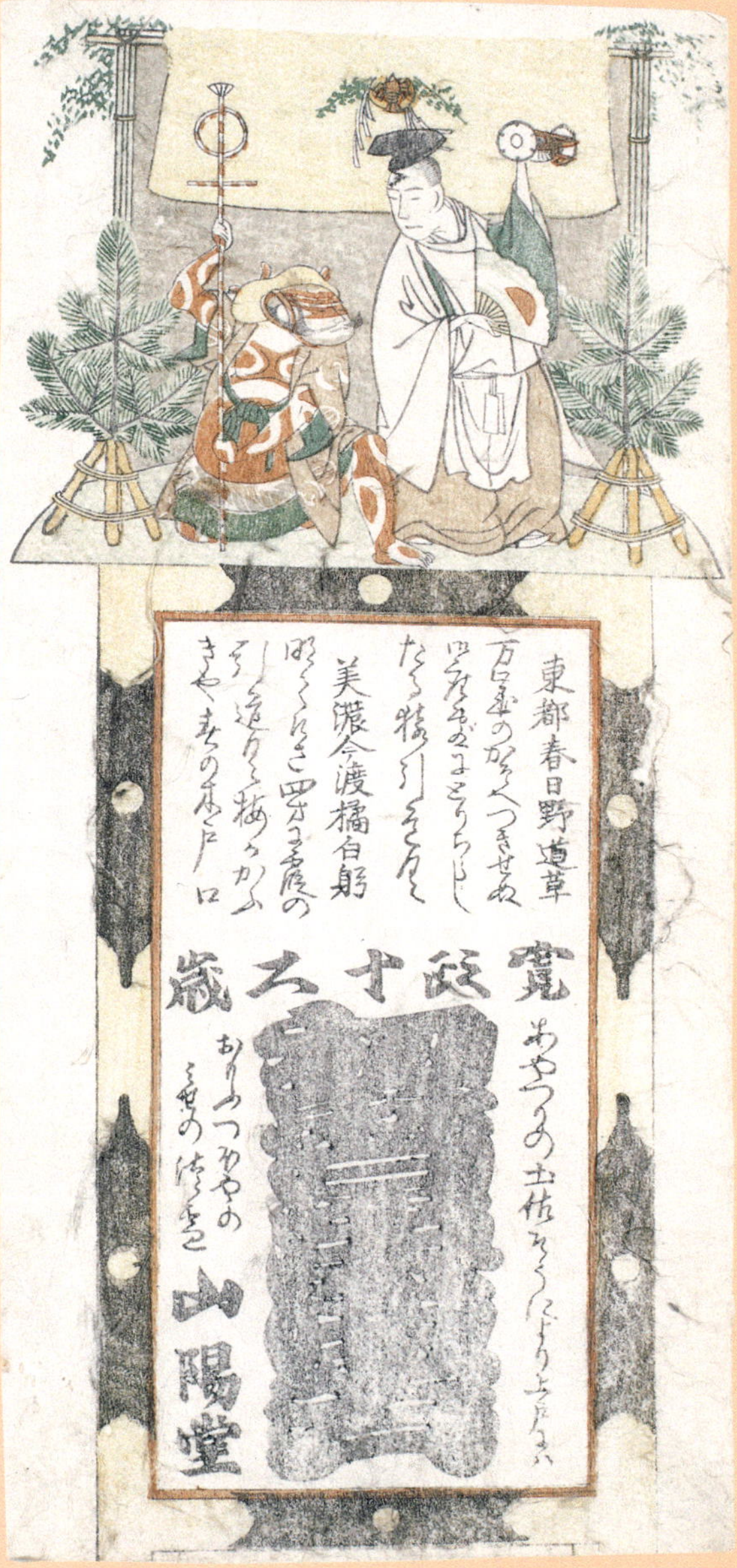

22

25

学芸

26　文化八辛未略圖

行基図のような、かなりいびつな日本地図で、「略圖」とは略暦のことで、東から「せつふん(節分)」「庚申《こうしん》」「甲子《かっし》」「初午《はつうま》」などの略暦に載っている暦註が地図上に書き込まれている。

ところで、「金子」とか「金午」とか「フサカリ金卯」などと、やたらに金がばら撒かれている。はじめは縁起かつぎで金子《きんす》を散らしたのかと思ったが、「フサカリ」というのは「三年ふさがり」のことで、大将軍の方位である。文化八年辛未は、巳午未の三年間大将軍が東の方にあって、三年ふさがりの最後の年にあたる。東は十二支では卯である。

いっぽう、辛《かのと》の年は金神《こんじん》が子、丑、寅、卯、午、未の六方位にあり、大将軍(東=卯)、歳刑《さいきょう》、歳破《さいは》、豹《ひょう》尾《び》(丑)、太歳《たいさい》、黄幡《おうばん》(未)とは方位が重なっている。子と寅と午は金神だけの方位である。

金子《きんす》や黄金の寅や午ではなく、金神子《こんじんね》の方《ほう》、金神寅の方、金神午の方の略であったわけである。

大小暦に当たる記事は、右下の囲みの中に、「みそかなきは　むつき　きさらき　弥生月　さつきに　葉月霜月としれ」とある。晦日なき月とは、つまり小の月の「正、二、三、五、八、十一月」を示す。

左下の囲みの中には、「うるふ二に　卯月　みなつき文月や　菊に　しくれに　師走　大なり」とあり、大の月の「閏二、四、六、七、九、十、十二月」を示している。なかなか風流な大小歌である。

表題にあるとおり、これは文化八年辛未(一八一一)の大小暦である。

なお、左の欄外に、

「としことに大と小とはかはれとも
　　かはらぬ国の春のことふき」

という目出度い和歌が添えてある。

27　寅歳　大日本小圖暦

月の数字で形成された日本と周囲の国々。暦のタイトルの下部に、地域ごとに白囲みで月の数字を表わした中に赤い小点があれば大の月で、かつその朔日の十二支を示し、同様に黒い小点があれば小の月で、その朔日の十二支を示し、△は庚申であると断っている。各月は次のようになっている。

正月　朔　卯　大　(陸奥)　節分九日、立春十日
二月　朔　酉　小　(東海道)　セツ十日、庚申十二日
三月　朔　とら　大　(出羽・越後)　セツ十一日、土用廿四日

以下の各月は、大小と該当地域名を示しておこう。

四月小　(四国)、五月小　(畿内)、六月大　(北陸)
閏月小　(肥後)、七月小　(紀伊)、八月大　(伊勢)
九月小　(筑前)、十月大　(中国地方東部)
十二月大　(中国地方西部)、十二月大　(日向・薩摩)

右の欄外の下に「あるゑつをみてのさくなり委細は柱暦を見へし」とある。

また左の欄外には次の記事がある。

「五畿内の五月　北陸道のろく月　九州の九月
　四国の四月　方角外国　冨士山　淀川　湖水
　各かたち有　」

「方角外国」というのは、四周に、例えば東に「大サイ　向万吉　木ヲキラズ」、西に「歳徳國　万ヨシ」のように、八将神や金神などの方位神の記事が配されていることを指す。

大が「正、三、六、八、十、十一、十二月」で、小が「二、四、五、閏六、七、九月」となっており、明和七年庚寅(一七七〇)の大小暦となる。暦の右上に「寅歳」の文字もあるから間違いない。

28　「江漢」

蘭画風の静物写生画に「江漢」の落款がある。ちょっと見にはただの摺り物ということになるが、落款をよく見ると少し細工がしてあるようだ。

虫眼鏡の助けを借りてみると、「江」は十二と五、「漢」は三、二、正、十一、八の合成である。したがってこれを大の月とすると、延享二年乙丑(一七四五)か、文化四年丁卯(一八〇七)のいずれかの大小暦となる。司馬江漢は延享四年(一七四七)の生まれだから、これは後者のものということになる。

この年の小の月は四、六、七、九、十月の五か月なので、ひょっとすると、ここに描かれている五つの品物がそれに関係があるのでは、と考えてみたが解けなかった。

29　絵本大小記

言うまでもなく『絵本太閤記』になぞらえた大小暦。目次の部分を見開きにした形となっている。右頁には略暦が記されている。

「繪本大小記
一　二月四日狸閑居之事
　　付二月十八日八月廿八日彼岸之事
一　八十八夜の虎四月五日に五月十九日へ入梅之事
　　付半夏八六月六日之事
一　月帯そく六月十六日同廿四日土用の事
　　付八月十日大風雨之事
一　小寒十一月十七日大寒十二月二日之事
　　付十七日立春之事　」

左頁の上部の図には「坂本之大軍●」とあるから、旗の記号は大の月を表していると推測できる。右から、二、四、九、十一、八、十月であることがわかる。

同様に下部の「小田原江出張之圖」は小の月で、旗は右から五、六、三、正、七、幕には十二と閏八が書かれている。記号には武田菱(四)や真田六連銭(六)、前田梅鉢(五)などの家紋を使って、合戦らしさを出している。

ところで、この配列は文化二乙丑(一八〇五)年の大小暦である。これは版心(二つ折りにしたときの折れ目に当る部分)の「〇文化二」と合致している。

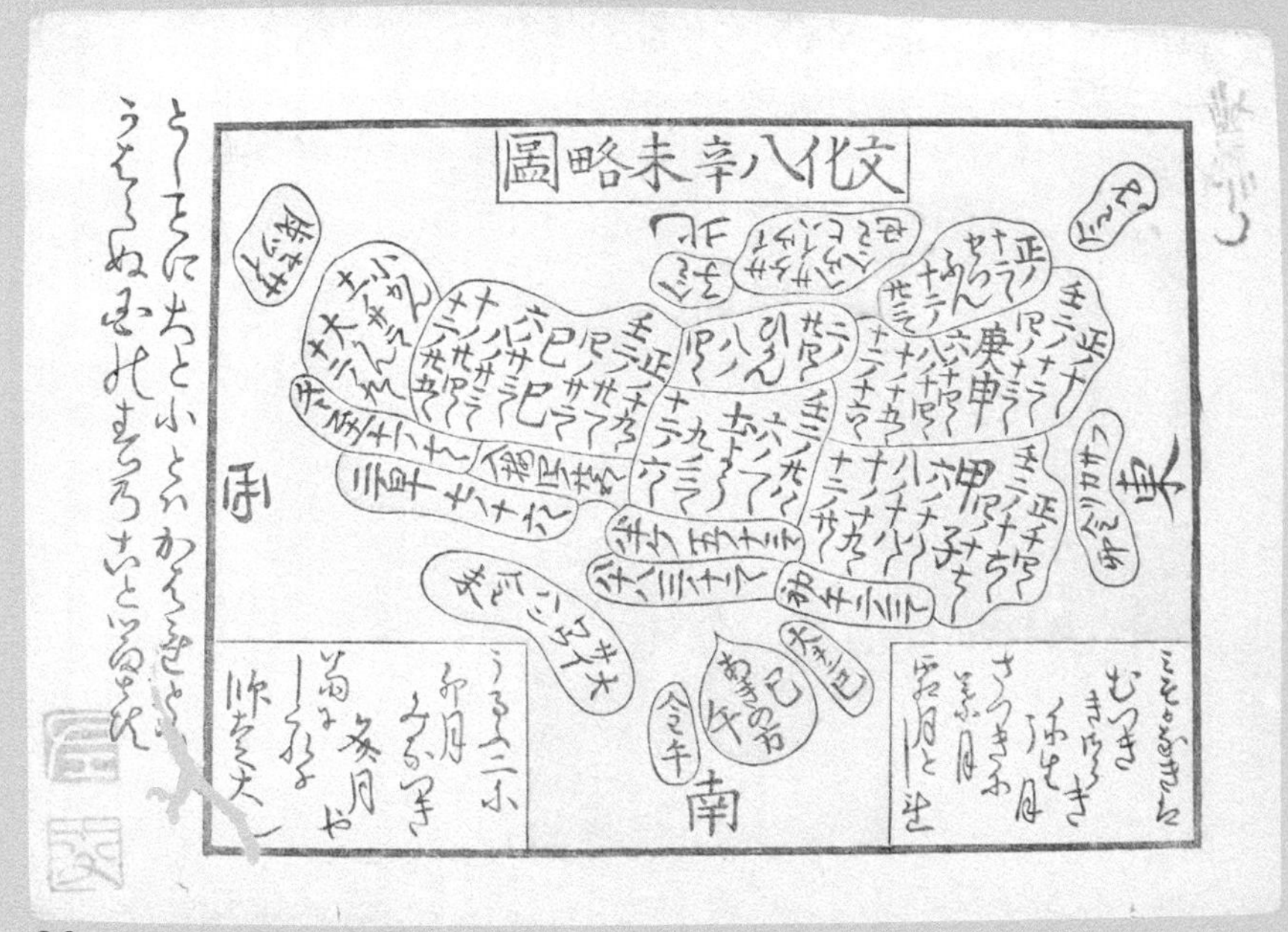

26

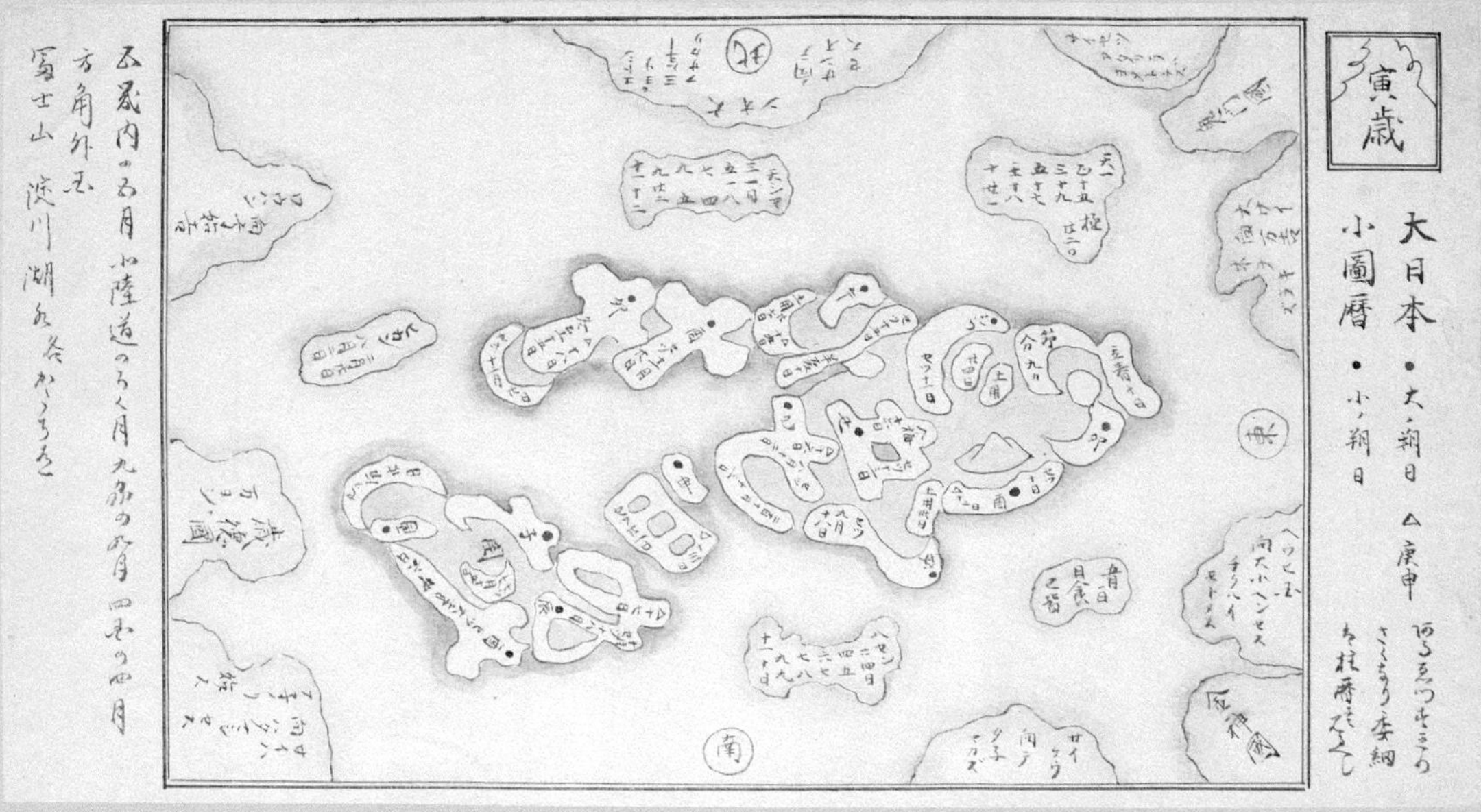

27

28

29

文房具

30 硯から龍

孔雀の羽を飾った文机《ふづくえ》の上の硯《すずり》は端渓《たんけい》であろうか。筆を筆山に休めている間に、硯の上から龍が煙とともに天に昇って行く。もっとも龍だから煙ではなく雲というべきだろう。

龍の頭は「大」、それから尾の「九」の間にも七・十二・二・四・十一が続いている。龍の姿にするために順不同になるのはやむをえない。それにしても、あまり龍らしくない龍で、悪口を言えば龍の骸骨ぐらいにしか見えない。折角月順を変えてまで工夫したのに、あまり成果が上がらなかったわけである。

大の月が「二・四・七・九・十一・十二」となる年は、享保十九年甲寅(一七三四)、寛政八年丙辰(一七九六)、天保四年癸巳(一八三三)と三回あるが、辰年は寛政八年だけである。

春英の落款があるが、これは勝川(磯田)春英(一七六二—一八一九)のことである。春英は初世勝川春章の弟子で、天明初年頃から黄表紙の挿絵をはじめとして、武者絵や役者絵など多方面で作品を残している。

31 羽箒

羽箒《はねぼうき》にでも使うのであろうか。白羽と黒羽の境目のあたりに、右から「十・五・大・二・八・三・六」と、大の月が書かれている。この組み合わせは、元禄十六年癸未(一七〇三)と明和二年乙酉(一七六五)のものであるが、鳥の羽根が使われていることから酉年の後者のものと考えてよいであろう。

明和二年の大小暦大流行にあたっては、実に多種多様なものが作られた。このような身近な品物も盛んに題材として利用されている。それはいいとして、あまりに大量生産的に作られたものだから、やや出来が雑なため、絵解きに苦労するものが多い。

この大小暦の場合、大の月の方は難なく見つけられるが、小の月の方を探すのに骨が折れる。

明和二年の小の月は「正・四・七・九・十一・十二」とわかっているから易しそうなものだが、意外とそうでもない。まず羽根の下部にある柄の部分に、上から「四」と「小」と「正」。羽根の左端の線は「九」。黒羽の中央部の主脈は白抜きで「七」。羽根の付け根から上にかけて「十一」、そして「十二」は羽の左上に二、その隣に十がある。

32 印章

文人墨客にとって印章は欠くことのできないものである。一人で数個数十個とさまざまな形、文面の印章を持つことは稀ではない。それを使って大小暦を作ることもまま見受ける。

この大小暦は、四種の印章と一つの印肉の容器を描いている。右端の印章には「文化十三丙子」(一八一六)、左から二つ目の印章には上部に「大」として陰文で、「正二四六　八十十二」、下部には「小」として朱字で「三五七　閏八九十一」と記されている。しかし、この印章は押印したら裏字(左右逆字)になってしまう。つまり、こんな印章は実在しないわけである。

落款は「英信画」と朱印が添えてある。英信は菊川英山の門人で、文化から文政にかけて活躍した。

ところで、左端の印章には綬《じゅ》と呼ばれる紐が付いている。古代中国の官制では、官吏に任命されると金属製の印章とそれを首から下げるための綬を賜わることになっていた。その制度を真似たものであろうか。刷色は薄紅色だが、銅印を意識したのであろうか。

してみると、中央に描かれた印章は、鈕《ちゅう》と呼ばれるつまみの部分を動物でかたどった古印である。色合いからすると金印であろうか。金印ならば通常、鈕は亀とか蛇であるが、そのようなものではなくてどうやらこの年の十二支の動物、鼠のようである。鈕に鼠の姿を鋳出した金印などあるはずはなく、もしあったとしたら米倉の番人でももらうものである。

なぜ、こんな印章が描かれたのであろうかと疑問を抱く。ここで想起されるのは、天明四年(一七八四)二月に筑前国志賀島《しかのしま》で発見された「漢委奴國王《かんのわのなのこくおう》」の文字を持つ金印のことである。志賀島の金印の発見は好事家の間で話題になっていて、それがここに反映されたものと考えられる。

33 印章いろいろ

印章を使った大小暦の一般的なパターンは、この大小暦のように各種の印章を押した印譜形式のものである。印の形や文字の書体などに変化をもたせて、見る者の目を楽しませてくれる。

中国趣味の青緑の二重枠の中に「安政庚申大小印譜」と題を書き、これが安政七年庚申(万延元年、一八六〇)の大小暦であることを示している。そして右行に七顆《か》、左行に六顆の形の異なった印を押して印譜を作っている。印の文字は次の通りである。

〈右行〉　正大寅　二小申　三大卯　閏三大未　四小
　丑　五小午　六大亥

〈左行〉　七小巳　八小戌　九大卯　十小酉　十一大
　寅　十二大申

三月と閏三月の印章は小さくして二個で一個分の大きさにするなど、いろいろと工夫を凝らしている。しかし、三月の朔日の十二支は卯ではなく丑の誤りである。

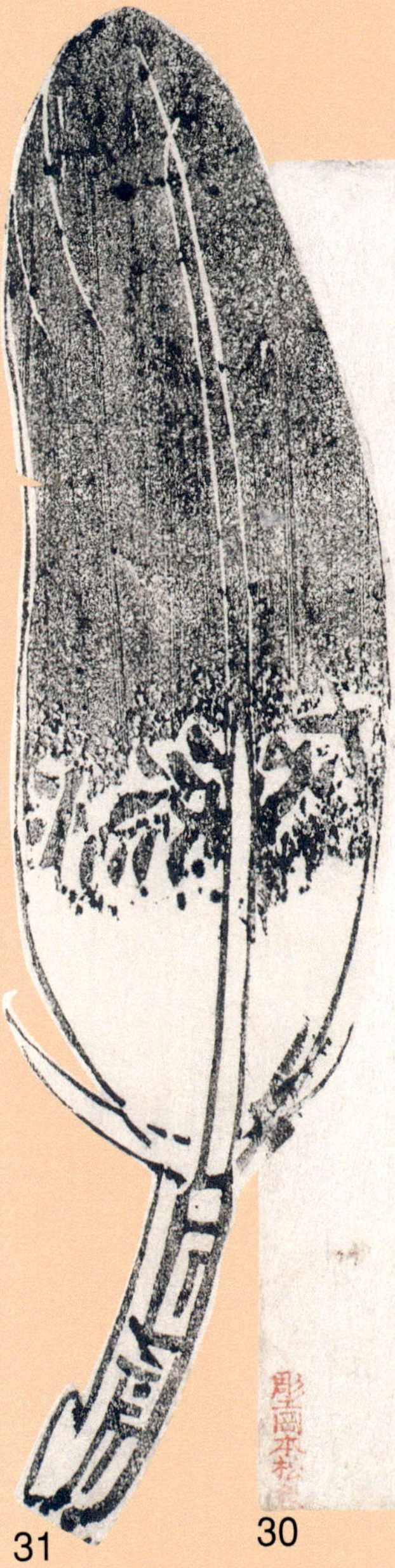

31

30

33

32

【コラム】 暦

1 伊勢暦《いせごよみ》

大小暦の題材に暦というのは平凡な発想だが、意外と実例は多くない。この大小暦は伊勢暦に梅の一枝を添えた単純な構成でありながら、なかなかに上品にまとめてある。

暦の題箋に「二 五 七 九 十一 小」とある。小の月がこの配列となるのは寛政三年辛亥（一七九一）か、嘉永六年癸丑（一八五三）のいずれかであるが、右側に「寛」「政三」の朱印があるので、前者のものとなる。

江戸時代には京都・江戸・南都（奈良）・三島・大坂・会津・仙台などの各地で地方暦が発行されていたが、最も広く普及したのは伊勢暦であった。

伊勢暦は、毎年末に伊勢神宮の御師《おし》によって神宮の大麻《たいま》（お札《ふだ》）と一緒に土産として賦《くば》られたものである。日本全国に頒布されたところから、江戸時代後半には暦の代表とされるようになった。

この大小暦に描かれているように、折本《おりほん》仕立ての暦は伊勢暦だけに見られるもので、他は京暦が巻暦《まきごよみ》である以外は冊子型の綴暦《とじごよみ》であった。

1

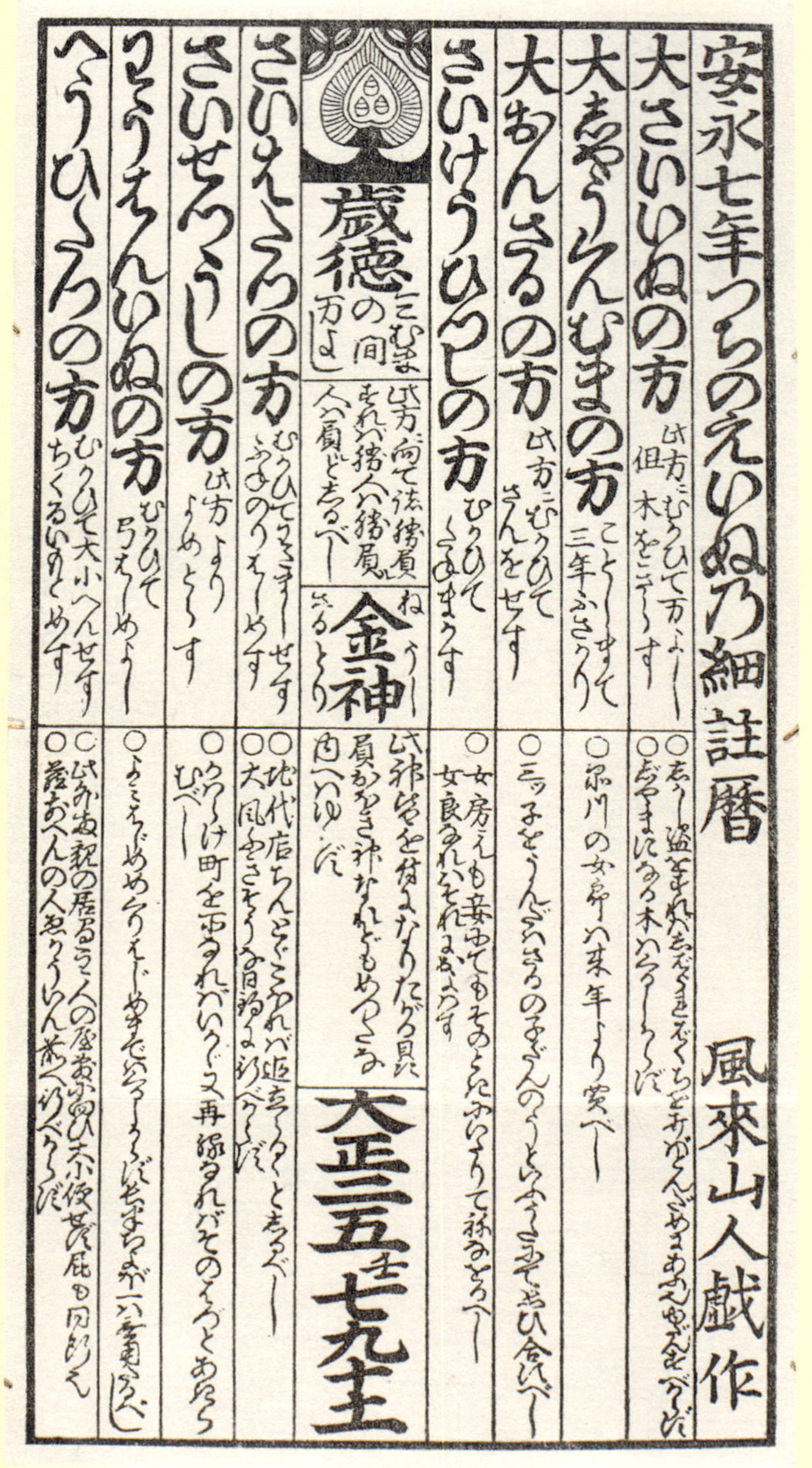

2

2 風來山人の細註暦

風來山人こと平賀源内が作った安永七年戊戌（一七七八）の「細註暦」。内容は、略暦の上段に三鏡宝珠や金神、歳徳を中央に、また八将神をその左右に配し、その年の方位とその神の方位との禁忌事項をほぼそのまま写し、下半分はそれに戯文を加えたものである。そのうちの二、三を以下に紹介しよう。

この暦が何とか大小暦の仲間に入れてもらえるのは、中央部の一番下にこの年の大の月が書いてあるからである。

「安永七年つちのえいぬの細註暦　風來山人戯作」

（上段）
大さいいぬの方　此方にむかひて万よし
　　但木をきらす
（下段）
○しかし盗をすれはしばられればくちを打ばとんだ目に
　あふ也ゆだんすべからず
○じやまになる木はくるしからず
（上段）
大しやうくんむまの方　ことしまて　三年ふさかり
（下段）
○品川の女郎は來年より買べし
（上段）
さいけうひつしの方　むかいひて　たねまかす
（下段）
○女房にても妾にてもそのときにいたりてねるをかへし
　女房なれはそれにおよはす
（上段）
[三鏡宝珠の図] 歳徳　みむま　此方に向ひて諸勝負
　の間　すれば勝人は勝負ル
　万よし　人は負ルとしるべし
（上段）
わうはんいぬの方　むかひて　弓はしめよし
（下段）
○よみはじめめくりはじめまではくるしからず長半ち
よぼ一は無用たるべし

Ⅶ 動植物と器物

Doushokubutsu to Kibutsu

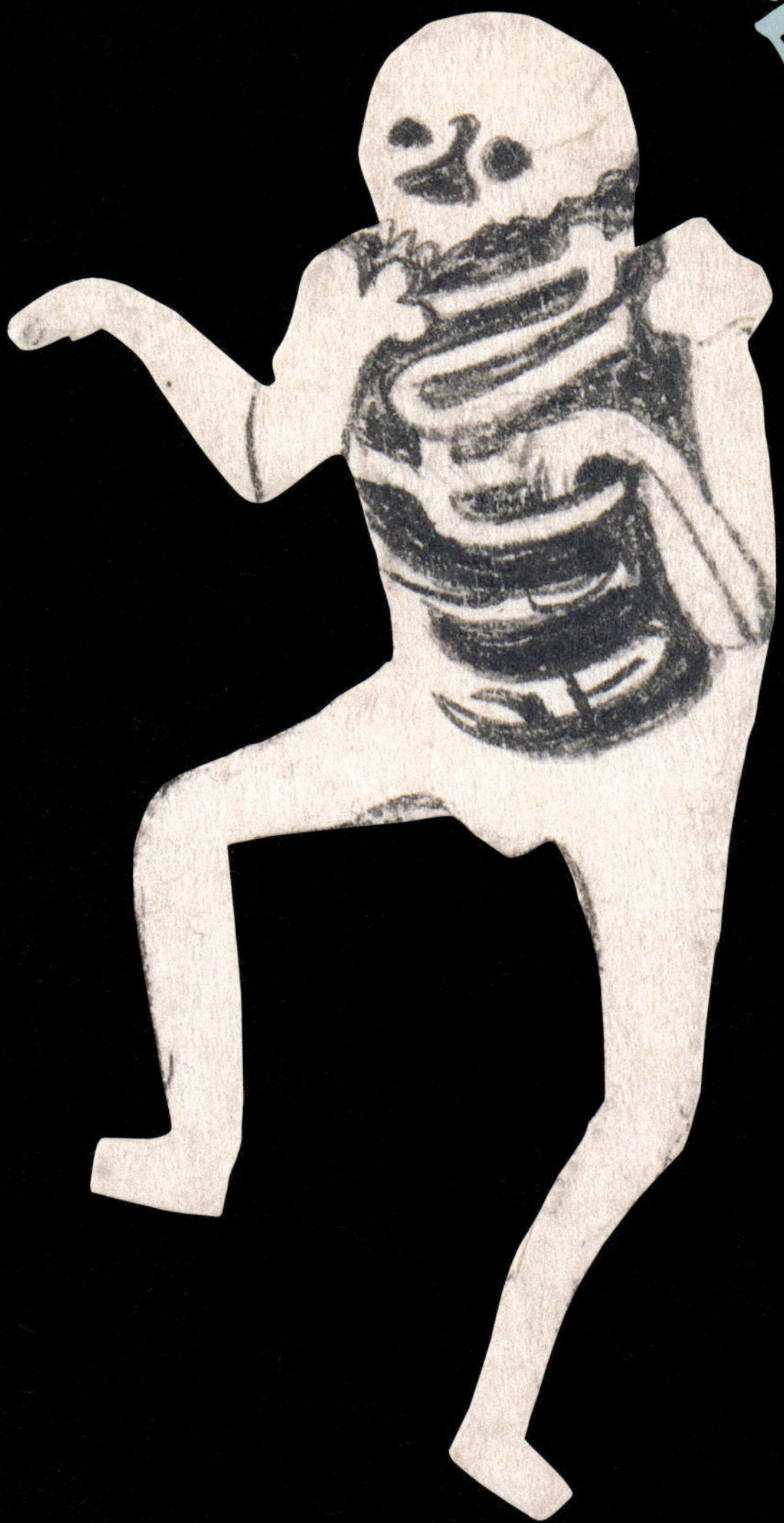

ガイコツ

明和二年乙酉（一七六五）の大小暦のなかには、他の年には見られないような奇想天外な作品も少なくなく、このガイコツが踊っている図なぞはその代表格である。

シャレコウベが小の月の小の字、右腕が十一で左腕が十二、首の骨あたりが九、胸から腹にかけて七、四、正と読んで見たが、四も正もかなり無理がある。

それにしても、今にもガイコツ君が大小暦から抜け出して、ガチャガチャと骨を鳴らしながら踊り出しそうな愉快な一品である。

ここでは、十二支以外の動物や、たくさんある植物・器物の大小暦の中から、興味のあるものを選んである。人々のそれらに対する鋭い感覚を思い出すと楽しい。

動植物①

1 象の大小暦

地上最大の動物の象は、昔から人気のある動物である。ことに仏教との結び付きが強く、灌仏会《かんぶつえ》には白象の上に誕生仏を安置した花御堂《はなみどう》を乗せるし、普賢菩薩《ふげんぼさつ》は象に乗っている。その上、江戸時代には江戸でも象を見る機会があったから、江戸の人間にとって象は架空の動物ではなかった。

この大小暦の象は写実には遠いが、子象ぐらいには見られる。おとなしそうで可愛らしい姿に描かれている。

まず、象の背中に置かれた敷物の縁の円い模様が目に付く。そこには当年の大の月が書かれている。右上から、「大・二・三・五・六・八・十」とある。二は弍（しきがまえ）に二を書いた「弍」、三は同じく弋に三を書いた「弎」になっている。

小の月は尻尾の「正」、目の「四」、前の左足の「七」、耳の「九」、前の右足の「十一」、鼻と牙とで「十二」というように、象の体の中に嵌め込んである。

さらに、後ろ足の大腿部あたりのシワに「明」、前足に「和」、口のあたりに「二」、目尻に乙《きのと》、上瞼に「ト」、目尻の上の方に「リ」といった具合で、「明和二年乙酉」（一七六五）が記されているという丁寧さである。

この年の大小の配列は次の通りである。

正	二	三	四	五	六	七	八	九	十	十一	十二
小	大	大	小	大	大	小	大	小	大	小	小

右下に「芥室」の署名と「源」の朱印がある。芥室の号は鎌倉時代の禅僧春屋妙葩《しゅんおくみょうは》のものが有名だが、もちろんこれは別人である。

2 元気の良い雀

明和二年（一七六五）は乙酉《かのととり》の年であったから、どうしても鳥を描いたものが多くなる。この大小暦は雀をこの年の小の月で構成している。

嘴《くちばし》は「小」の字。頭は「四」、背は「正」、向って右の羽根は「七」と「十二」、左の羽は「九」と「十一」。これでこの年の小の月の「正・四・七・九・十一・十二」が出揃った。なお、尾羽根には右から「カ（逆）ノトトリ」とある。

よく肥えた元気の良い雀である。

3 ふくろう

愛嬌たっぷりのふくろうを描いた大小暦。このように要領よく上手にまとめたものには、例の明和二年乙酉（一七六五）のものが多いのだが、案の定、これもそうであった。

ふくろうの耳と頭は逆になった「六」、両目は「大」の字の逆さ、向かって右の羽根の下の方が「二」、左の羽根が「五」、両足は「八」と「十」、羽根の下の方が「三」、ひょっとすると「乙《きのと》」を兼ねているのかもしれない。胸のあたりの紋様は、よく見ると小さい片仮名で「キノト　トリ　トシ」と書いてある。「キ」は裏文字風だし、「シ」は九十度斜めになっている。

ふくろうは鳥だから酉年にふさわしい題材である。

4 エイの表・裏

座布団のような形をしたやや不気味な魚のエイ（鱏）は、形が単純すぎて大小暦の題材には向かないかと思いきや、然《さ》にあらず。ご覧のように、表（小の月）も裏（大の月）も立派に大小暦に料理している。

表	小の月	正	四	七	九	十一	十二

右目が正、左目が四、歯が七、右辺が十二、左辺が九、真ん中の尾が十一。

裏	大の月	二	三	五	六	八	十

口が六、右辺が三、左辺が十、尾の付け根に五、下の両辺が八、尾が二で、これも明和二年乙酉（一七六五）の大小暦。

ヒレの短い線と歯を除けば、余計な筆は使わずにスッキリと纏めているところに作者の非凡な才能がうかがわれる。

1

4

2

3

動植物②

5 提灯《ちょうちん》に釣鐘《つりがね》

猿が棒の両端に提灯と釣鐘をぶら下げている。おまけに釣鐘の方が軽々と高く、提灯の方が重そうに下がっている。まことに不思議な絵である。

ところで、この絵は、滋賀県大津市で江戸時代から土産品として人気のあった大津絵にそっくり同じものがある。というよりも、大津絵をそのまま利用して大小暦に仕立てたものである。

猿の首から肩にかけて八、指が五、尾が三、向かって右の足が十と正、左の足が十二で、荷の結び目が大となっている。したがって、平年ならば大小は次のような順になる。

正	二	三	四	五	六	七	八	九	十	十一	十二
大	小	大	小	大	小	小	大	小	大	小	大

この配当は、延宝二年甲寅(一六七四)と享保十一年丙午(一七二六)、天明八年戊申(一七八八)の三回あるが、猿の絵だから天明八年の方がよいと思われる。小さい落款ははっきりしないが、「杏春」のように見える。

6 大梅

「文学の世に　大梅のさかりかな」の句と墨絵風の梅の木を描く大小暦。右下の落款は「寛政子」とあり、印は「壬」である。したがって、これは寛政四年壬子(一七九二)のものと考えてよいわけで、そこで、先にこの年の大小の順を見ると、次のようになっている。

正	二	閏二	三	四	五	六	七	八	九	十	十一	十二
小	大	小	大	小	大	大	小	大	小	大	小	大

この年は閏二月があるが、印の「壬」は年の十干の壬と閏二月の壬の両方に懸けてあるのかも知れない。

大梅の枝に咲くのはいずれも大の花ということになる。左の枝は十二で、上から三、六、八が蕾か花、右の枝が十で、上が二で下が五。したがってこの年の大の月は、二・三・五・六・八・十・十二月となる。これはまさしく寛政四年の大の月である。

この大小暦の答えがわかっているから良いものの、正攻法で梅の花や蕾の方から読み解くのはちょっと難しい。

7 木の葉

木の葉の葉脈に大小の数字を入れる方法は、よく用いられるものである。

まず柄に近いところに天地を逆にして大の字があるから、ここに書き込まれているのは大の月ということになる。右上から八、五、三、中央に十が逆になっていて、左上に二、その下に六がある。

したがってこの年の大の月は、二・三・五・六・八・十月、小の月は正・四・七・九・十一・十二月となる。

この配列は明和二年乙酉(一七六五)のもので、大流行の渦中の作ということになる。

8 墨流し―水面に浮かぶ桜花

墨流しの技法で描いた図案に、水面に浮かぶ桜花の風情を描く。花の中の数字は二・三・五・六・八・十。

五弁の桜花の形は大の字に似ているから、この数字が大の月とすると、小は正・四・七・九・十一・十二月となる。

この配列は元禄十六年癸未(一七〇三)と明和二年乙酉(一七六五)の二か年ということになる。元禄にはまだこの技法は誕生していないから、当然明和二年のものということになる。大小暦の流行は浮世絵の技法の上でも大きな刺激を与えたわけである。

9 梅に鶯

春らしい絵で、「松かげに　其ままのこる　春の雪」の句が添えてある。

梅の枝に大の字と、二、五、六、八、九、十一、十二と書かれ、鶯の口に小とあって、以下、正(尾)、三(羽根)、四(下腹)、五(脚)、七(首)、十(腹)と上手にまとめてある。この組合せは安政四年丁巳(一八五七)のもので、鶯の脚の五の横に壬がある。

正	二	三	四	五	閏五	六	七	八	九	十	十一	十二
小	大	小	小	大	小	大	小	大	大	小	大	大

10 福寿草と兎

咲き誇る福寿草の中に、美しい白兎《しろうさぎ》が空を見上げている。兎の毛は空摺《からずり》である。いかにも卯年の大小暦にふさわしく、上品な作品である。

兎の上方に、「初日影　さし入る庭の　福寿草　こがね色めく　千金の春」と、新春の和歌が詠まれている。大小は福寿草の大小で示されており、右から順に次のようになる。

正	二	三	四	五	六	七	八	九	十	十一	十二
大	大	大	小	大	小	小	大	小	小	大	大

この配列は文化四年丁卯(一八〇七)のものである。

10

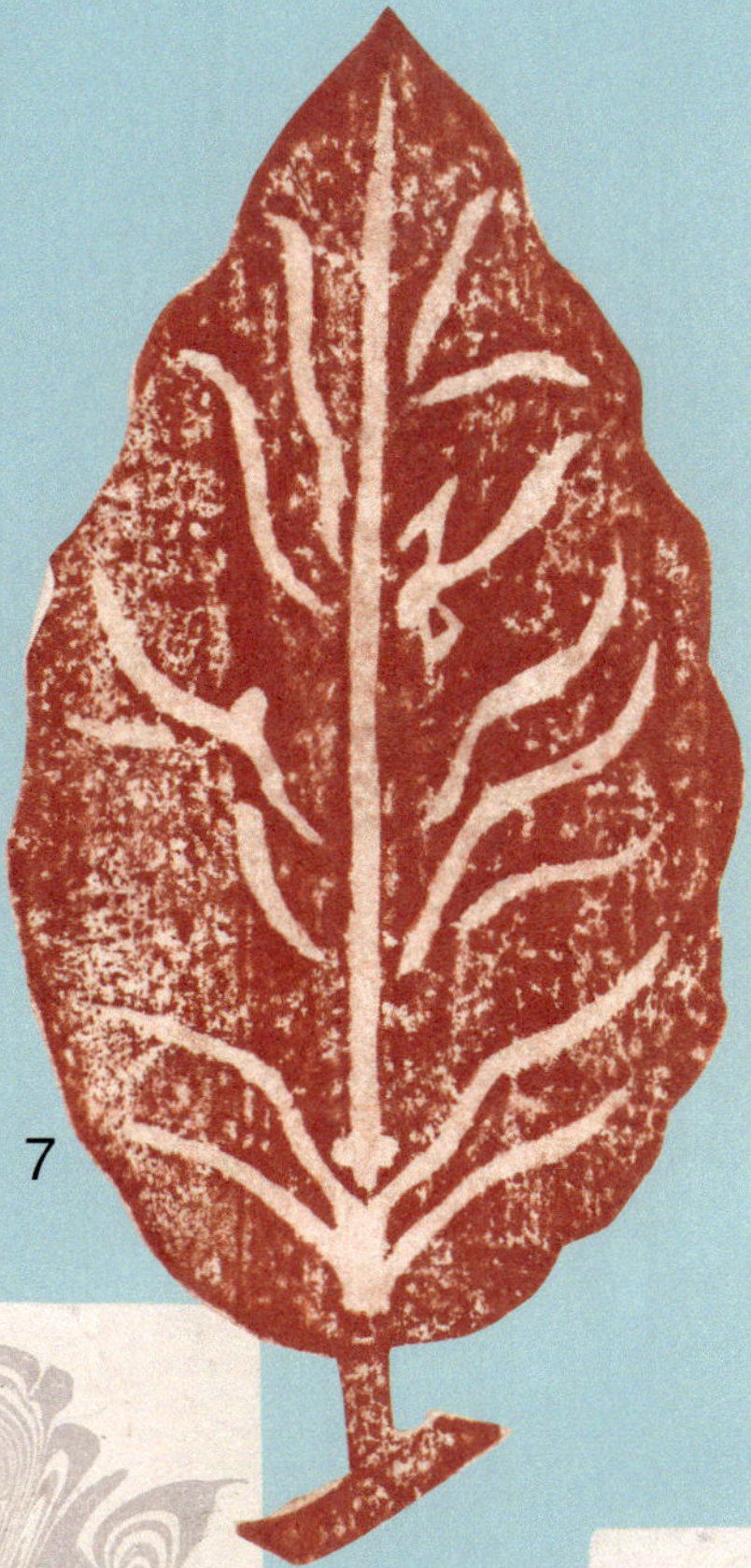

7

5

8

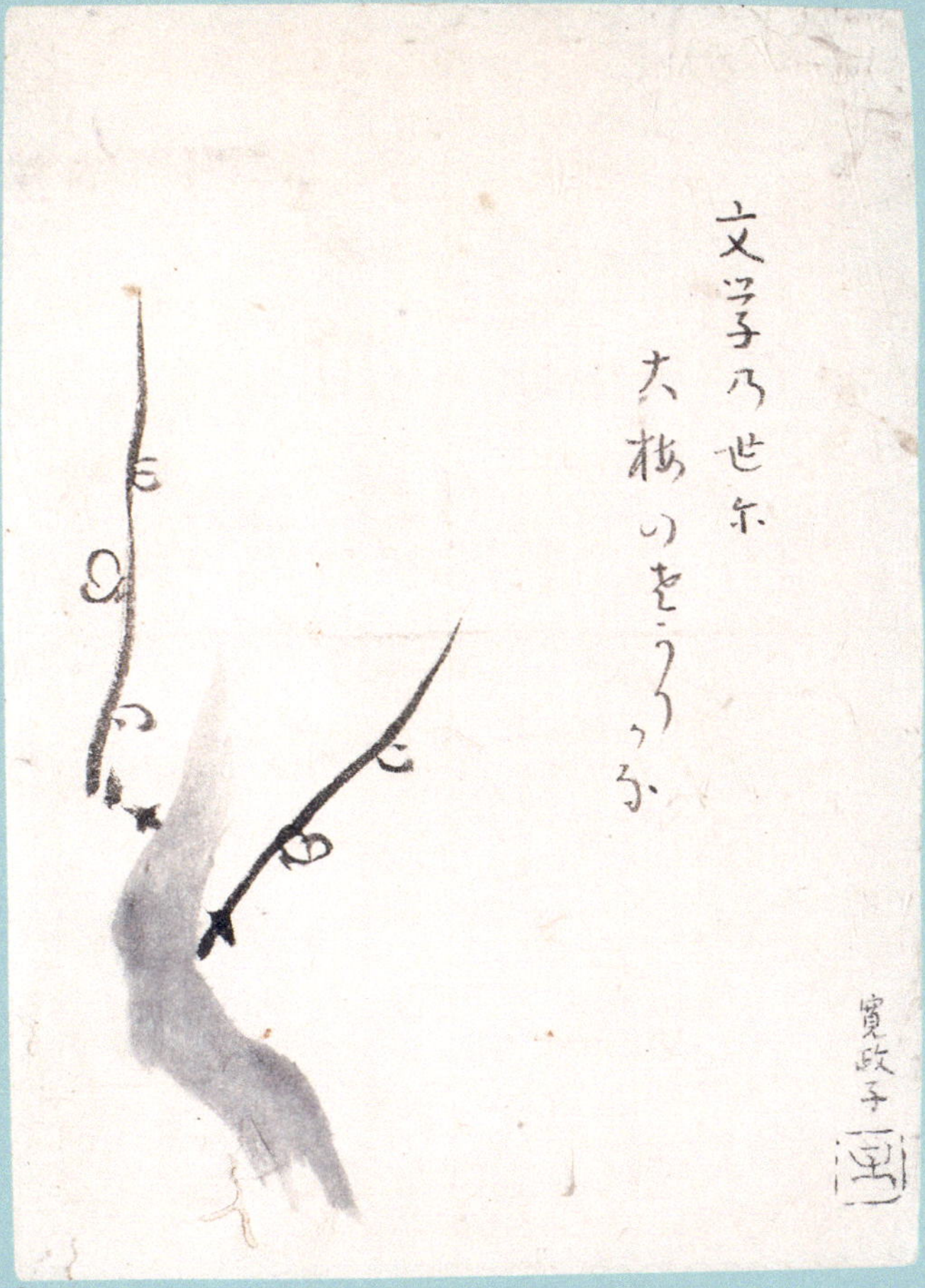

6

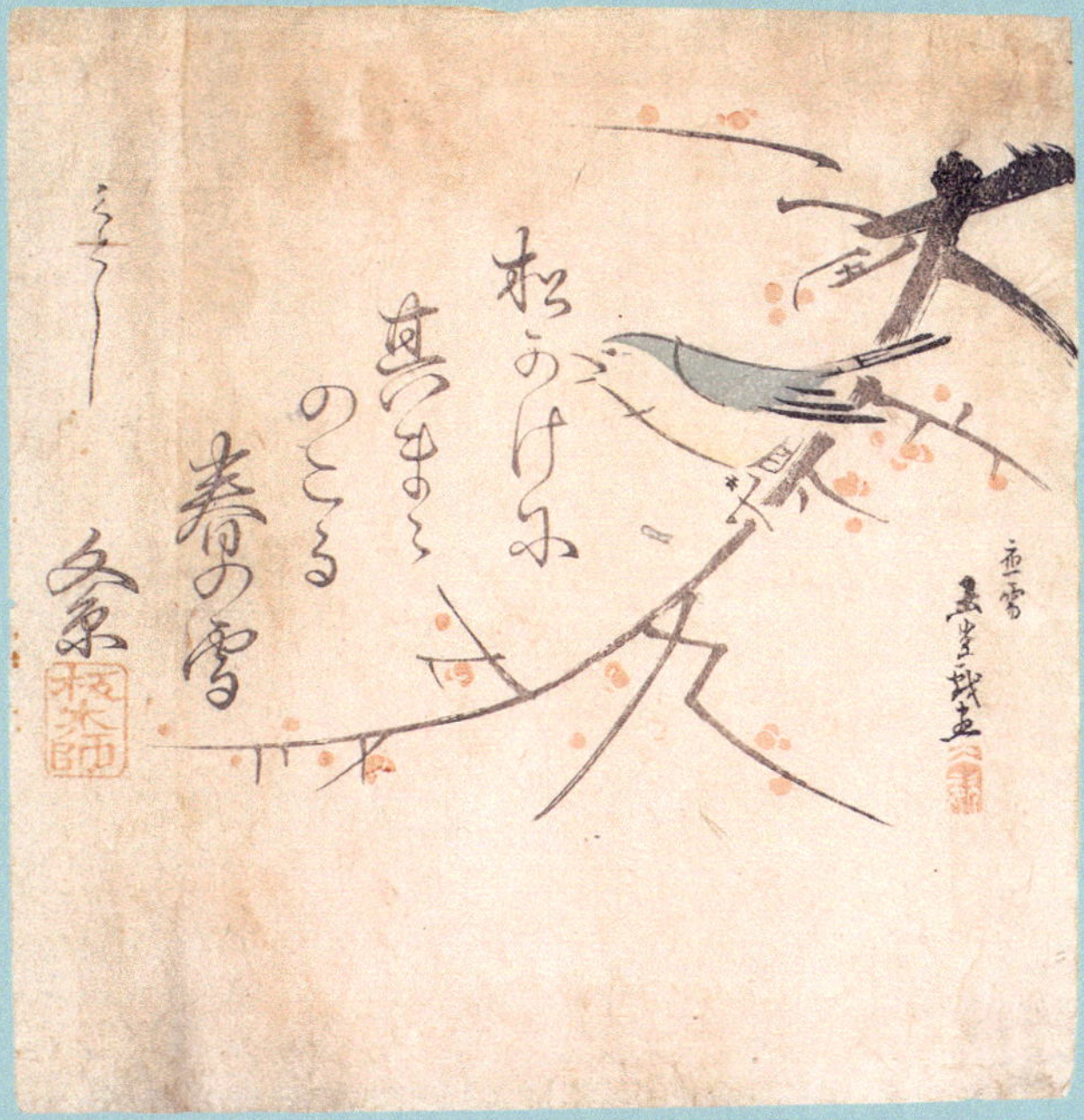

9

器物

11 大明成化丙午年製

題字のとおりなら明の成化二十二年丙午(一四八六)、わが国では文明十八年の大小暦ということになり、年代が古いばかりか、これまで知られていなかった中国の大小暦ということになる。

しかし、どう考えてもそんなことは有りえないわけで、「大明成化丙午年製」と銘のある古い焼き物を題材にした大小暦というわけである。

中央に空想上の動物である麒麟《きりん》の勇姿を描き、本来なら竜紋ででも飾るところに、正月から十二月までの各月の大小が記されている。

大の月　二　四　七　九　十　閏十　十二
小の月　正　三　五　六　八　十一

これは天明六年丙午(一七八六)の大小暦となる。

成化年間のものをわざわざ持ち出したのには何か他に魂胆があるだろうと、もう一度この大小暦を見てみると、まず、両方ともその年の干支が「丙午」と、共通であることに気が付く。

また大明《だいみん》というのが気になり、よく見ると「大明」の大の字が「天」になっていることに気付いた。つまり、題に「天明丙午年(六年)」ということが書いてあったわけである。

なまじ明の皿について知識があると、ついだまされて「大明成化丙午年製」と読んでしまうわけである。

12 櫛《くし》

櫛形の大小暦。櫛形の紙に櫛の形を描いて、鼈甲《べっこう》の紋様風に手描きで月の数字が散らしてある。

墨文字の「大・二・三・五・六・八・十」は、「大」とあるから明和二年乙酉(一七六五)の大の月。いかにも素人くさい素朴さがほほえましい。鼈甲の櫛は高価であったから、本物の代わりにこの大小暦を配って、ご婦人方のご機嫌を取ったのであろうか。

13 土瓶《どびん》

この大小暦は、身近で簡単な器物を使って、その上奇抜な発想の大小暦が作られた明和二年乙酉(一七六五)のものの一例である。

切抜きの図形は土瓶《どびん》であろうか、金色に刷ってあるから金属製のものかも知れない。「乙酉」と「大」の文字があるから、明和二年乙酉の大の月を使ったものである。この年の大小の月は、次の通り。

大の月　二　三　五　六　八　十月
小の月　正　四　七　九　十一　十二月

絵の具の金がだいぶ落ちていて、判読しにくい。答えは分かっているから、逆に問題を割り出せるのではないか、つまり、逆探知してみようというのである。

結果は図のようになったが、何となく自信がもてない。五や三は大きく鮮明であるが、その他は小さく、これでよいのか不安である。

やはり、大小暦には、逆探知というのはあまりしっくりしない方法なのだろう。

14 酒樽

積み上げられた薦被《こもかぶ》り十五樽。上戸《じょうご》ならば喜悦の涙を流すであろう。右上に、「酒名大小書　十有弐　数月也」とあり、左上には、

「万年《まんねん》の　はるにつみあげ　たるたらは
一《いち》ねんの　よき亀《かめ》の甲名《かうみやう》　卍亭〈朱印〉」

とある。酒の銘柄で月を表わすお手並みを見るのが楽しみである。大小は朱印で示している。

最上段は正月大で「正宗」、これは当然。二段目の右は二月小で稲荷の宝珠《ほうしゅ》。左は三月大で亀に半分隠れているが「花盛」。三段目右は四月大、「日本」と橋の絵で日本橋。盤台に鰹《かつお》が乗っている。日本橋はお江戸の台所の魚河岸があった。銘酒「日本橋」で初鰹とは豪勢な感じである。真ん中は五月小で「鍾馗《しょうき》」。左端は六月大で富士山の絵に「白雪」。富士山のお山開きは六月一日。三段目の右端は七月小で黙って星(黒丸)を七つ描くだけ。「七曜」とでも呼ぶのだろうか。左端は八月大でもちろん「明月」。最下段右端は、この年には壬(閏)八月小があったので「壬」印に兎の絵。銘柄は「月兎」、閏で飲みすぎると「ゲップ」になるとの駄洒落か。その隣は九月大で重陽の節句の菊。三つ目の十月小は戎講《えびすこう》で「宝の」の文字と鯛の絵。四つ目は十一月大で、お酉様の熊手とお多福の絵。左端は十二月小で「としの市」とある。

この配列を整理すると、次の通りである。

正	二	三	四	五	六	七	八	閏八	九	十	十一	十二
大	小	大	大	小	大	小	大	小	大	小	大	小

ところで、酒樽を重ねると、上から一段目は一個、二段目は二個、三段目は三個、四段目は四個で、ここまで合計十個。五段目は五個で合計十五個。一年十二か月、閏年では十三か月で、樽や俵を使って大小暦を作ることはなかなか難しい。つまり、四段重ねでは足りないし、五段重ねでは余ってしまう。

この大小暦の作者は、四段目に樽二個分の大きさの熨斗紙《のしがみ》を貼り付けることで、この難問を解決しているのである。この熨斗紙には、

「文久二丁目　ねん中
のし　御年玉
としとく　いねの方　萬吉丈」

と、文久二年壬戌(一八六二)の年紀とその年の恵方が記されている。作者は梅の本鶯斎である。

15 刷毛《はけ》

刷毛で作った大小暦。上の段(台の部分)には横向きに「メイワ二キノトノトリトシトクサルトリノアイタ」(明和二乙酉、歳徳申酉の間)、下の段(毛の部分)にはこの年、明和二年乙酉(一七六五)の大の月と小の月を右から左へ並べて書いてある。縦書きと横書きとを混ぜてあるのでちょっと読みにくい。(●印は横書き)

大　二●　三●　五●　六　八　十
小　正●　四●　七●　九　十一●　十二●

13

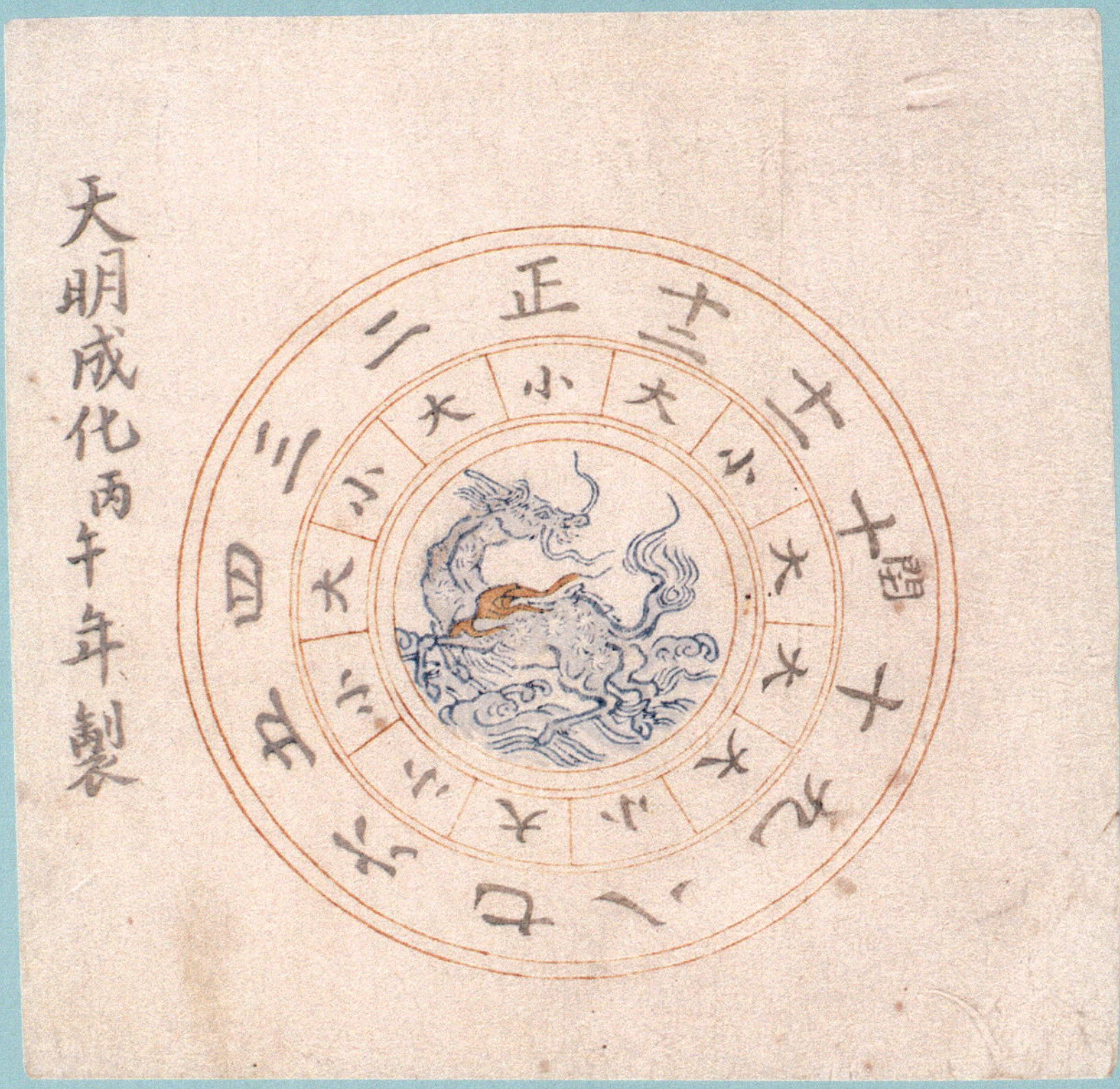

11

12

15

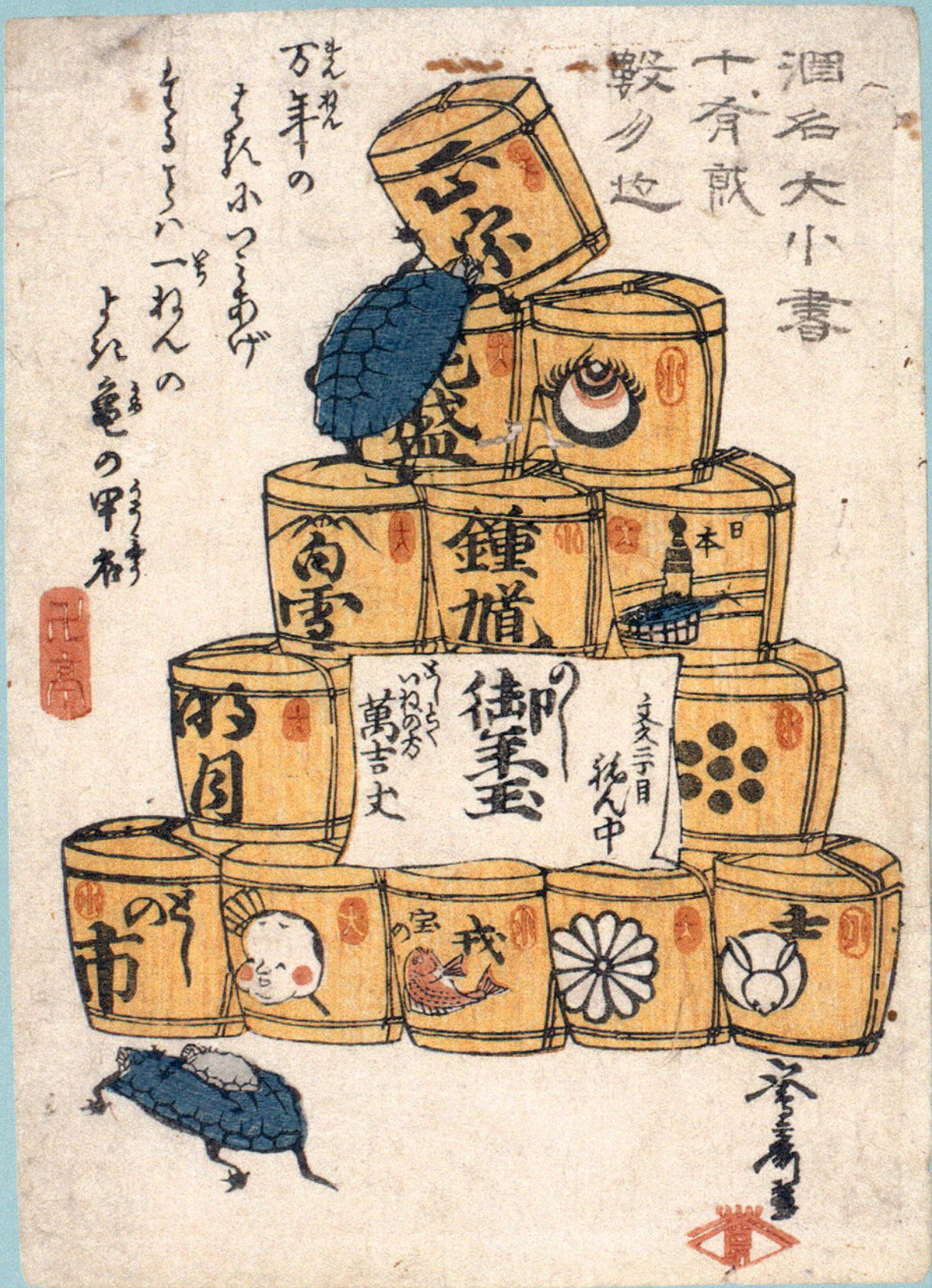

14

【コラム】
八犬士ならぬ七犬士

七福神が鎧《よろい》や具足に身を固め、おのおの芝居がかった見得《みえ》を切っている。弁天様まで腕まくりして大刀を手にしている。とにかく勇ましい七福神である。それもそのはずで、後述のように『八犬伝』の茶番を演じたとあるから無理もない。

「文久二壬　戌のとし　御嘉例の　おとし玉」

「七ふく人が
あつまつて戌の
としのはつはるゑ
八けんでんのちやばんを
もよほし　ゑびすさまハ新べゑ
大ごくさまハそう助　ふくろくじハしの
びしやもんてんどうせつ　ほていおせうハ
小ぶんご　べんてん
さまハけの
じゆろう人は
けん八と
やくわりを
きめたるところ
ゑびすさまがこころ
ついて七ふく人と八けんでんで役人が
たらなくなるからなくといふものがふに
なるぜといふと大こくさまが〳〵あきになるなら
そのままにて　亥子《いね》へはうがよろづよし〳〵」

文久二年壬戌（一八六二）の、戌にちなんで曲亭馬琴の長編小説『南総里見八犬伝』の八犬士の茶番をやるという趣向の大小暦。

恵比須《えびす》が「新べゑ」（犬江親兵衛）
大黒《だいこく》が「そう助」（犬川荘助義任）
福禄寿《ふくろくじゅ》が「しの」（犬塚信乃戌孝）
毘沙門天《びしゃもんてん》が「どうせつ」（犬山道節忠与）
布袋和尚《ほていおしょう》が「小ぶんご」（犬田小文吾悌順）
弁天《べんてん》が「けの」（犬坂毛野胤智識）
寿老人《じゅろうじん》が「けん八」（犬塚現八信道）

となったが、これでは七犬士で一犬士（犬村大角礼儀）足りない。恵比寿が役者が一人足りないと言い出したが、大黒が空き（明《あき》の方《ほう》、恵方《えほう》）は今年は亥子《いね》だからそのままでよいと落ちをつけた。壬《みずのえ》の年の明の方は亥子の間（北北東）で、亥子は「居《い》ねい」に通じる。作者は十二支の「33 犬の初春」と同じ梅の本鶯斎である。

Ⅷ

変り種

Kawaridane

お年玉は「午かった」

大小暦は手描きのものにしても、摺り物にしても、とにかく一枚の紙の表側だけを使ったものである。しかし、それでは変化に乏しく物足りないと感じた考案者は、紙を使っていろいろと「しかけ」を工夫して、大小暦をもらう相手を喜ばせようとすることになる。

「月と日を　こめたる　歳の玉手箱
　明けて　か、やく　春のあいきやう」

という和歌に添えて、盆には上等な落雁でも入っていそうな薄い箱が載せてある。その箱の表には、右肩に熨斗《のし》と「お年玉」、中央に「丙戌　午のひつけ」と書かれてあり、その左には「松山箭弓　松屋平兵衛」の名がある。

松山箭弓《やきゅう》とは現在の埼玉県東松山市で、もとは松山町。ここに古社箭弓稲荷《やきゅういなり》神社がある。松屋平兵衛は門前の商家であろうか。

蓋を開けると、各月の大小と、各月の午の日が書いてある。

正大、二小、三大、四大、五小、六大、七小、八大、九小、十小、十一大、十二小

丙戌年でこの大小の配列に該当するのは文政九年丙戌(一八二六)。午の日は稲荷の縁日である。箭弓稲荷神社では初午の火伏《ひぶせ》神事が有名であった。

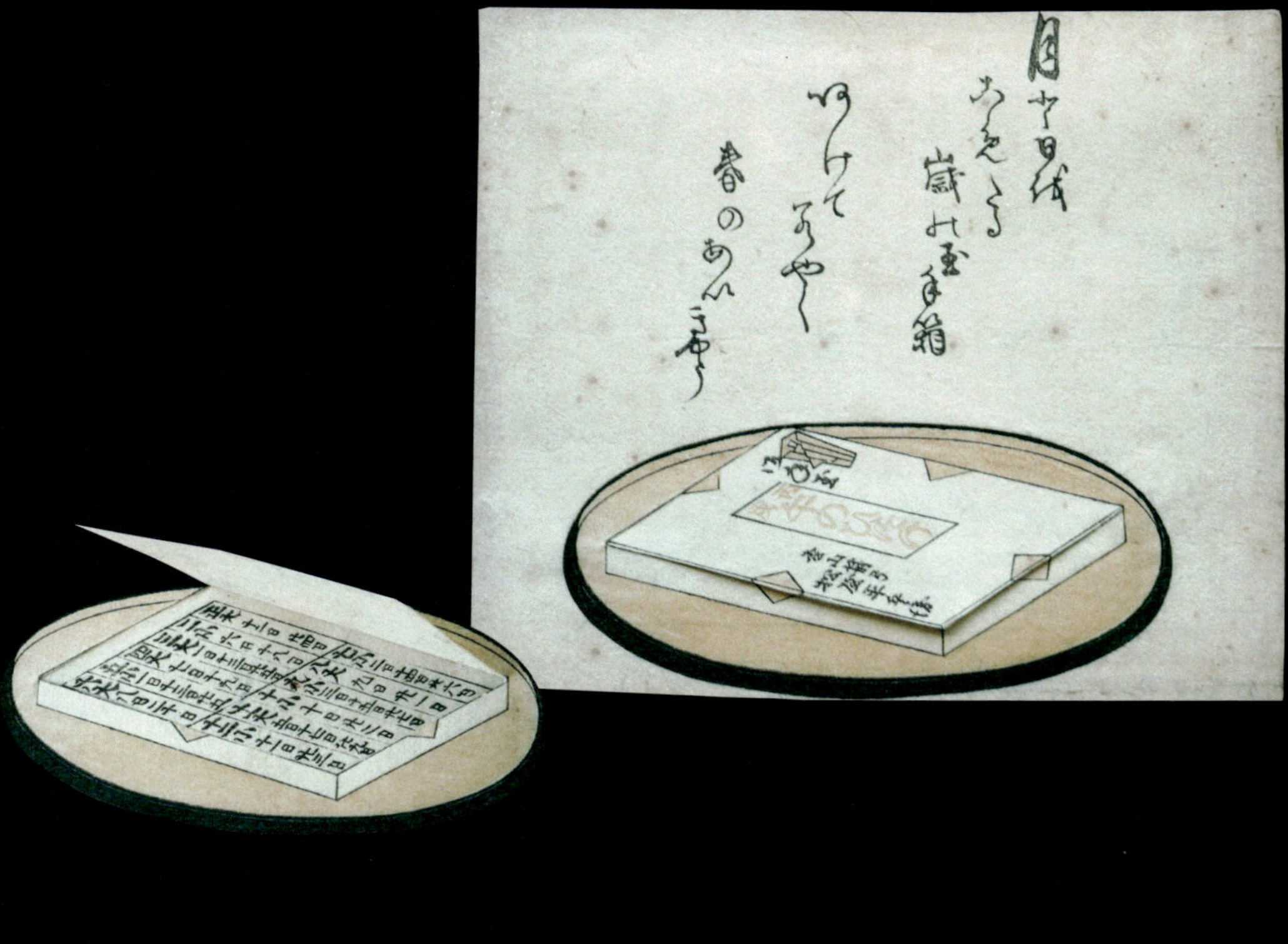

紙を使ったしかけ物のほか、陶磁器や木材を利用した変り種の大小暦。江戸考古学の発展によって、地中から発掘されたものも少なくない。

しかけ

1 菓子折を開けてみたら

時代劇では、賄賂《わいろ》の常套《じょうとう》手段として菓子折の底に小判を敷き詰めるという場面が登場する。こちらは小判ならぬ大小暦が仕込んである。

菓子折の蓋には「甘露梅《かんろばい》」とあり、蓋を開けると十二個の甘酸っぱい菓子の甘露梅が並んでいる。その菓子には十二支が書いてあり、大きいのと小さいのとがある。

言うまでもなく、十二支は各月の朔日の十二支《えと》であり、菓子の大きさの大小は大の月、小の月を示すものである。整理すると次の通りになる。

正	二	三	四	五	六	七	八	九	十	十一	十二
大	大	小	大	小	大	小	大	小	大	小	大
戌	辰	戌	卯	酉	寅	甲	丑	未	子	午	亥

この大小の組合せは、天明二年壬寅(一七八二)と天保十五年甲辰(弘化元年、一八四四)の二回ある。朔日の干支を調べてみると天明二年が合っている。

ところで、七月朔は「丙申」なのだが、この大小暦では「申」が「甲」となっている。何か訳があるのかと考えてみたが、この年の干支は壬寅だし、七月の朔日は丙申だから、どちらも「甲」とは関係がない。単なる誤字であろうか。

2 切り紙細工

一枚の紙を切り離さないように文字を切り抜いて、一年の大小を表わした驚くべき離れ技、いや離れない技の大小暦である。

一番上には横に「天明四辰年」(一七八四)とある。次に大きく大小とある大の字の周りには、この年の大の月の正、二、四、六、七、九、十一が枝分かれして切り込んである。下の小の字にはこの年の小の月、壬(閏)正、三、五、八、十、十二が切り込んである。三はちょっと苦しいが壬正や五は「なるほど」と舌を巻かせる。よくよく工夫したものである。

3 コマ落し 十三艶

三宝に盃と松を載せて捧げている美女の左方には、何やらコマ落しの画面でも見ているような不思議な絵が描いてある。よく見ると女性の衣裳の一部、それも帯とか裾の辺りのようなものもあって、何だかよくわからない。

上の段には「十三 艷《えん》之内」とある。この難しい文字は「艶」の正字だから、ここに十三人の美女が描かれているつもりで見ろということらしい。十三美女の内の一人はここに描かれているから、残り十二人もこのように美人であって、その衣裳の一部がここに紹介されているわけである。

それぞれに「寅大」とか「申小」とあるのは、その月の朔日の十二支と月の大小を指している。十三あるからこの年は閏年である。十三美女の大小の順は、

大 小 大 大 小 大 小 大 小 大 小 大 小

となっているから、これを検索してみると寛政十二年庚申(一八〇〇)となる。そしてこの年の閏は四月である。

この大小暦の右端には落款風に「明の方《あきのほう》」と「申《さる》酉《とり》」と「之間《のあいだ》」の朱印が押してある。明の方が申と酉の間になるのは年の十干が乙《きのと》と庚《かのえ》の年であるから、その点でも推定と合っている。

閏四月に何か閏月を表わすものがないのかと虫眼鏡で覗いてみると、柄に「壬《うるう》」の文字が散らしてある。他の月の衣裳の模様にも月を表わす絵が入っている。

正月はここに描かれている美女だが、三宝の松は門松の松であろう。二月は稲荷《いなり》の宝珠《ほうしゅ》、三月は桃の枝と雛人形の一部、四月は不明、五月は菖蒲、六月は扇と大祓《おおはらえ》か、七月は不明、八月は萩、以下不明。もっとよく考えてみたらおもしろそうである。

4 鏡の表・裏

大小暦はほとんどが紙の表側だけで裏はない。当時の摺り物は紙の性質やバレンで摺り出す製作上の関係から、どうしても片面摺りになってしまう。しかし、ごく稀に表裏両面に摺るか、裏面のように見える絵や文字を別紙に摺って表面と貼り合せたものを見ることがある。

手鏡を金色にあしらったこの大小暦は、一枚の紙の両面に摺ったものである。というのも、裏面が少しズレているのと、表面の黒い毛抜きの部分が透けて見えていることからわかる。

金色の絵の具は落ちやすいため、多少読みにくくなっている。

〈表面〉毛抜きには白抜きで「丙戌暦」とあり、鏡の面には文字を鏡に写したように、裏文字でこの年の大の月が帆掛船の形に、上に六、八、十一、下に右から九、正、五、それらの下に三と入っている。

〈裏面〉この年の小の月を詠んだ和歌が書いてある。

「二《に》四《し》の海 入船出舟 ほの見へて
七《な》みもしつかに 渡るせ十《と》極《きわ》」

小の月は二、四、七、十、十二(極)となる。丙戌の年で、大小がこのような配列になるのは明和三年丙戌(一七六六)である。

なお、署名は「国縁斎梅源」とある。

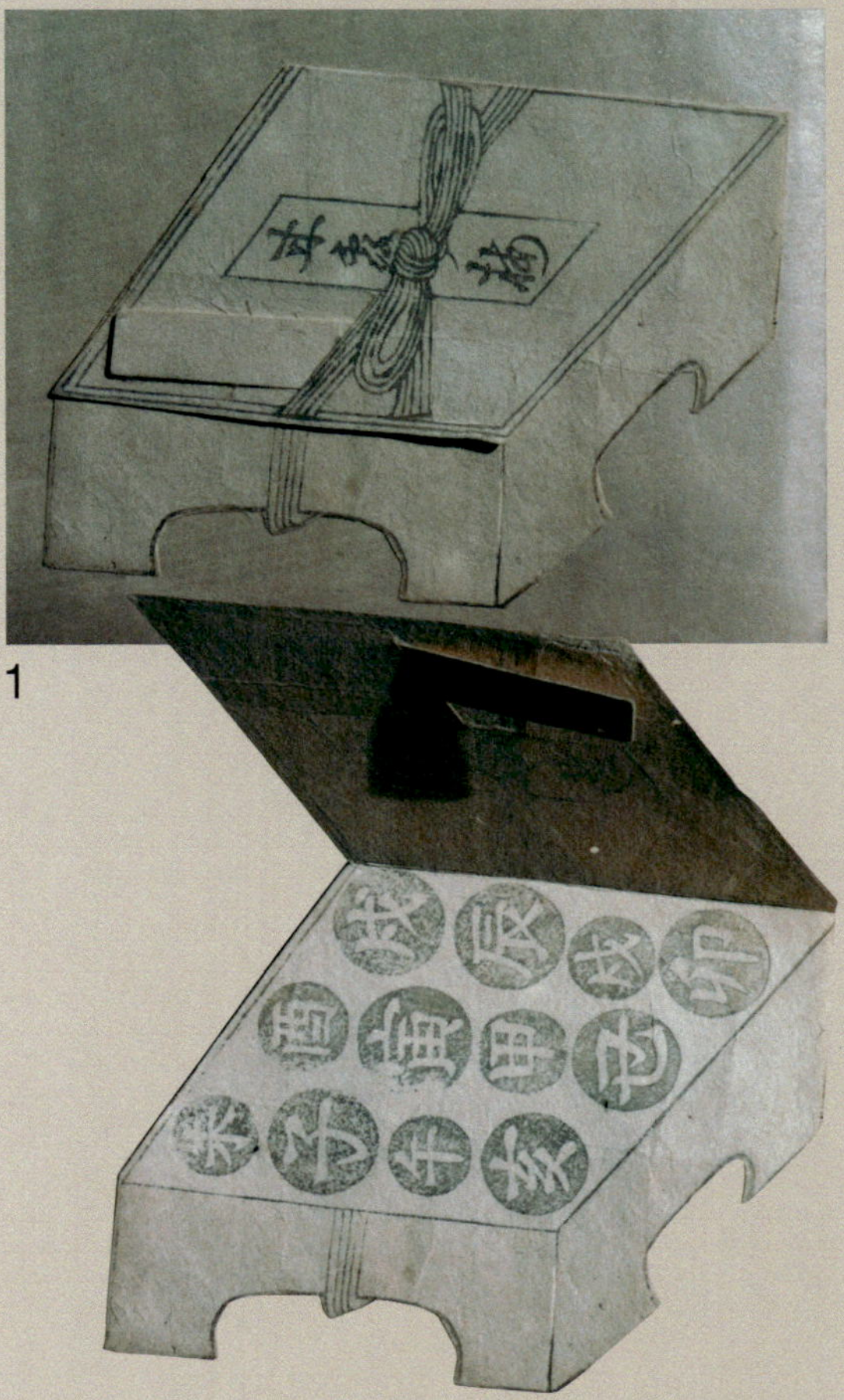

1

3

2

4

木や陶磁器の大小暦

江戸時代に大名屋敷や旗本屋敷、あるいは御家人などの組屋敷が多かった山の手の新宿区内では、近年、江戸時代の遺跡の発掘が相継ぎ、それに伴って大量の遺物が出土している。陶磁器類が多いのはどの遺跡にも共通しているが、その中に稀に略暦や大小暦を書き付けたものが発見されている。

略暦を書いたものは多くは茶碗で、全国各地で発見され、「暦茶碗」として一括して呼称される。ここでは「暦茶碗」についての説明を割愛して、大小暦に類するものだけを紹介したいと思う。

5　大小暦の杯

この種の出土品の例として、幾分欠失しているが、幸いに大小の部分は残っている。小の方は「二五七壬八十十二」と、短冊形の中に書き出してある。大の方は正(右前足)、三(鼻)、四(ちょっと苦しいが後足)、六(頭と耳)、八(顎《あご》と左前足)、九(背と尾)、十一(後足、四の後ろの部分)と、犬の形を作っている。

あまり上出来とはいえないが、これは文久二年壬戌(一八六二)の大小暦で、豚のように見えるがこれは犬である。しかし、十二支の動物を描いた杯はその歳一年しか使えないであろう。

ちなみに文久二年の大小の配分は次の通りである。

大　正　三　四　六　八　九　十一

小　二　五　七　閏　十　十二

6　「宝暦元年暦は」

浅いやきものの外側に、

「寶暦元年暦は　大正三六九十十二　小二四五七八十一」

と彫ってある。文字は細く稚拙である。果たして大小暦といえるものかどうか少々不審な遺物である。

というのは、宝暦元年(一七五一)の改元は十月二十七日に寛延四年から宝暦となったものであるから、少なくともこの刻文はそれ以後ということになる。もう残すところ二ヶ月という時期になってこのような大小暦を作ることは常識では考えられないが、絶対にありえないこととはいえない。

何かの目的で今年の大小を記しておく必要があったのかも知れず、その際、改元した新年号を記してもおかしくはないが、やはり何とも不思議な大小暦である。

ところで、宝暦元年辛未の大の月は正、三、六、七、九、十、十二月で、小の月は二、四、五、閏六、八、十一月となっており、このやきものの大小と合っていない。やきものの大小と合うのは翌宝暦二年である。

宝暦二年とすべきところを、うっかり元年としてしまった単純な誤りと解釈すれば済むのだが、二年を三年とか三年を四年と誤るのと違って、改元の直後に元年と二年とを取り違えるのはどうも合点がいかない。

7　茶碗の大小暦の絵

茶碗に大小暦が書いてあるのではなく、大小暦になっている茶碗の絵の大小暦である。つまり、茶碗の笹の葉のような模様が大小暦になっているものである。

青の模様が大で、右から五、十、正、十一、七、少し左に寄って九、大、三。赤の模様が小で、同じく右から六、八、十二、少し間を空けて二、小、四となる。

下部には極印風に四角の中に「丙申」の二字がある。したがって、大小の配列具合と「丙申」とで、安永五年丙申(一七七六)の暦ということになる。

やきものの大小暦が作られたかと思うと、それを描いた摺り物の大小暦も作られており、おもしろいというほかはない。

8　大小暦を描いた小杯

白磁の小杯に梅の盆栽を色絵で描いたもので、赤で「甲寅大小」とある。絵柄からは二、四、五、六、十、十二などの数字が読み取れるが、大小暦の半分ぐらいしか残っていない。しかし、「甲寅」と年の干支があるところから、延宝二年(一六七四)か、享保十九年(一七三四)、寛政六年(一七九四)、嘉永七年(安政元年、一八五四)の四か年の内のいずれかのものと考えられる。

ちなみに、右四か年年の大小の配列は次の通りである。

延宝二年

大　正　三　五　八　十　十二月

小　二　四　六　七　九　十一月

享保十九年

大　二　四　七　九　十一　十二月

小　正　三　五　六　八　十月

寛政六年

大　正　三　六　八　九　十　閏十一月

小　二　四　五　七　十一　十二月

嘉永七年(安政元年)

大　二　四　六　七　八　十　十二月

小　正　三　五　閏七　九　十一月

となっており、どっちにしても小杯に残っている大小とうまく合わない。欠けてしまった部分があればわかるのだが悔やまれてならない。

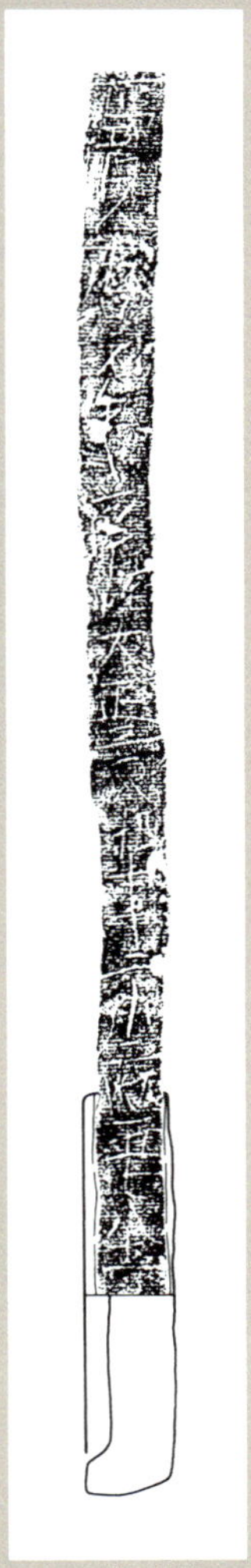

6

新宿歴史博物館蔵

5

新宿歴史博物館蔵

7

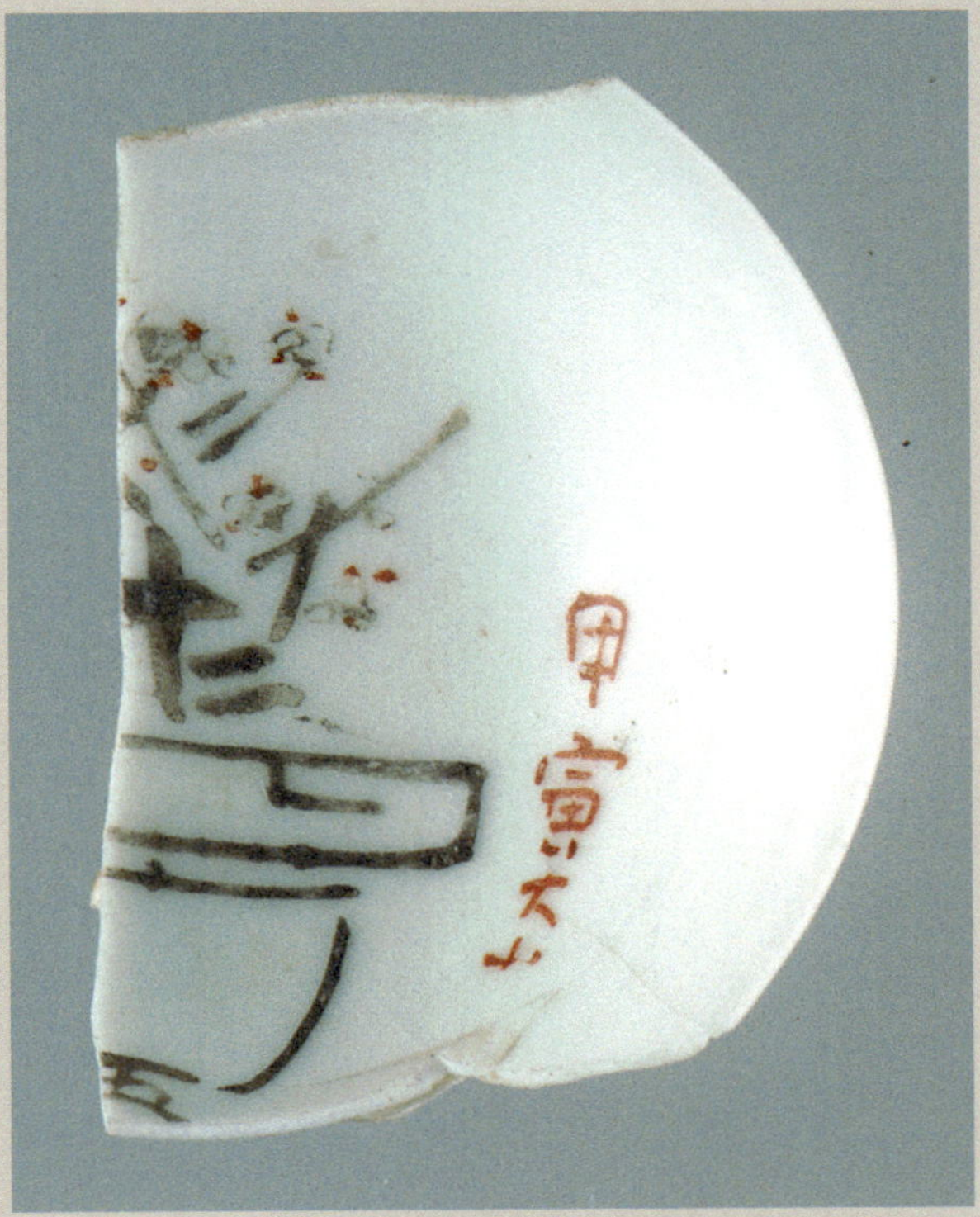

8

新宿歴史博物館蔵

特殊な大小暦

9 廃物利用の大小暦

平成五年、東京都墨田区の錦糸町駅北口の再開発に先立って発掘調査が行なわれた。調査面積は約千五百五十平方メートル(約四百七十坪)で、江戸時代に大名屋敷など武家屋敷があった場所である。

その一角の池の跡はゴミ捨て場になっていたらしく、膨大な量の遺物が発掘された。その大半は陶磁器の破片類であったが、下駄や盆などの木製品も少なくなかった。

その中に、長さが四十三センチで、上の幅が四・八センチ、下の幅が七・六センチ、厚さが〇・六センチの細長い台形の杉材のものがあった。その表面には図のように、

「大 二 六 八 十 十一 十二
小 正 三 四 五 七 九」

と墨書があった。紛れもなく大小暦であり、遺跡の年代から、この配列は幕末の天保二年辛卯(一八三一)のものでしかない。

文字の少し上にはこの板を釘で打ちつけた跡かと思われる小さい穴が開いている。また文字の下の方には非常に小さい穴がある。このことから、これは桶のような上が広く下が狭くなっている器物の一部分で、器物が不要になった後、バラバラになった細長い板を利用して大小暦に用いたものと推測される。

そのような粗末な材料の大小暦を表向きのところに使うはずはないから、台所のような場所で使用したものであろう。どうせ一年限りのものであるから、竈《かまど》の煙で煤けても構わないわけである。

この廃物利用の大小暦は、大小暦がいっぽうでは高尚な趣味の世界にもてはやされている反面、その対極に、最も身近な日常の生活の上で活用されていることを示すものとして興味深いものがある。

大小暦は本来、日々の生活の上での必需品として発生したもので、多くの家庭や職場で毎年作られ、使われ、そして年が変われば捨てられてしまったから、実例が残ることはほとんど無かったわけである。

この廃物利用の大小暦は、何かの原因で、竈に放り込まれて灰にならずにゴミとして捨てられたから、今日、陽の目を見たわけで、この屋敷では恐らく、この前の年も、また後の年も似たような大小暦が作られ、同じ運命をたどったのであろうが、それらは残っていなかったのである。

10 掛け軸の大小暦

大黒天の掛け軸が大小暦とは、少々奇抜な発想である。これだけ大きい物は摺り物とはいかないから、当然のことながら手描きということになる。

一般に、大黒天の掛け軸は礼拝用に描かれるので、この大小暦もそれを考慮して作られている。

上部中央に「安政七庚申歳」と大書してあり、その下に大黒天はこの年の大の月の「正・三・閏三・六・九・十一・十二」が、脇の子(小)供は小の月で「二・四・五・七・八・十」をかなり無理やりに書き込んである。この配列は、まさに安政七年庚申(万延元年、一八六〇)の大小暦である。

大小暦の出来の度合としても、絵の上手さからいってもあまり感心できるものではないが、とにかく大きい大小暦を描いた熱心さには感心する。

ちなみに、絵の部分の縦は五八・八センチ、横幅は二五・三センチである。

11 大型の大小暦

大小暦の大きさは、鈴木春信の錦絵の半紙大が大きいほうで、一般には色紙の半分か四分の一くらいのごく小さいものが多い。ところが中には特大のものがあって、大小暦ではなく大大暦だといいたくなるようなものさえある。

この「文久四年甲子新暦」(元治元年、一八六四)と題されたものは半紙二枚分(縦三九センチ、横五一・五センチ)の大きさがある。「大月掲画　小月掲書」と解説があるように、この年の大の月は絵に示され、小の月は書に示されている。

大の月の絵の方は、三月は貝、五月は鯉幟《こいのぼり》、七月は鋏《はさみ》と色紙、八月は月に雁、九月は菊、十一月は雪だるまを作る子供の姿となっている。

書の方の小の月は、「正・二・四・六・十・十二月」のそれぞれの季節を詠んだ詩文に書き込まれている。

高遠の石齋陳人との署名があり、この人物を中心に高遠在住の文化人の寄せ書き集である。一人一人がある月の書か絵を分担して大小暦を構成した、珍しい形式の大小暦である。

この中の里水(正月)は昌平黌《しょうへいこう》の塾頭までなったのち、高遠に帰って藩校を起した中村元起、藤溪外史(二月)は詩文に秀でた根本敏徳、また雪山(三月)は画家山下元賢のことである。

10　個人蔵

9　墨田区教育委員会蔵

11　個人蔵

【コラム】大小板

1　大小文字板の大小暦

今月が三十日まである大の月か、二十九日までの小の月かを知らせるものを大小板といい、素材は主に木である。これはその大小の文字板を題材とした大小暦。

といっても、大小の文字板そのものには仕掛けはない。大小暦の部分は最上部の右に大の月の正、二、四、五、七、九、十一、左には小の月の三、六、八、十、十二が散らして書いてある。これは文化六年己巳（一八〇九）の大小暦で、中段の文の左端にある「己巳春」と合っている。

中段には次のような口上が述べられている。

「サア〱子どもしゅにはとかく灸がよい
われらが家伝はいろずりのふくろ艾《もぐさ》
皮きりならぬふうきりのしんはん
ゑそうしことしもかわらぬかはらけの
つちのとのミ升にかけたるつる屋か
　　揃のおとし玉に
とにもかくにも
　　春のおとし玉
　来年中の
　　御てうほうにと
己巳春
　　　　　　仙　雀　堂」

2　掛花生《かけはないけ》の大小板

やきものの掛花生の表に大、裏に小の字が書いてある。直径十七・六センチ、厚さ七・一センチ。柱に掛けるように、表にも裏にも掛け金用の穴が開けてある。

大小の文字板は木製と決まっているなかで、陶器製のものはさぞかし珍しがられたことであろう。

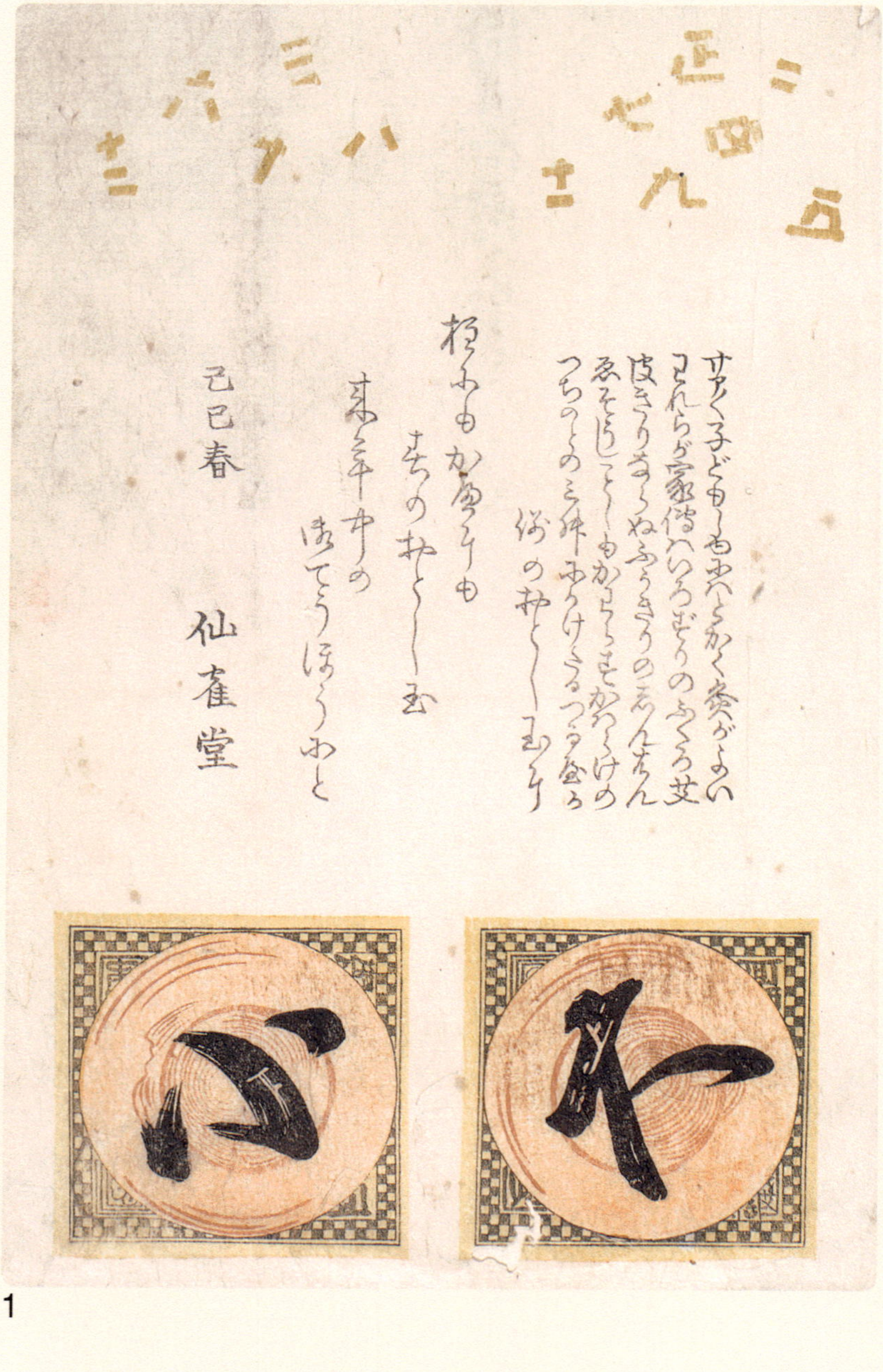
1

2　新宿歴史博物館蔵

月の大小各種検索表

暦年順　月の大小・閏月一覧表

【寛文元年（一六六一）―明治六年（一八七三）】

年号	干支	正	二	三	四	五	六	七	八	九	十	十一	十二	閏月	西暦
寛文元年	辛丑	小	大	小	小	大	小	大	大	大	大	小	大	八小	一六六一
二	壬寅	小	大	小	小	大	小	大	小	大	大	大	小		一六六二
三	癸卯	大	小	大	小	小	小	大	小	大	大	大	小		一六六三
四	甲辰	大	大	小	大	小	小	大	小	大	大	小	大	五小	一六六四
五	乙巳	大	大	小	大	小	小	小	大	小	大	大	小		一六六五
六	丙午	大	大	小	大	小	大	小	大	小	小	大	小		一六六六
七	丁未	大	大	大	大	小	大	小	大	小	小	大	小	二小	一六六七
八	戊申	大	大	小	大	小	大	大	小	大	小	大	小		一六六八
九	己酉	小	大	小	大	小	大	大	小	大	大	大	小	十小	一六六九
十	庚戌	小	大	小	大	小	大	小	大	大	大	小	大		一六七〇
十一	辛亥	小	大	小	小	大	小	小	大	大	大	小	大		一六七一
十二	壬子	大	小	大	小	小	小	小	大	大	小	大	大	六大	一六七二
延宝元年	癸丑	大	小	大	小	小	小	大	小	大	小	大	大		一六七三
二	甲寅	大	小	大	小	大	小	小	大	小	大	小	大		一六七四
三	乙卯	大	小	大	大	大	小	大	小	小	大	小	大	四小	一六七五
四	丙辰	大	小	大	大	小	大	小	大	小	小	大	小		一六七六
五	丁巳	大	小	大	大	小	大	小	大	大	小	大	小	十二小	一六七七
六	戊午	大	小	大	小	大	小	大	大	小	大	大	小		一六七八
七	己未	小	大	小	大	小	大	小	大	大	小	大	大		一六七九
八	庚申	小	大	小	小	小	大	小	大	小	大	大	大	八大	一六八〇
天和元年	辛酉	小	大	小	小	小	大	小	大	小	大	大	大		一六八一
二	壬戌	小	大	大	小	小	小	大	小	大	小	大	大		一六八二
三	癸亥	大	小	大	小	大	小	大	小	大	小	大	大	五小	一六八三
貞享元年	甲子	小	大	大	小	大	小	大	小	小	大	小	大		一六八四

年号	干支	正	二	三	四	五	六	七	八	九	十	十一	十二	閏月	西暦
二	乙丑	小	大	小	大	大	小	大	小	大	小	大	小		一六八五
三	丙寅	大	小	大	大	小	大	大	小	大	小	大	小	三小	一六八六
四	丁卯	大	小	小	大	小	大	大	小	大	大	小	大		一六八七
元禄元年	戊辰	小	大	小	小	大	小	大	小	大	大	大	小		一六八八
二	己巳	大	大	小	小	大	小	大	小	大	大	大	小	正小	一六八九
三	庚午	大	小	大	小	小	大	小	小	大	大	小	大		一六九〇
四	辛未	大	大	小	大	小	小	大	小	大	大	小	大	八小	一六九一
五	壬申	大	小	大	大	小	小	大	小	小	大	小	大		一六九二
六	癸酉	大	大	小	大	小	大	小	大	小	小	大	小		一六九三
七	甲戌	大	大	小	大	大	大	小	大	小	大	小	小	五小	一六九四
八	乙亥	大	小	大	大	小	大	小	大	大	小	大	小		一六九五
九	丙子	大	小	小	大	小	大	大	小	大	大	小	大		一六九六
十	丁丑	小	大	小	大	小	大	小	大	大	小	大	大	二小	一六九七
十一	戊寅	小	大	小	小	大	小	小	大	大	小	大	大		一六九八
十二	己卯	大	小	大	小	小	大	小	小	大	大	大	大	九小	一六九九
十三	庚辰	大	小	大	小	小	大	小	小	大	小	大	大		一七〇〇
十四	辛巳	大	小	大	小	大	小	大	小	小	大	小	大		一七〇一
十五	壬午	大	小	大	大	小	大	小	大	小	大	小	大	八小	一七〇二
十六	癸未	小	大	大	小	大	大	小	大	小	大	小	小		一七〇三
宝永元年	甲申	大	小	大	小	大	大	小	大	大	小	大	小		一七〇四
二	乙酉	大	小	小	大	大	小	大	大	小	大	大	小	四小	一七〇五
三	丙戌	大	小	小	大	小	小	大	大	小	大	大	大		一七〇六
四	丁亥	小	大	小	小	大	小	小	大	小	大	大	大		一七〇七
五	戊子	大	大	小	小	大	小	小	大	小	大	大	大	正小	一七〇八
六	己丑	小	大	大	小	小	大	小	小	大	小	大	大		一七〇九
七	庚寅	小	大	大	小	大	小	大	小	大	小	大	小	八小	一七一〇
正徳元年	辛卯	大	大	大	小	大	小	大	小	小	大	小	大		一七一一

年号	干支	正	二	三	四	五	六	七	八	九	十	十一	十二	閏月	西暦
二	壬辰	小	大	大	小	大	小	大	大	小	大	小	小		一七一二
三	癸巳	大	小	大	小	大	大	大	小	大	大	小	大	五小	一七一三
四	甲午	小	小	大	小	大	小	大	大	小	大	大	小		一七一四
五	乙未	大	小	小	大	小	小	大	大	小	大	大	大		一七一五
享保元年	丙申	小	大	小	大	小	小	大	小	大	大	大	小	二小	一七一六
二	丁酉	大	大	小	小	大	小	小	大	小	大	大	小		一七一七
三	戊戌	大	大	小	大	小	大	小	小	大	小	小	大	十大	一七一八
四	己亥	大	大	小	大	小	大	小	小	大	小	大	小		一七一九
五	庚子	大	大	小	大	大	小	大	小	小	大	小	大		一七二〇
六	辛丑	小	大	小	大	大	小	大	大	小	大	小	大	七小	一七二一
七	壬寅	小	大	小	大	小	大	大	小	大	小	大	小		一七二二
八	癸卯	大	小	大	小	小	大	大	小	大	大	小	大		一七二三
九	甲辰	大	小	小	大	小	大	小	大	大	大	小	大	四小	一七二四
十	乙巳	大	小	小	大	小	小	大	小	大	大	小	大		一七二五
十一	丙午	大	小	大	小	大	小	小	大	小	大	小	大		一七二六
十二	丁未	大	小	大	小	大	小	小	大	小	大	小	大	正大	一七二七
十三	戊申	大	小	大	大	小	大	小	小	大	小	大	小		一七二八
十四	己酉	大	小	大	大	小	大	小	大	小	小	大	小	九大	一七二九
十五	庚戌	大	小	大	小	大	大	小	大	小	大	小	大		一七三〇
十六	辛亥	小	大	小	大	小	大	小	大	大	小	大	小		一七三一
十七	壬子	大	小	大	小	小	小	大	大	大	小	大	小	五大	一七三二
十八	癸丑	大	小	大	小	小	大	小	大	大	小	大	大		一七三三
十九	甲寅	小	大	小	大	小	小	大	小	大	小	大	大		一七三四
二十	乙卯	大	小	大	大	小	小	大	小	大	小	大	大	三小	一七三五
元文元年	丙辰	小	大	大	小	大	小	小	大	小	小	大	大		一七三六
二	丁巳	小	大	大	大	小	大	小	小	大	小	大	大	十一小	一七三七
三	戊午	小	大	大	小	大	小	大	小	大	小	大	小		一七三八

年号	干支	正	二	三	四	五	六	七	八	九	十	十一	十二	閏月	西暦
四	己未	大	小	大	小	大	大	小	大	小	大	小	大		一七三九
五	庚申	小	大	小	小	大	大	小	大	小	大	小	大	七大	一七四〇
寛保元年	辛酉	小	大	小	小	大	小	大	大	小	大	大	小		一七四一
二	壬戌	大	小	大	小	小	大	小	大	小	大	大	大		一七四二
三	癸亥	小	大	小	大	小	大	小	小	大	大	大	大	四小	一七四三
延享元年	甲子	小	大	小	大	小	小	大	小	小	大	大	小		一七四四
二	乙丑	大	大	大	小	大	小	小	大	小	小	大	大	十二小	一七四五
三	丙寅	大	大	小	大	小	大	小	大	小	小	大	大		一七四六
四	丁卯	小	大	小	大	大	小	大	小	大	小	大	小		一七四七
寛延元年	戊辰	小	大	大	小	大	小	大	大	小	大	大	小	十小	一七四八
二	己巳	大	小	小	大	小	大	大	小	大	大	小	大		一七四九
三	庚午	小	大	小	小	大	小	大	小	大	大	大	小		一七五〇
宝暦元年	辛未	大	小	大	小	小	大	大	小	大	大	小	大	六小	一七五一
二	壬申	大	小	大	小	小	大	小	小	大	大	小	大		一七五二
三	癸酉	大	大	小	大	小	小	大	小	小	大	大	小		一七五三
四	甲戌	大	大	大	大	小	小	大	小	小	大	小	大	二小	一七五四
五	乙亥	大	大	小	大	小	大	小	大	小	小	大	小		一七五五
六	丙子	大	大	小	大	小	大	大	小	大	小	大	小	十一小	一七五六
七	丁丑	大	小	大	大	小	大	小	大	大	小	大	小		一七五七
八	戊寅	大	小	小	大	小	大	小	大	大	大	小	大		一七五八
九	己卯	小	大	小	小	大	小	大	大	大	小	大	大	七小	一七五九
十	庚辰	小	大	小	小	大	小	小	大	大	小	大	大		一七六〇
十一	辛巳	大	小	大	小	小	大	小	小	大	小	大	大		一七六一
十二	壬午	大	大	小	大	小	大	小	小	大	小	大	大	四小	一七六二
十三	癸未	大	小	大	小	大	小	大	小	小	大	小	大		一七六三
明和元年	甲申	大	小	大	大	小	大	小	大	小	小	大	小	十二大	一七六四
二	乙酉	小	大	大	小	大	大	小	大	小	大	小	小		一七六五

年号	干支	正	二	三	四	五	六	七	八	九	十	十一	十二	閏月	西暦
三	丙戌	大	小	大	小	大	大	小	大	大	小	大	小		一七六六
四	丁亥	小	大	小	大	小	大	小	大	大	大	大	小	九小	一七六七
五	戊子	大	小	小	大	小	小	大	大	小	大	大	大		一七六八
六	己丑	小	大	小	小	大	小	小	大	小	大	大	大		一七六九
七	庚寅	大	小	大	小	小	大	小	大	小	大	大	大	六小	一七七〇
八	辛卯	小	大	小	大	小	大	小	小	大	小	大	大		一七七一
安永元年	壬辰	小	大	大	小	大	小	大	小	小	大	小	大		一七七二
二	癸巳	小	大	大	大	大	小	大	小	小	大	小	大	三小	一七七三
三	甲午	小	大	大	小	大	小	大	小	大	小	大	小		一七七四
四	乙未	大	小	大	小	大	小	大	大	小	大	大	小	十二小	一七七五
五	丙申	大	小	大	小	大	小	大	小	大	大	大	小		一七七六
六	丁酉	大	小	小	大	小	小	大	小	大	大	大	小		一七七七
七	戊戌	大	大	小	小	大	小	小	小	大	大	大	小	七大	一七七八
八	己亥	大	大	小	小	大	小	小	大	小	大	大	小		一七七九
九	庚子	大	大	小	大	小	大	小	小	大	小	大	小		一七八〇
天明元年	辛丑	大	大	大	小	大	大	小	小	大	小	大	小	五小	一七八一
二	壬寅	大	大	小	大	小	大	小	大	小	大	小	大		一七八二
三	癸卯	小	大	小	大	大	小	大	小	大	小	大	小		一七八三
四	甲辰	大	大	小	大	小	大	大	小	大	小	大	小	正小	一七八四
五	乙巳	大	小	大	小	小	大	大	小	大	大	小	大		一七八五
六	丙午	小	大	小	大	小	小	大	小	大	大	小	大	十大	一七八六
七	丁未	大	小	小	大	小	小	大	小	大	大	小	大		一七八七
八	戊申	大	小	大	小	大	小	小	大	小	大	小	大		一七八八
寛政元年	己酉	大	大	小	大	小	大	小	大	小	大	小	大	六小	一七八九
二	庚戌	大	小	大	大	小	大	小	小	大	小	大	小		一七九〇
三	辛亥	大	小	大	大	小	大	小	大	小	大	小	大		一七九一
四	壬子	小	大	大	小	大	大	小	大	小	大	小	大	二小	一七九二

年号	干支	正	二	三	四	五	六	七	八	九	十	十一	十二	閏月	西暦
五	癸丑	小	大	小	大	小	大	小	大	大	小	大	小		一七九三
六	甲寅	大	小	大	小	小	大	小	大	大	大	小	小	十一大	一七九四
七	乙卯	大	小	大	小	小	大	小	大	大	小	大	大		一七九五
八	丙辰	小	大	小	大	小	小	大	小	大	小	大	大		一七九六
九	丁巳	大	小	大	小	大	小	小	大	小	大	大	大	七小	一七九七
十	戊午	小	大	大	小	大	小	小	大	小	小	大	大		一七九八
十一	己未	小	大	大	大	小	小	大	小	大	小	小	大		一七九九
十二	庚申	大	小	大	大	大	小	大	小	大	小	大	小	四小	一八〇〇
享和元年	辛酉	大	小	大	小	大	小	大	大	小	大	小	大		一八〇一
二	壬戌	小	大	小	小	大	小	大	大	大	小	大	小		一八〇二
三	癸亥	大	大	小	小	大	小	大	大	小	大	大	小	正小	一八〇三
文化元年	甲子	大	小	大	小	小	大	小	大	小	大	大	大		一八〇四
二	乙丑	小	大	小	大	小	小	小	大	大	大	大	小	八小	一八〇五
三	丙寅	大	大	小	大	小	小	小	大	小	大	大	小		一八〇六
四	丁卯	大	大	大	小	大	小	小	大	小	小	大	大		一八〇七
五	戊辰	小	大	大	小	大	小	小	大	小	小	大	小	六大	一八〇八
六	己巳	大	大	小	大	大	小	大	小	大	小	大	小		一八〇九
七	庚午	小	大	小	大	大	小	大	大	小	大	小	大		一八一〇
八	辛未	小	小	小	大	小	大	大	小	大	大	小	大	二大	一八一一
九	壬申	小	大	小	小	大	小	大	小	大	大	大	小		一八一二
十	癸酉	大	小	大	小	小	小	大	小	大	大	大	大	十一小	一八一三
十一	甲戌	大	小	大	小	小	小	大	小	大	大	小	大		一八一四
十二	乙亥	大	大	小	大	小	小	小	大	小	大	小	大		一八一五
十三	丙子	大	大	小	大	小	大	小	大	小	大	小	大	八小	一八一六
十四	丁丑	大	小	大	大	小	大	小	大	小	小	大	小		一八一七
文政元年	戊寅	大	大	小	大	小	大	大	小	大	小	小	大		一八一八
二	己卯	小	大	小	大	大	大	小	大	大	小	大	小	四小	一八一九

年号	干支	正	二	三	四	五	六	七	八	九	十	十一	十二	閏月	西暦
三	庚辰	小	大	小	大	小	大	小	大	大	大	小	大		一八二〇
四	辛巳	小	大	小	小	大	小	大	小	大	大	小	大		一八二一
五	壬午	大	大	小	小	小	大	小	大	大	小	大	大	正小	一八二二
六	癸未	大	小	大	小	小	小	大	小	大	小	大	大		一八二三
七	甲申	大	大	小	小	大	小	小	大	大	小	大	大	八小	一八二四
八	乙酉	大	小	大	小	大	小	大	小	小	大	小	大		一八二五
九	丙戌	大	小	大	大	小	大	小	大	小	小	大	小		一八二六
十	丁亥	大	小	大	大	小	大	大	大	小	小	大	小	六小	一八二七
十一	戊子	大	小	大	小	大	大	小	大	小	大	大	小		一八二八
十二	己丑	小	大	小	大	小	大	小	大	大	小	大	大		一八二九
天保元年	庚寅	小	小	大	大	小	小	大	大	小	大	大	大	三小	一八三〇
二	辛卯	小	大	小	小	小	大	小	大	小	大	大	大		一八三一
三	壬辰	大	小	大	小	小	小	大	小	大	小	大	大	十二大	一八三二
四	癸巳	小	大	小	大	小	小	大	小	大	小	大	大		一八三三
五	甲午	小	大	大	小	大	小	小	大	小	大	小	大		一八三四
六	乙未	小	大	大	小	大	大	小	大	小	大	小	大	七小	一八三五
七	丙申	小	大	小	大	大	小	大	小	大	小	大	小		一八三六
八	丁酉	大	小	大	小	大	小	大	大	小	大	小	大		一八三七
九	戊戌	小	大	小	大	小	大	大	小	大	大	小	大	四小	一八三八
十	己亥	小	大	小	小	大	小	大	小	大	大	大	小		一八三九
十一	庚子	大	大	小	小	小	大	小	大	小	大	大	大		一八四〇
十二	辛丑	小	小	大	小	小	大	小	大	小	大	大	小	正大	一八四一
十三	壬寅	大	大	小	大	小	小	大	小	大	小	大	小		一八四二
十四	癸卯	大	大	大	小	大	小	小	大	小	小	大	小	九大	一八四三
弘化元年	甲辰	大	大	小	大	小	大	小	大	小	大	小	大		一八四四
二	乙巳	小	大	小	大	大	小	大	小	大	小	大	小		一八四五
三	丙午	大	小	大	小	大	大	大	小	大	小	大	小	五小	一八四六

年号	干支	正	二	三	四	五	六	七	八	九	十	十一	十二	閏月	西暦
四	丁未	大	小	大	小	小	大	大	小	大	大	小	大		一八四七
嘉永元年	戊申	小	大	小	小	大	小	大	小	大	大	大	小		一八四八
二	己酉	大	小	大	小	大	小	大	小	大	大	小	大	四小	一八四九
三	庚戌	大	小	大	小	小	大	小	大	小	大	小	大		一八五〇
四	辛亥	大	大	小	大	小	小	大	小	大	小	大	小		一八五一
五	壬子	大	大	大	大	小	小	大	小	大	小	大	小	二小	一八五二
六	癸丑	大	小	大	大	小	大	小	大	小	大	小	大		一八五三
安政元年	甲寅	小	大	小	大	小	大	大	大	小	大	小	大	七小	一八五四
二	乙卯	小	大	小	小	大	大	小	大	大	小	大	小		一八五五
三	丙辰	大	小	小	大	小	大	小	大	大	大	小	大		一八五六
四	丁巳	小	大	小	小	大	大	小	大	大	小	大	大	五小	一八五七
五	戊午	小	大	小	小	大	小	小	大	大	小	大	大		一八五八
六	己未	大	小	大	小	小	大	小	小	大	小	大	大		一八五九
万延元年	庚申	大	小	大	小	小	大	小	小	大	小	大	大	三大	一八六〇
文久元年	辛酉	小	大	大	小	大	小	大	小	大	小	小	大		一八六一
二	壬戌	大	小	大	大	小	大	小	大	大	小	大	小	八小	一八六二
三	癸亥	小	大	大	小	大	小	大	大	小	大	小	大		一八六三
元治元年	甲子	小	小	大	小	大	小	大	大	大	小	大	小		一八六四
慶応元年	乙丑	大	小	小	大	小	小	大	大	小	大	大	小	五大	一八六五
二	丙寅	大	小	大	小	小	小	大	大	小	大	大	大		一八六六
三	丁卯	小	大	小	大	小	小	小	大	小	大	大	大		一八六七
明治元年	戊辰	小	大	大	小	大	小	小	大	小	大	大	小	四小	一八六八
二	己巳	大	大	大	小	小	大	小	小	大	小	大	大		一八六九
三	庚午	小	大	大	小	大	小	大	小	大	小	大	小	十小	一八七〇
四	辛未	大	大	小	大	大	小	大	小	大	小	小	大		一八七一
五	壬申	小	大	小	大	大	小	大	大	小	大	小	大		一八七二
六	癸酉	小	小	大	小	大	小	大	小	大	大	小	大	六大	一八七三

暦年順 大の月・小の月一覧表（寛文以降）

＊○数字は閏月を示す

年号	干支	西暦	大の月	小の月
寛文元年	辛丑	1661	2 5 7 8 9 10 12	1 3 4 6 ⑧ 11
2	壬寅	1662	2 5 7 9 10 11	1 3 4 6 8 12
3	癸卯	1663	1 3 7 9 10 11	2 4 5 6 8 12
4	甲辰	1664 閏	1 2 4 7 9 10 12	3 5 ⑤ 6 8 11
5	乙巳	1665	1 2 4 8 10 11	3 5 6 7 9 12
6	丙午	1666	1 2 4 6 8 11	3 5 7 9 10 12
7	丁未	1667	1 2 3 4 6 8 11	② 5 7 9 10 12
8	戊申	1668 閏	1 2 4 6 7 9 11	3 5 8 10 12
9	己酉	1669	2 4 6 7 9 10 11	1 3 5 8 ⑩ 12
10	庚戌	1670	2 4 6 8 9 10 12	1 3 5 7 11
11	辛亥	1671	2 5 8 9 10 12	1 3 4 6 7 11
12	壬子	1672 閏	1 3 ⑥ 8 9 11 12	2 4 5 6 7 10
延宝元年	癸丑	1673	1 3 7 9 11 12	2 4 5 6 8 10
2	甲寅	1674	1 3 5 8 10 12	2 4 6 7 9 11
3	乙卯	1675	1 3 4 5 7 10 12	2 ④ 6 8 9 11
4	丙辰	1676 閏	1 3 4 6 8 11	2 5 7 9 10 12
5	丁巳	1677	1 3 4 6 8 9 11	2 5 7 10 12 ⑫
6	戊午	1678	1 3 5 7 8 10 11	2 4 6 9 12
7	己未	1679	2 4 6 8 9 11 12	1 3 5 7 10
8	庚申	1680 閏	2 6 8 ⑧ 10 11 12	1 3 4 5 7 9
天和元年	辛酉	1681	2 6 8 10 11 12	1 3 4 5 7 9
2	壬戌	1682	2 3 7 9 11 12	1 4 5 6 8 10
3	癸亥	1683	1 3 5 7 9 11 12	2 4 ⑤ 6 8 10
貞享元年	甲子	1684 閏	2 3 5 7 10 12	1 4 6 8 9 11
2	乙丑	1685	2 4 5 7 9 11	1 3 6 8 10 12
3	丙寅	1686	1 3 4 6 7 9 11	2 ③ 5 8 10 12
4	丁卯	1687	1 4 6 7 9 10 12	2 3 5 8 11
元禄元年	戊辰	1688 閏	2 5 7 9 10 11	1 3 4 6 8 12
2	己巳	1689	1 2 5 7 9 10 11	① 3 4 6 8 12
3	庚午	1690	1 3 6 9 10 12	2 4 5 7 8 11
4	辛未	1691	1 2 4 7 9 10 12	3 5 6 8 ⑧ 11
5	壬申	1692 閏	1 3 4 7 10 12	2 5 6 8 9 11
6	癸酉	1693	1 2 4 6 8 11	3 5 7 9 10 12
7	甲戌	1694	1 2 4 5 6 8 10	3 ⑤ 7 9 11 12
8	乙亥	1695	1 3 4 6 8 9 11	2 5 7 10 12
9	丙子	1696 閏	1 4 6 7 9 10 12	2 3 5 8 11
10	丁丑	1697	2 4 6 8 9 11 12	1 ② 3 5 7 10
11	戊寅	1698	2 5 8 9 11 12	1 3 4 6 7 10
12	己卯	1699	1 3 6 9 10 11 12	2 4 5 7 8 ⑨
13	庚辰	1700 非閏	1 3 6 9 11 12	2 4 5 7 8 10
14	辛巳	1701	1 3 5 7 10 12	2 4 6 8 9 11

年号	干支	西暦	大の月	小の月
15	壬午	1702	1 3 4 6 8 10 12	2 5 7 ⑧ 9 11
16	癸未	1703	2 3 5 6 8 10	1 4 7 9 11 12
宝永元年	甲申	1704 閏	1 3 5 6 8 9 11	2 4 7 10 12
2	乙酉	1705	1 4 5 7 8 10 11	2 3 ④ 6 9 12
3	丙戌	1706	1 4 7 8 10 11 12	2 3 5 6 9
4	丁亥	1707	2 5 8 10 11 12	1 3 4 6 7 9
5	戊子	1708 閏	1 2 5 8 10 11 12	① 3 4 6 7 9
6	己丑	1709	2 3 6 9 11 12	1 4 5 7 8 10
7	庚寅	1710	2 3 5 7 9 11	1 4 6 8 ⑧ 10 12
正徳元年	辛卯	1711	1 2 3 5 7 10 12	4 6 8 9 11
2	壬辰	1712 閏	2 3 5 7 8 10	1 4 6 9 11 12
3	癸巳	1713	1 3 5 6 7 9 10 12	2 4 ⑤ 8 11
4	甲午	1714	3 5 7 8 10 11	1 2 4 6 9 12
5	乙未	1715	1 4 7 8 10 11 12	2 3 5 6 9
享保元年	丙申	1716 閏	2 4 7 9 10 11	1 ② 3 5 6 8 12
2	丁酉	1717	1 2 5 8 10 11	3 4 6 7 9 12
3	戊戌	1718	1 2 4 6 9 ⑩ 12	3 5 7 8 10 11
4	己亥	1719	1 2 4 6 9 11	3 5 7 8 10 12
5	庚子	1720 閏	1 2 4 5 7 10 12	3 6 8 9 11
6	辛丑	1721	2 4 5 7 8 10 12	1 3 6 ⑦ 9 11
7	壬寅	1722	2 4 6 7 9 11	1 3 5 8 10 12
8	癸卯	1723	1 3 6 7 9 10 12	2 4 5 8 11
9	甲辰	1724 閏	1 4 6 8 9 10 12	2 3 ④ 5 7 11
10	乙巳	1725	1 4 7 9 10 12	2 3 5 6 8 11
11	丙午	1726	1 3 5 8 10 12	2 4 6 7 9 11
12	丁未	1727	1 ① 3 5 8 10 12	2 4 6 7 9 11
13	戊申	1728 閏	1 3 4 6 9 11	2 5 7 8 10 12
14	己酉	1729	1 3 4 6 8 ⑨ 11	2 5 7 9 10 12
15	庚戌	1730	1 3 5 6 8 10 12	2 4 7 9 11
16	辛亥	1731	2 4 6 8 9 11	1 3 5 7 10 12
17	壬子	1732 閏	1 3 ⑤ 7 8 9 11	2 4 5 6 10 12
18	癸丑	1733	1 3 6 8 9 11 12	2 4 5 7 10
19	甲寅	1734	2 4 7 9 11 12	1 3 5 6 8 10
20	乙卯	1735	1 3 4 7 9 11 12	2 ③ 5 6 8 10
元文元年	丙辰	1736 閏	2 3 5 8 11 12	1 4 6 7 9 10
2	丁巳	1737	2 3 4 6 9 11 12	1 5 7 8 10 ⑪
3	戊午	1738	2 3 5 7 9 11	1 4 6 8 10 12
4	己未	1739	1 3 5 6 8 10 12	2 4 7 9 11
5	庚申	1740 閏	2 5 6 ⑦ 8 10 12	1 3 4 7 9 11
寛保元年	辛酉	1741	2 5 7 8 10 11	1 3 4 6 9 12
2	壬戌	1742	1 3 6 8 10 11 12	2 4 5 7 9
3	癸亥	1743	2 4 6 9 10 11 12	1 3 ④ 5 7 8
延享元年	甲子	1744 閏	2 4 7 10 11	1 3 5 6 8 9 12

年号	干支	西暦	大の月							小の月					
2	乙丑	1745	1	2	3	5	8	11	12	4	6	7	9	10	⑫
3	丙寅	1746	1	2	4	6	8	11	12	3	5	7	9	10	
4	丁卯	1747	2	4	5	7	9	11		1	3	6	8	10	12
寛延元年	戊辰	1748 閏	2	3	5	7	8	10	11	1	4	6	9	⑩	12
2	己巳	1749	1	4	6	7	9	10	12	2	3	5	8	11	
3	庚午	1750	2	5	7	9	10	11		1	3	4	6	8	12
宝暦元年	辛未	1751	1	3	6	7	9	10	12	2	4	5	⑥	8	11
2	壬申	1752 閏	1	3	6	9	10	12		2	4	5	7	8	11
3	癸酉	1753	1	2	4	7	10	11		3	5	6	8	9	12
4	甲戌	1754	1	2	3	4	7	10	12	②	5	6	8	9	11
5	乙亥	1755	1	2	4	6	8	11		3	5	7	9	10	12
6	丙子	1756 閏	1	2	4	6	7	9	11	3	5	8	10	⑪	12
7	丁丑	1757	1	3	4	6	8	9	11	2	5	7	10	12	
8	戊寅	1758	1	4	6	8	9	10	12	2	3	5	7	11	
9	己卯	1759	2	5	7	8	9	11	12	1	3	4	6	⑦	10
10	庚辰	1760 閏	2	5	8	9	11	12		1	3	4	6	7	10
11	辛巳	1761	1	3	6	9	11	12		2	4	5	7	8	10
12	壬午	1762	1	2	4	6	9	11	12	3	④	5	7	8	10
13	癸未	1763	1	3	5	7	10	12		2	4	6	8	9	11
明和元年	甲申	1764 閏	1	3	4	6	8	11	⑫	2	5	7	9	10	12
2	乙酉	1765	2	3	5	6	8	10		1	4	7	9	11	12
3	丙戌	1766	1	3	5	6	8	9	11	2	4	7	10	12	
4	丁亥	1767	2	4	6	8	9	10	11	1	3	5	7	⑨	12
5	戊子	1768 閏	1	4	7	8	10	11	12	2	3	5	6	9	
6	己丑	1769	2	5	8	10	11	12		1	3	4	6	7	9
7	庚寅	1770	1	3	6	8	10	11	12	2	4	5	⑥	7	9
8	辛卯	1771	2	4	6	9	11	12		1	3	5	7	8	10
安永元年	壬辰	1772 閏	2	3	5	7	10	12		1	4	6	8	9	11
2	癸巳	1773	2	3	4	5	7	10	12	1	③	6	8	9	11
3	甲午	1774	2	3	5	7	9	11		1	4	6	8	10	12
4	乙未	1775	1	3	5	7	8	10	11	2	4	6	9	12	⑫
5	丙申	1776 閏	1	3	5	7	9	10	11	2	4	6	8	12	
6	丁酉	1777	1	4	7	9	10	11		2	3	5	6	8	12
7	戊戌	1778	1	2	5	⑦	9	10	11	3	4	6	7	8	12
8	己亥	1779	1	2	5	8	10	11		3	4	6	7	9	12
9	庚子	1780 閏	1	2	4	6	9	11		3	5	7	8	10	12
天明元年	辛丑	1781	1	2	3	5	6	9	11	4	⑤	7	8	10	12
2	壬寅	1782	1	2	4	6	8	10	12	3	5	7	9	11	
3	癸卯	1783	2	4	5	7	9	11		1	3	6	8	10	12
4	甲辰	1784 閏	1	2	4	6	7	9	11	①	3	5	8	10	12
5	乙巳	1785	1	3	6	7	9	10	12	2	4	5	8	11	
6	丙午	1786	2	4	7	9	10	⑩	12	1	3	5	6	8	11
7	丁未	1787	1	4	7	9	10	12		2	3	5	6	8	11

年号	干支	西暦	大の月	小の月
8	戊申	1788 閏	1 3 5 8 10 12	2 4 6 7 9 11
寛政元年	己酉	1789	1 2 4 6 8 10 12	3 5 ⑥ 7 9 11
2	庚戌	1790	1 3 4 6 9 11	2 5 7 8 10 12
3	辛亥	1791	1 3 4 6 8 10 12	2 5 7 9 11
4	壬子	1792 閏	2 3 5 6 8 10 12	1 ② 4 7 9 11
5	癸丑	1793	2 4 6 8 9 11	1 3 5 7 10 12
6	甲寅	1794	1 3 6 8 9 10 ⑪	2 4 5 7 11 12
7	乙卯	1795	1 3 6 8 9 11 12	2 4 5 7 10
8	丙辰	1796 閏	2 4 7 9 11 12	1 3 5 6 8 10
9	丁巳	1797	1 3 5 8 10 11 12	2 4 6 7 ⑦ 9
10	戊午	1798	2 3 5 8 11 12	1 4 6 7 9 10
11	己未	1799	2 3 4 7 9 12	1 5 6 8 10 11
12	庚申	1800 非閏	1 3 4 5 7 9 11	2 ④ 6 8 10 12
享和元年	辛酉	1801	1 3 5 7 8 10 12	2 4 6 9 11
2	壬戌	1802	2 5 7 8 9 11	1 3 4 6 10 12
3	癸亥	1803	1 2 5 7 8 10 11	① 3 4 6 9 12
文化元年	甲子	1804 閏	1 3 6 8 10 11 12	2 4 5 7 9
2	乙丑	1805	2 4 8 9 10 11	1 3 5 6 7 ⑧ 12
3	丙寅	1806	1 2 4 8 10 11	3 5 6 7 9 12
4	丁卯	1807	1 2 3 5 8 11 12	4 6 7 9 10
5	戊辰	1808 閏	2 3 5 ⑥ 8 11	1 4 6 7 9 10 12
6	己巳	1809	1 2 4 5 7 9 11	3 6 8 10 12
7	庚午	1810	2 4 5 7 8 10 12	1 3 6 9 11
8	辛未	1811	② 4 6 7 9 10 12	1 2 3 5 8 11
9	壬申	1812 閏	2 5 7 9 10 11	1 3 4 6 8 12
10	癸酉	1813	1 3 7 9 10 11 12	2 4 5 6 8 ⑪
11	甲戌	1814	1 3 7 9 10 12	2 4 5 6 8 11
12	乙亥	1815	1 2 4 8 10 12	3 5 6 7 9 11
13	丙子	1816 閏	1 2 4 6 8 10 12	3 5 7 ⑧ 9 11
14	丁丑	1817	1 3 4 6 8 11	2 5 7 9 10 12
文政元年	戊寅	1818	1 2 4 6 7 9 12	3 5 8 10 11
2	己卯	1819	2 4 5 6 8 9 11	1 3 ④ 7 10 12
3	庚辰	1820 閏	2 4 6 8 9 10 12	1 3 5 7 11
4	辛巳	1821	2 5 7 9 10 12	1 3 4 6 8 11
5	壬午	1822	1 2 6 8 9 11 12	① 3 4 5 7 10
6	癸未	1823	1 3 7 9 11 12	2 4 5 6 8 10
7	甲申	1824 閏	1 2 5 8 9 11 12	3 4 6 7 ⑧ 10
8	乙酉	1825	1 3 5 7 10 12	2 4 6 8 9 11
9	丙戌	1826	1 3 4 6 8 11	2 5 7 9 10 12
10	丁亥	1827	1 3 4 6 7 8 11	2 5 ⑥ 9 10 12
11	戊子	1828 閏	1 3 5 6 8 10 11	2 4 7 9 12
12	己丑	1829	2 4 6 8 9 11 12	1 3 5 7 10
天保元年	庚寅	1830	3 4 7 8 10 11 12	1 2 ③ 5 6 9

年号	干支	西暦	大の月	小の月
2	辛卯	1831	2 6 8 10 11 12	1 3 4 5 7 9
3	壬辰	1832 閏	1 3 7 9 11 ⑪ 12	2 4 5 6 8 10
4	癸巳	1833	2 4 7 9 11 12	1 3 5 6 8 10
5	甲午	1834	2 3 5 8 10 12	1 4 6 7 9 11
6	乙未	1835	2 3 5 6 8 10 12	1 4 7 ⑦ 9 11
7	丙申	1836 閏	2 4 5 7 9 11	1 3 6 8 10 12
8	丁酉	1837	1 3 5 7 8 10 12	2 4 6 9 11
9	戊戌	1838	2 4 6 7 9 10 12	1 3 ④ 5 8 11
10	己亥	1839	2 5 7 9 10 11	1 3 4 6 8 12
11	庚子	1840 閏	1 2 6 8 10 11 12	3 4 5 7 9
12	辛丑	1841	① 3 6 8 10 11	1 2 4 5 7 9 12
13	壬寅	1842	1 2 4 7 9 11	3 5 6 8 10 12
14	癸卯	1843	1 2 3 5 8 ⑨ 11	4 6 7 9 10 12
弘化元年	甲辰	1844 閏	1 2 4 6 8 10 12	3 5 7 9 11
2	乙巳	1845	2 4 5 7 9 11	1 3 6 8 10 12
3	丙午	1846	1 3 5 6 7 9 11	2 4 ⑤ 8 10 12
4	丁未	1847	1 3 6 7 9 10 12	2 4 5 8 11
嘉永元年	戊申	1848 閏	2 5 7 9 10 11	1 3 4 6 8 12
2	己酉	1849	1 3 5 7 9 10 12	2 4 ④ 6 8 11
3	庚戌	1850	1 3 6 8 10 12	2 4 5 7 9 11
4	辛亥	1851	1 2 4 7 9 11	3 5 6 8 10 12
5	壬子	1852 閏	1 2 3 4 7 9 11	② 5 6 8 10 12
6	癸丑	1853	1 3 4 6 8 10 12	2 5 7 9 11
安政元年	甲寅	1854	2 4 6 7 8 10 12	1 3 5 ⑦ 9 11
2	乙卯	1855	2 5 6 8 9 11	1 3 4 7 10 12
3	丙辰	1856 閏	1 4 6 8 9 10 12	2 3 5 7 11
4	丁巳	1857	2 5 6 8 9 11 12	1 3 4 ⑤ 7 10
5	戊午	1858	2 5 8 9 11 12	1 3 4 6 7 10
6	己未	1859	1 3 6 9 11 12	2 4 5 7 8 10
万延元年	庚申	1860 閏	1 3 ③ 6 9 11 12	2 4 5 7 8 10
文久元年	辛酉	1861	2 3 5 7 9 12	1 4 6 8 10 11
2	壬戌	1862	1 3 4 6 8 9 11	2 5 7 ⑧ 10 12
3	癸亥	1863	2 3 5 7 8 10 12	1 4 6 9 11
元治元年	甲子	1864 閏	3 5 7 8 9 11	1 2 4 6 10 12
慶応元年	乙丑	1865	1 4 ⑤ 7 8 10 11	2 3 5 6 9 12
2	丙寅	1866	1 3 7 8 10 11 12	2 4 5 6 9
3	丁卯	1867	2 4 8 10 11 12	1 3 5 6 7 9
明治元年	戊辰	1868 閏	2 3 5 8 10 11	1 4 ④ 6 7 9 12
2	己巳	1869	1 2 3 6 9 11 12	4 5 7 8 10
3	庚午	1870	2 3 5 7 9 11	1 4 6 8 10 ⑩ 12
4	辛未	1871	1 2 4 5 7 9 12	3 6 8 10 11
5	壬申	1872 閏	2 4 5 7 8 10 12	1 3 6 9 11
6	癸酉	1873	3 5 ⑥ 7 9 10 12	1 2 4 6 8 11

大の月から引く年号早見表（寛文以降）

＊○数字は閏月を示す

大の月	小の月	年号	干支	西暦
1 ① 3 5 8 10 12	2 4 6 7 9 11	享保 12 年	丁未	1727
1 2 3 4 6 8 11	② 5 7 9 10 12	寛文 7 年	丁未	1667
1 2 3 4 7 9 11	② 5 6 8 10 12	嘉永 5 年	壬子	1852
1 2 3 4 7 10 12	② 5 6 8 9 11	宝暦 4 年	甲戌	1754
1 2 3 5 6 9 11	4 ⑤ 7 8 10 12	安永10・天明元	辛丑	1781
1 2 3 5 7 10 12	4 6 8 9 11	宝永8・正徳元	辛卯	1711
1 2 3 5 8 ⑨ 11	4 6 7 9 10 12	天保 14 年	癸卯	1843
1 2 3 5 8 11 12	4 6 7 9 10	文化 4 年	丁卯	1807
	4 6 7 9 10 ⑫	延享 2 年	乙丑	1745
1 2 3 6 9 11 12	4 5 7 8 10	明治 2 年	己巳	1869
1 2 4 5 6 8 10	3 ⑤ 7 9 11 12	元禄 7 年	甲戌	1694
1 2 4 5 7 9 11	3 6 8 10 12	文化 6 年	己巳	1809
1 2 4 5 7 9 12	3 6 8 10 11	明治 4 年	辛未	1871
1 2 4 5 7 10 12	3 6 8 9 11	享保 5 年	庚子	1720
1 2 4 6 7 9 11	① 3 5 8 10 12	天明 4 年	甲辰	1784
	3 5 8 10 ⑪ 12	宝暦 6 年	丙子	1756
	3 5 8 10 12	寛文 8 年	戊申	1668
1 2 4 6 7 9 12	3 5 8 10 11	文化15・文政元	戊寅	1818
1 2 4 6 8 10 12	3 5 ⑥ 7 9 11	天明9・寛政元	己酉	1789
	3 5 7 ⑧ 9 11	文化 13 年	丙子	1816
	3 5 7 9 11	天明 2 年	壬寅	1782
		天保15・弘化元	甲辰	1844
1 2 4 6 8 11	3 5 7 9 10 12	寛文 6 年	丙午	1666
		元禄 6 年	癸酉	1693
		宝暦 5 年	乙亥	1755
1 2 4 6 8 11 12	3 5 7 9 10	延享 3 年	丙寅	1746
1 2 4 6 9 ⑩ 12	3 5 7 8 10 11	享保 3 年	戊戌	1718
1 2 4 6 9 11	3 5 7 8 10 12	享保 4 年	己亥	1719
		安永 9 年	庚子	1780
1 2 4 6 9 11 12	3 ④ 5 7 8 10	宝暦 12 年	壬午	1762
1 2 4 7 9 10 12	3 5 ⑤ 6 8 11	寛文 4 年	甲辰	1664
	3 5 6 8 ⑧ 11	元禄 4 年	辛未	1691
1 2 4 7 9 11	3 5 6 8 10 12	天保 13 年	壬寅	1842
		嘉永 4 年	辛亥	1851
1 2 4 7 10 11	3 5 6 8 9 12	宝暦 3 年	癸酉	1753
1 2 4 8 10 11	3 5 6 7 9 12	寛文 5 年	乙巳	1665
		文化 3 年	丙寅	1806
1 2 4 8 10 12	3 5 6 7 9 11	文化 12 年	乙亥	1815
1 2 5 7 8 10 11	① 3 4 6 9 12	享和 3 年	癸亥	1803
1 2 5 7 9 10 11	① 3 4 6 8 12	元禄 2 年	己巳	1689
1 2 5 ⑦ 9 10 11	3 4 6 7 8 12	安永 7 年	戊戌	1778

大の月	小の月	年号	干支	西暦
1 2 5 8 9 11 12	3 4 6 7 ⑧ 10	文政 7 年	甲申	1824
1 2 5 8 10 11	3 4 6 7 9 12	享保 2 年	丁酉	1717
		安永 8 年	己亥	1779
1 2 5 8 10 11 12	① 3 4 6 7 9	宝永 5 年	戊子	1708
1 2 6 8 9 11 12	① 3 4 5 7 10	文政 5 年	壬午	1822
1 2 6 8 10 11 12	3 4 5 7 9	天保 11 年	庚子	1840
1 3 ③ 6 9 11 12	2 4 5 7 8 10	安政 7・万延元	庚申	1860
1 3 4 5 7 9 11	2 ④ 6 8 10 12	寛政 12 年	庚申	1800
1 3 4 5 7 10 12	2 ④ 6 8 9 11	延宝 3 年	乙卯	1675
1 3 4 6 7 8 11	2 5 ⑥ 9 10 12	文政 10 年	丁亥	1827
1 3 4 6 7 9 11	2 ③ 5 8 10 12	貞享 3 年	丙寅	1686
1 3 4 6 8 9 11	2 5 7 ⑧ 10 12	文久 2 年	壬戌	1862
	2 5 7 10 12	元禄 8 年	乙亥	1695
		宝暦 7 年	丁丑	1757
	2 5 7 10 12 ⑫	延宝 5 年	丁巳	1677
1 3 4 6 8 ⑨ 11	2 5 7 9 10 12	享保 14 年	己酉	1729
1 3 4 6 8 10 12	2 5 7 ⑧ 9 11	元禄 15 年	壬午	1702
	2 5 7 9 11	寛政 3 年	辛亥	1791
		嘉永 6 年	癸丑	1853
1 3 4 6 8 11	2 5 7 9 10 12	延宝 4 年	丙辰	1676
		文化 14 年	丁丑	1817
		文政 9 年	丙戌	1826
1 3 4 6 8 11 ⑫	2 5 7 9 10 12	宝暦14・明和元	甲申	1764
1 3 4 6 9 11	2 5 7 8 10 12	享保 13 年	戊申	1728
		寛政 2 年	庚戌	1790
1 3 4 7 9 11 12	2 ③ 5 6 8 10	享保 20 年	乙卯	1735
1 3 4 7 10 12	2 5 6 8 9 11	元禄 5 年	壬申	1692
1 3 5 6 7 9 10 12	2 4 ⑤ 8 11	正徳 3 年	癸巳	1713
1 3 5 6 7 9 11	2 4 ⑤ 8 10 12	弘化 3 年	丙午	1846
1 3 5 6 8 9 11	2 4 7 10 12	元禄17・宝永元	甲申	1704
		明和 3 年	丙戌	1766
1 3 5 6 8 10 11	2 4 7 9 12	文政 11 年	戊子	1828
1 3 5 6 8 10 12	2 4 7 9 11	享保 15 年	庚戌	1730
		元文 4 年	己未	1739
1 3 5 7 8 10 11	2 4 6 9 12	延宝 6 年	戊午	1678
	2 4 6 9 12 ⑫	安永 4 年	乙未	1775
1 3 5 7 8 10 12	2 4 6 9 11	寛政13・享和元	辛酉	1801
		天保 8 年	丁酉	1837
1 3 5 7 9 10 11	2 4 6 8 12	安永 5 年	丙申	1776
1 3 5 7 9 10 12	2 4 ④ 6 8 11	嘉永 2 年	己酉	1849
1 3 5 7 9 11 12	2 4 ⑤ 6 8 10	天和 3 年	癸亥	1683
1 3 5 7 10 12	2 4 6 8 9 11	元禄 14 年	辛巳	1701
		宝暦 13 年	癸未	1763
		文政 8 年	乙酉	1825

大の月	小の月	年号	干支	西暦
1 3 5 8 10 11 12	2 4 6 7 ⑦ 9	寛政9年	丁巳	1797
1 3 5 8 10 12	2 4 6 7 9 11	延宝2年	甲寅	1674
		享保11年	丙午	1726
		天明8年	戊申	1788
1 3 ⑤ 7 8 9 11	2 4 5 6 10 12	享保17年	壬子	1732
1 3 6 7 9 10 12	2 4 5 ⑥ 8 11	寛延4・宝暦元	辛未	1751
	2 4 5 8 11	享保8年	癸卯	1723
		天明5年	乙巳	1785
		弘化4年	丁未	1847
1 3 6 8 9 10 ⑪	2 4 5 7 11 12	寛政6年	甲寅	1794
1 3 6 8 9 11 12	2 4 5 7 10	享保18年	癸丑	1733
		寛政7年	乙卯	1795
1 3 6 8 10 11 12	2 4 5 ⑥ 7 9	明和7年	庚寅	1770
	2 4 5 7 9	寛保2年	壬戌	1742
		享和4・文化元	甲子	1804
1 3 6 8 10 12	2 4 5 7 9 11	嘉永3年	庚戌	1850
1 3 6 9 10 11 12	2 4 5 7 8 ⑨	元禄12年	己卯	1699
1 3 6 9 10 12	2 4 5 7 8 11	元禄3年	庚午	1690
		宝暦2年	壬申	1752
1 3 6 9 11 12	2 4 5 7 8 10	元禄13年	庚辰	1700
		宝暦11年	辛巳	1761
		安政6年	己未	1859
1 3 ⑥ 8 9 11 12	2 4 5 6 7 10	寛文12年	壬子	1672
1 3 7 8 10 11 12	2 4 5 6 9	慶応2年	丙寅	1866
1 3 7 9 10 11	2 4 5 6 8 12	寛文3年	癸卯	1663
1 3 7 9 10 11 12	2 4 5 6 8 ⑪	文化10年	癸酉	1813
1 3 7 9 10 12	2 4 5 6 8 11	文化11年	甲戌	1814
1 3 7 9 11 ⑪ 12	2 4 5 6 8 10	天保3年	壬辰	1832
1 3 7 9 11 12	2 4 5 6 8 10	寛文13・延宝元	癸丑	1673
		文政6年	癸未	1823
1 4 5 7 8 10 11	2 3 ④ 6 9 12	宝永2年	乙酉	1705
1 4 ⑤ 7 8 10 11	2 3 5 6 9 12	元治2・慶応元	乙丑	1865
1 4 6 7 9 10 12	2 3 5 8 11	貞享4年	丁卯	1687
		元禄9年	丙子	1696
		寛延2年	己巳	1749
1 4 6 8 9 10 12	2 3 ④ 5 7 11	享保9年	甲辰	1724
	2 3 5 7 11	宝暦8年	戊寅	1758
		安政3年	丙辰	1856
1 4 7 8 10 11 12	2 3 5 6 9	宝永3年	丙戌	1706
		正徳5年	乙未	1715
		明和5年	戊子	1768
1 4 7 9 10 11	2 3 5 6 8 12	安永6年	丁酉	1777

大の月	小の月	年号	干支	西暦
1 4 7 9 10 12	2 3 5 6 8 11	享保10年	乙巳	1725
		天明7年	丁未	1787
① 3 6 8 10 11	1 2 4 5 7 9 12	天保12年	辛丑	1841
2 3 4 5 7 10 12	1 ③ 6 8 9 11	安永2年	癸巳	1773
2 3 4 6 9 11 12	1 5 7 8 10 ⑪	元文2年	丁巳	1737
2 3 4 7 9 12	1 5 6 8 10 11	寛政11年	己未	1799
2 3 5 6 8 10	1 4 7 9 11 12	元禄16年	癸未	1703
		明和2年	乙酉	1765
2 3 5 6 8 10 12	1 ② 4 7 9 11	寛政4年	壬子	1792
	1 4 7 ⑦ 9 11	天保6年	乙未	1835
2 3 5 ⑥ 8 11	1 4 6 7 9 10 12	文化5年	戊辰	1808
2 3 5 7 8 10	1 4 6 9 11 12	正徳2年	壬辰	1712
2 3 5 7 8 10 11	1 4 6 9 ⑩ 12	延享5・寛延元	戊辰	1748
2 3 5 7 8 10 12	1 4 6 9 11	文久3年	癸亥	1863
2 3 5 7 9 11	1 4 6 8 ⑧ 10 12	宝永7年	庚寅	1710
	1 4 6 8 10 ⑩ 12	明治3年	庚午	1870
	1 4 6 8 10 12	元文3年	戊午	1738
		安永3年	甲午	1774
2 3 5 7 9 12	1 4 6 8 10 11	万延二・文久元	辛酉	1861
2 3 5 7 10 12	1 4 6 8 9 11	天和4・貞享元	甲子	1684
		明和9・安永元	壬辰	1772
2 3 5 8 10 11	1 4 ④ 6 7 9 12	慶応4・明治元	戊辰	1868
2 3 5 8 10 12	1 4 6 7 9 11	天保5年	甲午	1834
2 3 5 8 11 12	1 4 6 7 9 10	享保21・元文元	丙辰	1736
		寛政10年	戊午	1798
2 3 6 9 11 12	1 4 5 7 8 10	宝永6年	己丑	1709
2 3 7 9 11 12	1 4 5 6 8 10	天和2年	壬戌	1682
2 4 5 6 8 9 11	1 3 ④ 7 10 12	文政2年	己卯	1819
2 4 5 7 8 10 12	1 3 6 ⑦ 9 11	享保6年	辛丑	1721
	1 3 6 9 11	文化7年	庚午	1810
		明治5年	壬申	1872
2 4 5 7 9 11	1 3 6 8 10 12	貞享2年	乙丑	1685
		延享4年	丁卯	1747
		天明3年	癸卯	1783
		天保7年	丙申	1836
		弘化2年	乙巳	1845
2 4 6 7 8 10 12	1 3 5 ⑦ 9 11	嘉永7・安政元	甲寅	1854
2 4 6 7 9 10 11	1 3 5 8 ⑩ 12	寛文9年	己酉	1669
2 4 6 7 9 10 12	1 3 ④ 5 8 11	天保9年	戊戌	1838
2 4 6 7 9 11	1 3 5 8 10 12	享保7年	壬寅	1722
2 4 6 8 9 10 11	1 3 5 7 ⑨ 12	明和4年	丁亥	1767
2 4 6 8 9 10 12	1 3 5 7 11	寛文10年	庚戌	1670
		文政3年	庚辰	1820

大の月	小の月	年号	干支	西暦
2 4 6 8 9 11	1 3 5 7 10 12	享保16年	辛亥	1731
		寛政5年	癸丑	1793
2 4 6 8 9 11 12	1 ② 3 5 7 10	元禄10年	丁丑	1697
	1 3 5 7 10	延宝7年	己未	1679
		文政12年	己丑	1829
2 4 6 9 10 11 12	1 3 ④ 5 7 8	寛保3年	癸亥	1743
2 4 6 9 11 12	1 3 5 7 8 10	明和8年	辛卯	1771
2 4 7 9 10 ⑩ 12	1 3 5 6 8 11	天明6年	丙午	1786
2 4 7 9 10 11	1 ② 3 5 6 8 12	正徳6・享保元	丙申	1716
2 4 7 9 11 12	1 3 5 6 8 10	享保19年	甲寅	1734
		寛政8年	丙辰	1796
		天保4年	癸巳	1833
2 4 7 10 11	1 3 5 6 8 9 12	寛保4・延享元	甲子	1744
2 4 8 9 10 11	1 3 5 6 7 ⑧ 12	文化2年	乙丑	1805
2 4 8 10 11 12	1 3 5 6 7 9	慶応3年	丁卯	1867
2 5 6 ⑦ 8 10 12	1 3 4 7 9 11	元文5年	庚申	1740
2 5 6 8 9 11	1 3 4 7 10 12	安政2年	乙卯	1855
2 5 6 8 9 11 12	1 3 4 ⑤ 7 10	安政4年	丁巳	1857
2 5 7 8 9 10 12	1 3 4 6 ⑧ 11	万治4・寛文元	辛丑	1661
2 5 7 8 9 11	1 3 4 6 10 12	享和2年	壬戌	1802
2 5 7 8 9 11 12	1 3 4 6 ⑦ 10	宝暦9年	己卯	1759
2 5 7 8 10 11	1 3 4 6 9 12	元文6・寛保元	辛酉	1741
2 5 7 9 10 11	1 3 4 6 8 12	寛文2年	壬寅	1662
		貞享5・元禄元	戊辰	1688
		寛延3年	庚午	1750
		文化9年	壬申	1812
		天保10年	己亥	1839
		弘化5・嘉永元	戊申	1848
2 5 7 9 10 12	1 3 4 6 8 11	文政4年	辛巳	1821
2 5 8 9 10 12	1 3 4 6 7 11	寛文11年	辛亥	1671
2 5 8 9 11 12	1 3 4 6 7 10	元禄11年	戊寅	1698
		宝暦10年	庚辰	1760
		安政5年	戊午	1858
2 5 8 10 11 12	1 3 4 6 7 9	宝永4年	丁亥	1707
		明和6年	己丑	1769
2 6 8 ⑧ 10 11 12	1 3 4 5 7 9	延宝8年	庚申	1680
2 6 8 10 11 12	1 3 4 5 7 9	延宝9・天和元	辛酉	1681
		天保2年	辛卯	1831
② 4 6 7 9 10 12	1 2 3 5 8 11	文化8年	辛未	1811
3 4 7 8 10 11 12	1 2 ③ 5 6 9	文政13・天保元	庚寅	1830
3 5 ⑥ 7 9 10 12	1 2 4 6 8 11	明治6年	癸酉	1873
3 5 7 8 9 11	1 2 4 6 10 12	文久4・元治元	甲子	1864
3 5 7 8 10 11	1 2 4 6 9 12	正徳4年	甲午	1714

小の月から引く年号早見表（寛文以降）

＊○数字は閏月を示す

小の月	大の月	年号	干支	西暦
1 2 3 5 8 11	② 4 6 7 9 10 12	文化 8 年	辛未	1811
1 2 ③ 5 6 9	3 4 7 8 10 11 12	文政13・天保元	庚寅	1830
1 2 4 5 7 9 12	① 3 6 8 10 11	天保 12 年	辛丑	1841
1 2 4 6 8 11	3 5 ⑥ 7 9 10 12	明治 6 年	癸酉	1873
1 2 4 6 9 12	3 5 7 8 10 11	正徳 4 年	甲午	1714
1 2 4 6 10 12	3 5 7 8 9 11	文久4・元治元	甲子	1864
1 ② 3 5 6 8 12	2 4 7 9 10 11	正徳6・享保元	丙申	1716
1 ② 3 5 7 10	2 4 6 8 9 11 12	元禄 10 年	丁丑	1697
1 ② 4 7 9 11	2 3 5 6 8 10 12	寛政 4 年	壬子	1792
1 3 4 5 7 9	2 6 8 ⑧ 10 11 12	延宝 8 年	庚申	1680
	2 6 8 10 11 12	延宝9・天和元	辛酉	1681
		天保 2 年	辛卯	1831
1 3 4 ⑤ 7 10	2 5 6 8 9 11 12	安政 4 年	丁巳	1857
1 3 4 6 7 9	2 5 8 10 11 12	宝永 4 年	丁亥	1707
		明和 6 年	己丑	1769
1 3 4 6 7 10	2 5 8 9 11 12	元禄 11 年	戊寅	1698
		宝暦 10 年	庚辰	1760
		安政 5 年	戊午	1858
1 3 4 6 7 11	2 5 8 9 10 12	寛文 11 年	辛亥	1671
1 3 4 6 ⑦ 10	2 5 7 8 9 11 12	宝暦 9 年	己卯	1759
1 3 4 6 8 11	2 5 7 9 10 12	文政 4 年	辛巳	1821
1 3 4 6 8 12	2 5 7 9 10 11	寛文 2 年	壬寅	1662
		貞享5・元禄元	戊辰	1688
		寛延 3 年	庚午	1750
		文化 9 年	壬申	1812
		天保 10 年	己亥	1839
		弘化5・嘉永元	戊申	1848
1 3 4 6 ⑧ 11	2 5 7 8 9 10 12	万治4・寛文元	辛丑	1661
1 3 4 6 9 12	2 5 7 8 10 11	元文6・寛保元	辛酉	1741
1 3 4 6 10 12	2 5 7 8 9 11	享和 2 年	壬戌	1802
1 3 4 7 9 11	2 5 6 ⑦ 8 10 12	元文 5 年	庚申	1740
1 3 4 7 10 12	2 5 6 8 9 11	安政 2 年	乙卯	1855
1 3 ④ 5 7 8	2 4 6 9 10 11 12	寛保 3 年	癸亥	1743
1 3 ④ 5 8 11	2 4 6 7 9 10 12	天保 9 年	戊戌	1838
1 3 ④ 7 10 12	2 4 5 6 8 9 11	文政 2 年	己卯	1819
1 3 5 6 7 ⑧ 12	2 4 8 9 10 11	文化 2 年	乙丑	1805
1 3 5 6 7 9	2 4 8 10 11 12	慶応 3 年	丁卯	1867
1 3 5 6 8 9 12	2 4 7 10 11	寛保4・延享元	甲子	1744
1 3 5 6 8 10	2 4 7 9 11 12	享保 19 年	甲寅	1734
		寛政 8 年	丙辰	1796
		天保 4 年	癸巳	1833

小の月	大の月	年号	干支	西暦
1 3 5 6 8 11	2 4 7 9 10 ⑩ 12	天明 6 年	丙午	1786
1 3 5 7 8 10	2 4 6 9 11 12	明和 8 年	辛卯	1771
1 3 5 7 ⑨ 12	2 4 6 8 9 10 11	明和 4 年	丁亥	1767
1 3 5 7 10	2 4 6 8 9 11 12	延宝 7 年 文政 12 年	己未 己丑	1679 1829
1 3 5 7 10 12	2 4 6 8 9 11	享保 16 年 寛政 5 年	辛亥 癸丑	1731 1793
1 3 5 7 11	2 4 6 8 9 10 12	寛文 10 年 文政 3 年	庚戌 庚辰	1670 1820
1 3 5 ⑦ 9 11	2 4 6 7 8 10 12	嘉永 7・安政元	甲寅	1854
1 3 5 8 10 12	2 4 6 7 9 11	享保 7 年	壬寅	1722
1 3 5 8 ⑩ 12	2 4 6 7 9 10 11	寛文 9 年	己酉	1669
1 3 6 ⑦ 9 11	2 4 5 7 8 10 12	享保 6 年	辛丑	1721
1 3 6 8 10 12	2 4 5 7 9 11	貞享 2 年 延享 4 年 天明 3 年 天保 7 年 弘化 2 年	乙丑 丁卯 癸卯 丙申 乙巳	1685 1747 1783 1836 1845
1 3 6 9 11	2 4 5 7 8 10 12	文化 7 年 明治 5 年	庚午 壬申	1810 1872
1 ③ 6 8 9 11	2 3 4 5 7 10 12	安永 2 年	癸巳	1773
1 4 ④ 6 7 9 12	2 3 5 8 10 11	慶応 4・明治元	戊辰	1868
1 4 5 6 8 10	2 3 7 9 11 12	天和 2 年	壬戌	1682
1 4 5 7 8 10	2 3 6 9 11 12	宝永 6 年	己丑	1709
1 4 6 7 9 10	2 3 5 8 11 12	享保21・元文元 寛政 10 年	丙辰 戊午	1736 1798
1 4 6 7 9 10 12	2 3 5 ⑥ 8 11	文化 5 年	戊辰	1808
1 4 6 7 9 11	2 3 5 8 10 12	天保 5 年	甲午	1834
1 4 6 8 ⑧ 10 12	2 3 5 7 9 11	宝永 7 年	庚寅	1710
1 4 6 8 9 11	2 3 5 7 10 12	天和 4・貞享元 明和 9・安永元	甲子 壬辰	1684 1772
1 4 6 8 10 ⑩ 12	2 3 5 7 9 11	明治 3 年	庚午	1870
1 4 6 8 10 11	2 3 5 7 9 12	万延 2・文久元	辛酉	1861
1 4 6 8 10 12	2 3 5 7 9 11	元文 3 年 安永 3 年	戊午 甲午	1738 1774
1 4 6 9 ⑩ 12	2 3 5 7 8 10 11	延享 5・寛延元	戊辰	1748
1 4 6 9 11	2 3 5 7 8 10 12	文久 3 年	癸亥	1863
1 4 6 9 11 12	2 3 5 7 8 10	正徳 2 年	壬辰	1712
1 4 7 ⑦ 9 11	2 3 5 6 8 10 12	天保 6 年	乙未	1835
1 4 7 9 11 12	2 3 5 6 8 10	元禄 16 年 明和 2 年	癸未 乙酉	1703 1765
1 5 6 8 10 11	2 3 4 7 9 12	寛政 11 年	己未	1799
1 5 7 8 10 ⑪	2 3 4 6 9 11 12	元文 2 年	丁巳	1737

小の月	大の月	年号	干支	西暦
① 3 4 5 7 10	1 2 6 8 9 11 12	文政 5 年	壬午	1822
① 3 4 6 7 9	1 2 5 8 10 11 12	宝永 5 年	戊子	1708
① 3 4 6 8 12	1 2 5 7 9 10 11	元禄 2 年	己巳	1689
① 3 4 6 9 12	1 2 5 7 8 10 11	享和 3 年	癸亥	1803
① 3 5 8 10 12	1 2 4 6 7 9 11	天明 4 年	甲辰	1784
2 3 ④ 5 7 11	1 4 6 8 9 10 12	享保 9 年	甲辰	1724
2 3 ④ 6 9 12	1 4 5 7 8 10 11	宝永 2 年	乙酉	1705
2 3 5 6 8 11	1 4 7 9 10 12	享保 10 年 天明 7 年	乙巳 丁未	1725 1787
2 3 5 6 8 12	1 4 7 9 10 11	安永 6 年	丁酉	1777
2 3 5 6 9	1 4 7 8 10 11 12	宝永 3 年 正徳 5 年 明和 5 年	丙戌 乙未 戊子	1706 1715 1768
2 3 5 6 9 12	1 4 ⑤ 7 8 10 11	元治 2・慶応元	乙丑	1865
2 3 5 7 11	1 4 6 8 9 10 12	宝暦 8 年 安政 3 年	戊寅 丙辰	1758 1856
2 3 5 8 11	1 4 6 7 9 10 12	貞享 4 年 元禄 9 年 寛延 2 年	丁卯 丙子 己巳	1687 1696 1749
2 ③ 5 6 8 10	1 3 4 7 9 11 12	享保 20 年	乙卯	1735
2 ③ 5 8 10 12	1 3 4 6 7 9 11	貞享 3 年	丙寅	1686
2 4 ④ 6 8 11	1 3 5 7 9 10 12	嘉永 2 年	己酉	1849
2 4 5 6 7 10	1 3 ⑥ 8 9 11 12	寛文 12 年	壬子	1672
2 4 5 6 8 10	1 3 7 9 11 12	寛文13・延宝元 文政 6 年	癸丑 癸未	1673 1823
	1 3 7 9 11 ⑪ 12	天保 3 年	壬辰	1832
2 4 5 6 8 11	1 3 7 9 10 12	文化 11 年	甲戌	1814
2 4 5 6 8 ⑪	1 3 7 9 10 11 12	文化 10 年	癸酉	1813
2 4 5 6 8 12	1 3 7 9 10 11	寛文 3 年	癸卯	1663
2 4 5 6 9	1 3 7 8 10 11 12	慶応 2 年	丙寅	1866
2 4 5 6 10 12	1 3 ⑤ 7 8 9 11	享保 17 年	壬子	1732
2 4 5 ⑥ 7 9	1 3 6 8 10 11 12	明和 7 年	庚寅	1770
2 4 5 ⑥ 8 11	1 3 6 7 9 10 12	寛延 4・宝暦元	辛未	1751
2 4 5 7 8 ⑨	1 3 6 9 10 11 12	元禄 12 年	己卯	1699
2 4 5 7 8 10	1 3 6 9 11 12	元禄 13 年 宝暦 11 年 安政 6 年	庚辰 辛巳 己未	1700 1761 1859
	1 3 ③ 6 9 11 12	安政 7・万延元	庚申	1860
2 4 5 7 8 11	1 3 6 9 10 12	元禄 3 年 宝暦 2 年	庚午 壬申	1690 1752
2 4 5 7 9	1 3 6 8 10 11 12	寛保 2 年 享和 4・文化元	壬戌 甲子	1742 1804
2 4 5 7 9 11	1 3 6 8 10 12	嘉永 3 年	庚戌	1850

小の月	大の月	年号	干支	西暦
2 4 5 7 10	1 3 6 8 9 11 12	享保18年	癸丑	1733
		寛政7年	乙卯	1795
2 4 5 7 11 12	1 3 6 8 9 10 ⑪	寛政6年	甲寅	1794
2 4 5 8 11	1 3 6 7 9 10 12	享保8年	癸卯	1723
		天明5年	乙巳	1785
		弘化4年	丁未	1847
2 4 ⑤ 6 8 10	1 3 5 7 9 11 12	天和3年	癸亥	1683
2 4 ⑤ 8 10 12	1 3 5 6 7 9 11	弘化3年	丙午	1846
2 4 ⑤ 8 11	1 3 5 6 7 9 10 12	正徳3年	癸巳	1713
2 4 6 7 ⑦ 9	1 3 5 8 10 11 12	寛政9年	丁巳	1797
2 4 6 7 9 11	1 3 5 8 10 12	延宝2年	甲寅	1674
		享保11年	丙午	1726
		天明8年	戊申	1788
	1 ① 3 5 8 10 12	享保12年	丁未	1727
2 4 6 8 9 11	1 3 5 7 10 12	元禄14年	辛巳	1701
		宝暦13年	癸未	1763
		文政8年	乙酉	1825
2 4 6 8 12	1 3 5 7 9 10 11	安永5年	丙申	1776
2 4 6 9 11	1 3 5 7 8 10 12	寛政13・享和元	辛酉	1801
		天保8年	丁酉	1837
2 4 6 9 12	1 3 5 7 8 10 11	延宝6年	戊午	1678
2 4 6 9 12 ⑫	1 3 5 7 8 10 11	安永4年	乙未	1775
2 4 7 9 11	1 3 5 6 8 10 12	享保15年	庚戌	1730
		元文4年	己未	1739
2 4 7 9 12	1 3 5 6 8 10 11	文政11年	戊子	1828
2 4 7 10 12	1 3 5 6 8 9 11	元禄17・宝永元	甲申	1704
		明和3年	丙戌	1766
2 ④ 6 8 9 11	1 3 4 5 7 10 12	延宝3年	乙卯	1675
2 ④ 6 8 10 12	1 3 4 5 7 9 11	寛政12年	庚申	1800
2 5 6 8 9 11	1 3 4 7 10 12	元禄5年	壬申	1692
2 5 ⑥ 9 10 12	1 3 4 6 7 8 11	文政10年	丁亥	1827
2 5 7 8 10 12	1 3 4 6 9 11	享保13年	戊申	1728
		寛政2年	庚戌	1790
2 5 7 ⑧ 9 11	1 3 4 6 8 10 12	元禄15年	壬午	1702
2 5 7 ⑧ 10 12	1 3 4 6 8 9 11	文久2年	壬戌	1862
2 5 7 9 10 12	1 3 4 6 8 11	延宝4年	丙辰	1676
		文化14年	丁丑	1817
		文政9年	丙戌	1826
	1 3 4 6 8 ⑨ 11	享保14年	己酉	1729
	1 3 4 6 8 11 ⑫	宝暦14・明和元	甲申	1764
2 5 7 9 11	1 3 4 6 8 10 12	寛政3年	辛亥	1791
		嘉永6年	癸丑	1853
2 5 7 10 12	1 3 4 6 8 9 11	元禄8年	乙亥	1695
		宝暦7年	丁丑	1757

小の月						大の月							年号	干支	西暦
2	5	7	10	12	⑫	1	3	4	6	8	9	11	延宝5年	丁巳	1677
②	5	6	8	9	11	1	2	3	4	7	10	12	宝暦4年	甲戌	1754
②	5	6	8	10	12	1	2	3	4	7	9	11	嘉永5年	壬子	1852
②	5	7	9	10	12	1	2	3	4	6	8	11	寛文7年	丁未	1667
3	4	5	7	9		1	2	6	8	10	11	12	天保11年	庚子	1840
3	4	6	7	8	12	1	2	5	⑦	9	10	11	安永7年	戊戌	1778
3	4	6	7	⑧	10	1	2	5	8	9	11	12	文政7年	甲申	1824
3	4	6	7	9	12	1	2	5	8	10	11		享保2年 安永8年	丁酉 己亥	1717 1779
3	④	5	7	8	10	1	2	4	6	9	11	12	宝暦12年	壬午	1762
3	5	⑤	6	8	11	1	2	4	7	9	10	12	寛文4年	甲辰	1664
3	5	6	7	9	11	1	2	4	8	10	12		文化12年	乙亥	1815
3	5	6	7	9	12	1	2	4	8	10	11		寛文5年 文化3年	乙巳 丙寅	1665 1806
3	5	6	8	⑧	11	1	2	4	7	9	10	12	元禄4年	辛未	1691
3	5	6	8	9	12	1	2	4	7	10	11		宝暦3年	癸酉	1753
3	5	6	8	10	12	1	2	4	7	9	11		天保13年 嘉永4年	壬寅 辛亥	1842 1851
3	5	⑥	7	9	11	1	2	4	6	8	10	12	天明9・寛政元	乙酉	1789
3	5	7	8	10	11	1	2	4	6	9	⑩	12	享保3年	戊戌	1718
3	5	7	8	10	12	1	2	4	6	9	11		享保4年 安永9年	乙亥 庚子	1719 1780
3	5	7	⑧	9	11	1	2	4	6	8	10	12	文化13年	丙子	1816
3	5	7	9	10		1	2	4	6	8	11	12	延享3年	丙寅	1746
3	5	7	9	10	12	1	2	4	6	8	11		寛文6年 元禄6年 宝暦5年	丙午 癸酉 乙亥	1666 1693 1755
3	5	7	9	11		1	2	4	6	8	10	12	天明2年 天保15・弘化元	壬寅 甲辰	1782 1844
3	5	8	10	11		1	2	4	6	7	9	12	文化15・文政元	戊寅	1818
3	5	8	10	⑪	12	1	2	4	6	7	9	11	宝暦6年	丙子	1756
3	5	8	10	12		1	2	4	6	7	9	11	寛文8年	戊申	1668
3	⑤	7	9	11	12	1	2	4	5	6	8	10	元禄7年	甲戌	1694
3	6	8	9	11		1	2	4	5	7	10	12	享保5年	庚子	1720
3	6	8	10	11		1	2	4	5	7	9	12	明治4年	辛未	1871
3	6	8	10	12		1	2	4	5	7	9	11	文化6年	己巳	1809
4	5	7	8	10		1	2	3	6	9	11	12	明治2年	己巳	1869
4	⑤	7	8	10	12	1	2	3	5	6	9	11	安永10・天明元	辛丑	1781
4	6	7	9	10		1	2	3	5	8	11	12	文化4年	丁卯	1807
4	6	7	9	10	12	1	2	3	5	8	⑨	11	天保14年	癸卯	1843
4	6	7	9	10	⑫	1	2	3	5	8	11	12	延享2年	乙丑	1745
4	6	8	9	11		1	2	3	5	7	10	12	宝永8・正徳元	辛卯	1711

改元一覧表

慶長（けいちょう）	1596年	文禄５年10月27日
元和（げんな）	1615年	慶長20年７月13日
寛永（かんえい）	1624年	元和10年２月30日
正保（しょうほう）	1644年	寛永21年12月16日
慶安（けいあん）	1648年	正保５年２月15日
承応（じょうおう）	1652年	慶安５年９月18日
明暦（めいれき）	1655年	承応４年４月13日
万治（まんじ）	1658年	明暦４年７月23日
寛文（かんぶん）	1661年	万治４年４月25日
延宝（えんぽう）	1673年	寛文13年９月21日
天和（てんな）	1681年	延宝９年９月29日
貞享（じょうきょう）	1684年	天和４年２月21日
元禄（げんろく）	1688年	貞享５年９月30日
宝永（ほうえい）	1704年	元禄17年３月13日
正徳（しょうとく）	1711年	宝永８年４月25日
享保（きょうほう）	1716年	正徳６年６月22日
元文（げんぶん）	1736年	享保21年４月28日
寛保（かんぽう）	1741年	元文６年２月27日
延享（えんきょう）	1744年	寛保４年２月21日
寛延（かんえん）	1748年	延享５年７月12日
宝暦（ほうれき）	1751年	寛延４年10月27日
明和（めいわ）	1764年	宝暦14年６月２日
安永（あんえい）	1772年	明和９年11月16日
天明（てんめい）	1781年	安永10年４月２日
寛政（かんせい）	1789年	天明９年正月25日
享和（きょうわ）	1801年	寛政13年２月５日
文化（ぶんか）	1804年	享和４年２月11日
文政（ぶんせい）	1818年	文化15年４月22日
天保（てんぽう）	1830年	文政13年12月10日
弘化（こうか）	1844年	天保15年12月２日
嘉永（かえい）	1848年	弘化５年２月28日
安政（あんせい）	1854年	嘉永７年11年27日
万延（まんえん）	1860年	安政７年３月18日
文久（ぶんきゅう）	1861年	万延２年２月19日
元治（げんじ）	1864年	文久４年２月20日
慶応（けいおう）	1865年	元治２年４月８日
明治（めいじ）	1868年	慶応４年９月８日

あとがき

筆者も喜寿を迎えた。元気なうちに大小暦の本を纏めたい、そして長年月にわたって大コレクションを自由に使わせて下さった長谷部満彦氏の御恩情に報いたい、という気持ちから、ただがむしゃらに原稿用紙に向かって書き進めて来た。

正直なところ、筆者は江戸時代の文化、浮世絵や文芸作品、あるいは歌舞伎や相撲について、ほとんど何も勉強したことがない。したがって、本書の内でずいぶん的外れのことを言っているだろうし、とんちんかんなことを書いているだろう。多分、読者諸氏から厳しいお叱りのお言葉を頂戴するものと覚悟している。

それにもかかわらず、本書の執筆・刊行に踏み切ったのは、これまで大小暦の本といえば長谷部言人氏の『大小暦』(寶雲舎、昭和十八年、復刻版は龍渓書舎、昭和六十三年)のほかには、矢野憲一氏の『大小暦を読み解く—江戸の機知とユーモア』(あじあブックス、大修館書店、平成十二年)、吉原健一郎氏ほかの『春画　江戸ごよみ』春・夏・秋・冬(作品社、平成十三—十四年)が目に付くだけであった。

大小暦は鈴木春信の作品の例を持ち出すまでもなく、その大半は美麗な摺り物である。この大小暦の特色を紹介するという面からは、モノクロ図版を用いた右の諸書は十分その役割を果たしているとはいえない。

いっぽう、国立国会図書館のホームページでも大小暦が鮮明な画像で鑑賞できるようになり、原画に近い形で大小暦を出来るだけたくさん見てもらう本書のような出版物が必要であると確信するようになった。

本書刊行の構想はかれこれ十年ほど前に始まったが、筆者の怠惰や体調不良、あるいは他の著書の企画・執筆など、さまざまな原因によって延引してしまった。この間、コレクション所蔵者の長谷部満彦氏や、寄託先の神奈川県立歴史博物館の橋本健一郎氏をはじめ、小生にご教示を賜った数多くの方々に多大な迷惑をお掛けし、また御恩を蒙った。本来ならお一人ずつお名前を記すべきところであるが、あまり多いので省略させていただく。

滞りがちな筆者の原稿の進み具合を案じて、ある時は厳父のごとく叱咤激励し、ある時は慈母のごとく労わり宥め賺してくれたのが大修館書店の小川益男氏である。取締役という要職にあって多忙な身であるのにもかかわらず、本書の全体の構成から、文章の隅々まで、自著でもこれほどの精力は注がないと思われるほど、懇切丁寧に気を配って下さった。最良の編集者を友人に持った小生は本当に幸せ者である。

また絵解きの原稿執筆に当たり、全画像のスキャニングとカラー出力の事前作業は古川裕代さんにお手伝いいただき、装丁やレイアウトは閨秀画家の小林厚子さんによって花を添えていただいた。併せて心から感謝の意を表したい。

平成十八年(二〇〇六)五月十二日

筆者

【編著者略歴】

岡田 芳朗（おかだ よしろう）

昭和5年（1930）東京・日本橋に生まれる。昭和24年（1953）早稲田大学教育学部卒業。昭和31年（1956）同大学大学院終了。日本古代史専攻。女子美術大学名誉教授。暦の会会長。

［主な著書］：『南部絵暦』（法政大学出版局）、『明治改暦—「時」の文明開化』『アジアの暦』『南部絵暦を読む』（以上、大修館書店）、『日本の暦』（木耳社）、『日本の暦』愛蔵保存版（新人物往来社）、『暦ものがたり』（角川選書）、『こよみ—現代に生きる先人の知恵』（神社新報ブックス）、『暮らしのこよみ歳時記』（講談社）、『現代こよみ読み解き事典』（共著、柏書房）、『暦を知る事典』（共著、東京堂出版）、『日本暦日総覧』（共著、本の友社）、『日本古代史の諸問題』（共著、福村書店）、『日本古代史の概説と研究』（共著、梓出版）他。

江戸《えど》の絵暦《えごよみ》

©OKADA Yoshiro 2006　　NDC449 160p 30cm

初版第一刷 —— 2006年6月12日

編著者 —— 岡田芳朗《おかだよしろう》
発行者 —— 鈴木一行
発行所 —— 株式会社大修館書店
〒101-8466 東京都千代田区神田錦町3-24
電話03-3295-6231（販売部）03-3295-6234（編集部）
振替00190-7-40504
［出版情報］http://www.taishukan.co.jp

撮影 —— 武田信夫（エース・プロ）
レイアウト・装丁 —— 小林厚子
表紙・扉題字 —— O.リバー
印刷 —— 壮光舎印刷
製本 —— 関山製本社

ISBN4-469-22180-5 Printed in Japan